初めから学べる
集合論

■ キャンパス・ゼミ ■

大学数学を楽しく短期間で学べます！

馬場敬之

マセマ出版社

みなさん，こんにちは。数学の**馬場敬之 (ばばけいし)** です。これまで発刊した**大学数学『キャンパス・ゼミ』シリーズ (微分積分，線形代数，確率統計，集合論など)** は多くの方々にご愛読頂き，大学数学学習の新たなスタンダードとして定着してきたようで，嬉しく思っています。

しかし，度重なる大学入試制度の変更により，**理系の方でも，AO入試や推薦入試や共通テストのみ**で，本格的な大学受験問題の洗礼を受けることなく進学した皆さんにとって，**大学数学の敷居は相当に高く**感じるはずです。そして，大学数学の基礎をなす**"集合論"**においても，高校で**"集合と論理"**というテーマで，初歩の考え方は学習していても，カントールやデデキントが創始した**無限集合論**については，ほとんど白紙の状態であるため，いきなり大学の集合論の講義を受ける皆さんにとって，**大学数学の壁は想像以上に大きい**と思います。

しかし，いずれにせよ大学数学を難しいと感じる理由，それは，**「大学数学を学習するのに必要な基礎力が欠けている」**からなのです。

これまでマセマには，「高校数学から大学数学へスムーズに橋渡しをする，分かりやすい参考書を是非マセマから出版してほしい」という読者の皆様からの声が，連日寄せられて参りました。確かに，**「欠けているものは，満たせば解決する」**わけですから，この読者の皆様のご要望にお応えするべく，この『**初めから学べる 集合論キャンパス・ゼミ**』を書き上げました。

本書では，大学の集合論に入る前の基礎として，高校数学の集合と論理で学習する**"共通部分と和集合"，"全体集合と補集合"，"対偶や背理法による証明法"**などから，大学の基礎的な集合論まで明解に，そして親切に解説した参考書なのです。しかし，大学数学をマスターするためには，**相当の基礎学力**が必要となります。本書は**短期間でこの基礎学力が身につく**ように工夫して作られています。

さらに、"論理式と恒真命題"や"可付番濃度 $\aleph_0$"や"連続体濃度 $\aleph$"や"関数全体の濃度 $\mathfrak{f}$"、それに、"代数的数 A_l と超越数 T_r"や"ベルンシュタインの定理"や"集合の濃度の演算 (和, 積, ベキ乗)"など、高校で習っていない内容のものでも、これから必要となるものは、**その基本を丁寧に解説**しました。ですから、本書を一通り学習して頂ければ、**大学数学へも違和感なくスムーズに入っていける**はずです。

この『初めから学べる 集合論キャンパス・ゼミ』は、全体が4章から構成されており、各章をさらにそれぞれ10〜20ページ程度のテーマに分けていますので、非常に読みやすいはずです。大学数学を難しいと感じたら、**本書をまず1回流し読みする**ことをお勧めします。初めは公式や定理の証明などは飛ばしても構いません。小説を読むように本文を読み、図に目を通して頂ければ、**初めから学べる 集合論の全体像**をとらえることができます。この**通し読みだけなら、おそらく1週間もあれば十分**だと思います。

1回通し読みが終わりましたら、後は各テーマの詳しい解説文を**精読**して、例題も**実際に自力で解きながら**、勉強を進めていきましょう。

そして、この精読が終わりましたら、大学の**集合論**の講義を受講できる力が十分に付いているはずですから、自信を持って、講義に臨んで下さい。その際に、『集合論キャンパス・ゼミ』が大いに役に立つはずですから、是非利用して下さい。

それでも、講義の途中で**行き詰まった箇所**があり、上記の推薦図書でも理解できないものがあれば、**基礎力が欠けている証拠**ですから、またこの『初めから学べる 集合論キャンパス・ゼミ』に戻って、所定のテーマを再読して、**疑問を解決**すればいいのです。

数学というのは、他の分野と比べて**最も体系が整った美しい学問分野**なので、基礎から応用・発展へと順にステップ・アップしていけば、どなたでも**大学数学の相当の高見まで登って行く**ことができます。読者の皆様が、本書により大学数学に開眼され、さらに楽しみながら強くなっていかれることを願ってやみません。

マセマ代表　馬場　敬之

本書はこれまで出版されていた「大学基礎数学 集合論キャンパス・ゼミ」をより親しみをもって頂けるように「初めから学べる 集合論キャンパス・ゼミ」とタイトルを変更したものです。本書では、**Appendix**(付録) として背理法による証明問題を加えました。

◆ 目 次 ◆

◆講義◆1 集合の基本と論理式

◆講義◆2 無限集合のプロローグ

講　義
Lecture

集合の基本と論理式

▶ 集合と論理の復習

$$\left(\begin{array}{l} (A \cup B)^c = A^c \cap B^c, \ (A \cap B)^c = A^c \cup B^c \\ \text{合同式}: a \equiv b \ (\mathrm{mod} \, n) \end{array} \right)$$

▶ 論理式と真理値

$$\left(\begin{array}{l} (p \Rightarrow q) \Leftrightarrow (\lnot p \lor q) \\ \text{恒真命題}: p \Rightarrow (q \Rightarrow p), \ \lnot p \Rightarrow (p \Rightarrow q) \end{array} \right)$$

§1. 集合の基本とド・モルガンの法則

　サァ，これから，初めから学べる"**集合論**"(*set theory*)の講義を始めよう。大学の集合論では主に，無限集合論を学ぶんだけれど，この本格的な講義を始める前準備として，これから高校の数学で学習した"**集合と論理**"や"**合同式**"，そして，"**数学的帰納法**"について復習しよう。

　ここでは，まず，"**集合**"の定義と表し方，"**共通部分**"と"**和集合**"，そして，"**全体集合**"と"**補集合**"，さらに，"**ド・モルガンの法則**"について，解説するつもりだ。

● 集合とは，ハッキリと区別できる要素の集まりだ！

　数学で，"**集合**"(*set*)という場合，それは単なる"ものの集まり"ではなくて，次のように定義されるものなんだね。

> **集合の定義**
>
> 集合とは，ある一定の客観的で明確な条件をみたすものの集まり全体を一まとめにして表したもののことである。

　ちょっと堅苦しい表現だけれど，これから，"面白いゲームの集合"とか，"数学が嫌いな人の集合"とかは集合にはなり得ないんだね。理由は，あるゲームに対して，面白いという人もいれば，そうでもないと思う人もいるからだし，また，数学が嫌いか，そうでないかは，人によって評価の基準が異なるからなんだね。

　もちろん，これまでにネットで"**100万回以上アクセスされたゲームの集合**"とか，あるクラスで前回行った数学のテストの得点で"**80点以上の人の集合**"と言った場合，これには，客観的で明確な条件があるので，集合ということができるんだね。

　一般に，集合は A，B，C，X，Y など，大文字のアルファベットで表すことが多い。そして，たとえば，集合 A は図1のようなベン図(*Venn diagram*)で表すことができる。この集合 A を構成している1つ

図1 集合とベン図

1つのものを"**要素**"(*element*)または"**元**"という。図1の集合 A は，5つの要素 a，c，f，m，p から構成されていることが分かるんだね。ここで，

$$\begin{cases}
(\text{i}) \, a \text{ が集合 } A \text{ の要素であるとき,} a \in A \text{ または } A \ni a \text{ と表し,} \\
\quad \text{“} a \text{ は } A \text{ に属する” と読む。} \\
(\text{ii}) \, b \text{ が集合 } A \text{ の要素でないとき,} b \notin A \text{ または } A \not\ni b \text{ と表し,} \\
\quad \text{“} b \text{ は } A \text{ に属さない” と読むんだね。}
\end{cases}$$

では次に,たとえば,**10 以下の正の偶数の集合**を B とおこう。このとき,この集合 B の具体的な表し方は,次の 2 通りになる。

(i) $B = \{2, 4, 6, 8, 10\}$ ← 集合の外延的定義

(ii) $B = \{n \,|\, n$ は,10 以下の正の偶数$\}$,または ← 集合の内包的定義

$\qquad B = \{n \,|\, n = 2k \ (k = 1, 2, \cdots, 5)\}$

(i) のように,集合 B のすべての要素を $\{\ \}$ 内に列記する表し方を,集合の **“外延的定義”** (*extensive definition*) といい,(ii) のように,集合 B を $B = \{n \,|\, (n \text{ の条件})\}$ の形で表すやり方を集合の **“内包的定義”** (*intensive definition*) というんだね。

もちろん,**100 以下の自然数全体の集合** C や,**正の奇数全体の集合** O については,その表し方として,

$C = \{1, 2, 3, \cdots, 100\}$ や $\underline{O} = \{1, 3, 5, 7, \cdots\}$ のように,“$\cdots$” を利用し

> *odd number* (奇数) の頭文字をとった。

て表すこともあるんだね。

それでは,例題を 1 題解いてみよう。

例題 1 次の内包的定義で表された各集合を外延的定義で表せ。

$(1) A = \{n \,|\, n$ は,18 の正の約数$\}$

$(2) B = \{k \,|\, k$ は,$-4 \leqq k \leqq 20$ をみたす 3 の倍数$\}$

$(3) C = \{n \,|\, n$ は,$4 < n \leqq 30$ をみたす 9 の倍数$\}$

$(4) Y = \{x \,|\, x$ は,$x^2 + 1 \leqq 0$ をみたす実数$\}$

---

(1) n は,18 の正の約数より,$n = 1, 2, 3, 6, 9, 18$ である。よって,集合 A は,外延的定義では,$A = \{1, 2, 3, 6, 9, 18\}$ と表される。

(2) k は,$-4 \leqq k \leqq 20$ をみたす 3 の倍数より,$k = -3, 0, 3, 6, 9, 12, 15, 18$ である。よって,集合 B を外延的定義で表すと,$B = \{-3, 0, 3, 6, 9, 12, 15, 18\}$ である。

(3) n は，$4 < n \leqq 30$ をみたす 9 の倍数より，
$n = 9$，18，27 である。よって，集合 C を
外延的定義で表すと，$C = \{9, 18, 27\}$ である。

> $C = \{n \mid n$ は，$4 < n \leqq 30$
> をみたす 9 の倍数$\}$
> $Y = \{x \mid x$ は，$x^2 + 1 \leqq 0$ を
> みたす実数$\}$

(4) 実数 x について，常に $\underbrace{x^2 + 1}_{\text{0以上}} \oplus > 0$ となるので，

$x^2 + 1 \leqq 0$ をみたす実数 x は存在しない。よって，集合 Y を外延的定義で
表すと，$Y = \{\ \}$ である。 ← 要素が1つも存在しない集合

以上より，$A = \{1, 2, 3, 6, 9, 18\}$，$B = \{-3, 0, 3, 6, 9, 12, 15, 18\}$，
$C = \{9, 18, 27\}$，そして，$Y = \{\ \}$ となる。

　このように，集合 A，B，C は要素の個数が順に有限個の 6，8，3 の集合な
ので，これを"**有限集合**"（*finite set*）という。そして，(3) の代わりに新た
な集合 X を $X = \{x \mid x$ は，$4 \leqq x \leqq 30$ をみたす実数$\}$ で定義すると，$4 \leqq x \leqq$
30 の範囲には実数 x は，$x = 4$，$\cdots$，$\sqrt{17}$，$\cdots$，52，$\cdots$，11.55，$\cdots$，$\sqrt{145}$，$\cdots$，
20.01，$\cdots$，29.99，$\cdots$，30 などと無限に存在するので，これを外延的定義で
表示することは不可能なんだね。このように，要素が無限に存在する集合の
ことを"**無限集合**"（*infinite set*）という。

　さらに，(4) の集合 Y のように，1 つの要素ももたない集合のことを"**空集**
合"といい，これを ϕ で表す。ン？ 1 つの要素もない集合を集合と呼んでいいの

> ギリシャ文字の"ファイ"

かって？ 当然の疑問だね。しかし，この空集合 ϕ は，数字の 0 と同様に，様々
な集合同士の演算を行うときに重要な役割を演ずるので，これも集合の 1 つ
と考えることにするんだね。

　それでは，3 つの種類の集合を下にまとめて示そう。

集合の種類

有限集合：属する要素の個数が有限の集合
空 集 合：属する要素が 1 つもない集合（ϕ で表す）
無限集合：属する要素の個数が無限の集合

　高校数学では，たとえば，集合 A が有限集合であるとき，その要素の個数
を $n(A)$ と表した。しかし，これから学ぶ大学数学では，主に無限集合を対
象とするため，"要素の個数" の代わりに"**濃度**"（*potency* または *power*）と
呼ぶことにし，集合 A の濃度は $\overline{\overline{A}}$ と表すことにする。特に有限集合の濃度は
有限濃度と呼ぶことも覚えておこう。では，例題 1 について考えると，

10

(1) $A = \{1,\ 2,\ 3,\ 6,\ 9,\ 18\}$ の要素の数は **6** 個なので，有限濃度は $\overline{\overline{A}} = 6$ であり，また，

(2) $B = \{-3,\ 0,\ 3,\ 6,\ 9,\ 12,\ 15,\ 18\}$ の有限濃度は $\overline{\overline{B}} = 8$ となる。

(3) $C = \{9,\ 18,\ 27\}$ の有限濃度は $\overline{\overline{C}} = 3$ だね。そして，

(4) $Y = \phi = \{\ \ \}$ の要素は **1** つもないので，$\overline{\overline{Y}} = \overline{\overline{\phi}} = 0$ となるんだね。大丈夫?

　では，無限集合 $X = \{x \mid x$ は，$4 \leqq x \leqq 30$ をみたす実数$\}$ の濃度 $\overline{\overline{X}}$ はどうなるのかというと，これは，$\overline{\overline{X}} = \aleph$ ということになる。今は，何のことかよく分

> ［ヘブライ語の "アレフ"］

からないだろうから，聞き流しておいてくれていいです。これから詳しく解説していくからね。

● A が B の真部分集合 $A \subset B$ の定義も押さえよう!

　たとえば，**2** つの集合 A, B が，
$A = \{\underline{6},\ \underline{\underline{12}},\ \underline{\underline{\underline{18}}}\}$,
$B = \{-3,\ 0,\ 3,\ \underline{6},\ 9,\ \underline{\underline{12}},\ 15,\ \underline{\underline{\underline{18}}}\}$ であるとき，集合 A と B の関係を模式図的にベン図で表すと，集合 A は集合 B に完全に含まれた形になっている。
この場合，A は B の "**真部分集合**"

図2　A と B のベン図

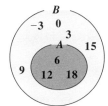

(*proper subset*) というんだけれど，この定義を下に詳しく示しておこう。

部分集合と真部分集合

(ⅰ) 集合 A の要素のすべてが集合 B に属するとき，
　　A を B の "**部分集合**"(*subset*) といい，$\underline{A \subseteqq B}$ ［または $B \supseteqq A$］と表す。

> これは，"A は B に含まれる"，または "B は A を含む" と読む。

(ⅱ) $A \subseteqq B$ かつ $A \supseteqq B$ ならば，"**A と B は等しい**" といい，$A = B$ と表す。

> A が B の部分集合で，かつ B が A の部分集合ということは，A と B が共にまったく同じ要素を持つことになるので，"A と B は等しい"，すなわち $A = B$ となるんだね。

(ⅲ) $A \subseteqq B$ かつ $A \neq B$ ならば，
　　A を B の "**真部分集合**" といい，$A \subset B$ ［または $B \supset A$］と表す。

今回の例では，A のすべての要素 6, 12, 18 は B の要素でもあるから，$A \subseteqq B$ となって，A は B の部分集合であり，かつ明らかに $\underline{A \neq B}$ より，$A \subset B$ となっ

て，A は B の真部分集合であると言えるんだね。

● 共通部分と和集合もベン図を利用しよう！

2 つの集合 A, B が，

$A = \{1,\ 2,\ \underline{\underline{3}},\ \underline{\underline{6}},\ \underline{\underline{9}},\ \underline{\underline{18}}\}$，

$B = \{-3,\ 0,\ \underline{\underline{3}},\ \underline{\underline{6}},\ \underline{\underline{9}},\ 12,\ 15,\ \underline{\underline{18}}\}$

であるとき，

図3　共通部分と和集合

(ⅰ) 集合 A に属し，かつ集合 B にも属する

要素全体からなる集合を，A と B の "**共通部分**"（*intersection*）という。

図3のベン図では，2 つの集合が重なる "柿の種" [◊] の部分のことだ。

(ⅱ) 集合 A に属するか，または集合 B に属する要素全体からなる集合を，A と B の "**和集合**"（*sum set*）という。図3のベン図では，"横に寝かせたダルマさん" [◯◯] の部分がこれに当たるんだね。

2 つの集合 A, B が与えられたとき，その共通部分は $\underline{A \cap B}$ と表し，和集合

は $\underline{A \cup B}$ と表す。この共通部分 $A \cap B$ と，和集合 $A \cup B$ の定義を示しておく。

> ### 共通部分と和集合
>
> 2 つの集合 A, B について，
>
>
> (ⅰ) 共通部分 $A \cap B$：A と B に共通な要素全体の集合
>
>
> (ⅱ) 和集合 $A \cup B$：A または B のいずれかに属する要素全体の集合

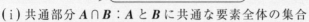

今回の例では，共通部分 $A \cap B$ は，$A \cap B = \{\underline{\underline{3}},\ \underline{\underline{6}},\ \underline{\underline{9}},\ \underline{\underline{18}}\}$ であり，和集合 $A \cup B$ は，$A \cup B = \{-3,\ 0,\ 1,\ 2,\ \underline{\underline{3}},\ \underline{\underline{6}},\ \underline{\underline{9}},\ 12,\ 15,\ \underline{\underline{18}}\}$ であることが分かると思う。そして，この和集合 $A \cup B$ の濃度 $\overline{\overline{A \cup B}}$ については，次の重要公式がある。

共通部分と和集合の要素の個数

(i) $A \cap B \neq \phi$ のとき, ← $A と B は互いに素ではない。$

$\overline{\overline{A \cup B}} = \overline{\overline{A}} + \overline{\overline{B}} - \overline{\overline{A \cap B}}$ となり,

(ii) $A \cap B = \phi$ のとき, ← $A と B は互いに素$

$\overline{\overline{A \cup B}} = \overline{\overline{A}} + \overline{\overline{B}}$ となる。

$A \cap B = \phi$ (空集合) のとき, A と B の共通部分がないということであり, このとき, "$A と B は互いに素$" ということも覚えておこう。では, 上の公式を, 張り紙のテクニックを使って解説しよう。

(i) $A \cap B \neq \phi$ のとき, A と B は互いに素ではない, すなわちある共通部分が存在するといっているんだね。このとき, 2 つの濃度 $\overline{\overline{A}}$, $\overline{\overline{B}}$ を表す丸い紙を 2 枚用意し, 図4 に示すように, これらが 1 部重なるように台紙にペタン, ペタンと貼る。そして, 2 重に重なった共通部分 (柿の種)[◊] $\overline{\overline{A \cap B}}$ を 1 枚だけピロッとはがすと, キレイに 1 枚分の $\overline{\overline{A \cup B}}$ [◯] が得られるんだね。つまり

図4 張り紙のテクニック

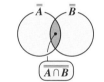

$\overline{\overline{A \cup B}} = \overline{\overline{A}} + \overline{\overline{B}} - \overline{\overline{A \cap B}}$ となる。

$$\left[\bigcirc\!\!\!\!\bigcirc = \overset{ペタン}{(\vdots)} + \overset{ペタン}{(\vdots)} - \overset{ピロッ}{(\,)} \right]$$

(ii) $A \cap B = \phi$ のとき, A と B は互いに素で, 重なりである共通部分は存在しないんだね。よって, $\overline{\overline{A \cap B}} = \overline{\overline{\phi}} = 0$ より, $\overline{\overline{A \cup B}}$ は, 台紙に $\overline{\overline{A}}$ と $\overline{\overline{B}}$ の 2 枚の丸い紙を重なることなくペタン, ペタンと貼って, 終わりとなる。つまり

$\overline{\overline{A \cup B}} = \overline{\overline{A}} + \overline{\overline{B}}$ となるんだね。

$$\left[\bigcirc\bigcirc = \bigcirc + \bigcirc \right]$$

それでは, 今回の例では, $A = \{1, 2, 3, 6, 9, 18\}$, $B = \{-3, 0, 3, 6, 9, 12, 15, 18\}$, $A \cap B = \{3, 6, 9, 18\}$ より, $A \cap B \neq \phi$ だから, $A \cup B$ の濃度 $\overline{\overline{A \cup B}}$ は, $\overline{\overline{A \cup B}} = \overline{\overline{A}} + \overline{\overline{B}} - \overline{\overline{A \cap B}} = 6 + 8 - 4 = 10$ となって答えになる。

$A \cup B = \{-3, 0, 1, 2, 3, 6, 9, 12, 15, 18\}$ より, 間違いないことが分かるはずだ。

10個の要素

それでは, 無限集合 X, Y についても, 次の例題で $X \cap Y$ と $X \cup Y$ を求めてみよう。

例題 2 　$X = \{x \mid x$ は，$-2 < x \leqq 1$ をみたす実数$\}$，
　　　　$Y = \{x \mid x$ は，$-1 \leqq x < 3$ をみたす実数$\}$ であるとき，
　　　　X と Y の共通部分 $X \cap Y$ と和集合 $X \cup Y$ を求めよ。

$\begin{cases} X = \{x \mid \text{実数 } x, \ -2 < x \leqq 1\} \\ Y = \{x \mid \text{実数 } x, \ -1 \leqq x < 3\} \end{cases}$

・図 (ⅰ) に示すように，X か̇つ̇ Y である共通
　部分 $X \cap Y$ は，
　$X \cap Y = \{x \mid x$ は，$-1 \leqq x \leqq 1$ をみたす実数$\}$
　であり，

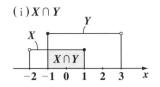

・図 (ⅱ) に示すように，X ま̇た̇は̇ Y である和
　集合 $X \cup Y$ は，
　$X \cup Y = \{x \mid x$ は，$-2 < x < 3$ をみたす実数$\}$
　である。大丈夫だった？

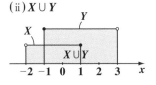

● 全体集合 U と集合 A と補集合 A^c の関係を押さえよう！

"**全体集合**"（*universal set*）とは，考察の対象となるすべての要素全体から
なる集合のことで，一般に，U で表す。そして，この全体集合 U の部分集合
として，集合 A が与えられたとき，その "**補集合**"（*complementary set*）A^c は
次のように定義される。 高校数学では，A の補集合を $\overline{A}$ で表したけれど，これからは A^c と表す。

■ 全体集合と補集合

全体集合 U と，その部分集合として
考えている対象のすべてを要素とする集合
A が与えられたとき，補集合 A^c は次
のように定義される。

補集合 A^c：全体集合 U に属するが，集合 A には属さない要素から
　　　　　　なる集合

ここで，$A \cap A^c = \phi$ より，　$\overline{\overline{U}} = \overline{\overline{A}} + \overline{\overline{A^c}}$ ……(*) が成り立つ。

A と A^c で 2 重に重なる部分
（共通部分）は存在しない。

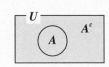

$(*)$ の公式より，$\overline{A} = \overline{\overline{U}} - \overline{\overline{A^c}}$ ……$(*)'$ と変形できる。これは $\overline{A}$ を直接求める
ことが難しいとき，$\overline{\overline{U}} - \overline{\overline{A^c}}$ を計算して $\overline{A}$ を求められることを示しているんだね。

● ド・モルガンの法則は重要法則だ！

"ド・モルガンの法則"（*de Morgan's law*）の公式を下に示す。

ド・モルガンの法則

(i) $(A \cup B)^c = A^c \cap B^c$ ……$(*1)$　　　(ii) $(A \cap B)^c = A^c \cup B^c$ ……$(*2)$

右図に示すように，全体集合 U と，その 2 つ
の部分集合 A, B のベン図を使ってド・モルガ
ンの 2 つの公式 $(*1)$ と $(*2)$ を考えてみよう。

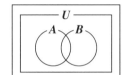

(i) $(A \cup B)^c = A^c \cap B^c$ ……$(*1)$

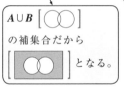

(ii) $(A \cap B)^c = A^c \cup B^c$ ……$(*2)$

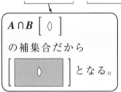

どう？ベン図で考えると，$(*1)$ と $(*2)$ の左右両辺が同じことを示している
ことが分かったでしょう。

　ド・モルガンの法則は，補集合を "否定" と考えて，次のように日本語に翻
訳することもできる。　　　"〜でない" ということ

(i) $(A \cup B)^c = A^c \cap B^c$ は，「"A または B の否定" は，"A でなくかつ B でない"」
　　となり，

(ii) $(A \cap B)^c = A^c \cup B^c$ は，「"A かつ B の否定" は，"A でないかまたは B でない"」
ということになる。また，ド・モルガンの公式は，そのまま濃度の公式として，
次のように表せる。

$$\overline{(A \cup B)^c} = \overline{A^c \cap B^c} \quad \cdots\cdots(*1)' \qquad \overline{(A \cap B)^c} = \overline{A^c \cup B^c} \quad \cdots\cdots(*2)'$$

それでは，例題で練習しておこう。

例題3 全体集合 U と，その2つの部分集合 A, B と共通部分 $A \cap B$ の濃度が，$\overline{\overline{U}} = 30$, $\overline{\overline{A}} = 10$, $\overline{\overline{B}} = 8$, $\overline{\overline{A \cap B}} = 4$ であるとき，次の各集合の有限濃度を求めよ。

(ⅰ) $\overline{\overline{A^c \cap B}}$ 　　(ⅱ) $\overline{\overline{A^c \cap B^c}}$ 　　(ⅲ) $\overline{\overline{A \cup B^c}}$

(ⅰ) $\overline{\overline{A^c \cap B}} = \overline{\overline{B}} - \overline{\overline{A \cap B}}$

$= 8 - 4 = 4 \quad \cdots\cdots①$ である。

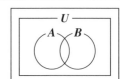

(ⅱ) $\overline{\overline{A^c \cap B^c}} = \overline{\overline{(A \cup B)^c}} = \overline{\overline{U}} - \overline{\overline{A \cup B}}$ 　　← 公式：$\overline{\overline{X^c}} = \overline{\overline{U}} - \overline{\overline{X}}$ $(X = A \cup B \text{とする。})$

〔ド・モルガン〕

$= \overline{\overline{U}} - (\overline{\overline{A}} + \overline{\overline{B}} - \overline{\overline{A \cap B}})$

$= 30 - (10 + 8 - 4) = 30 - 14 = 16$ である。

(ⅲ) $\overline{\overline{A \cup B^c}} = \overline{\overline{U}} - \overline{\overline{A^c \cap B}}$

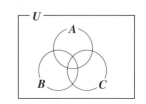

A または B でない

$= 30 - 4 = 26$ である。大丈夫だった？

（(ⅰ)の結果の①より）

● **有限濃度 $\overline{\overline{A \cup B \cup C}}$ も張り紙のテクで考えよう！**

　全体集合 U とその3つの部分集合 A, B, C のベン図を図5に示す。ここでは，この3つの集合 A, B, C の和集合の有限濃度 $\overline{\overline{A \cup B \cup C}}$ の求め方について解説しよう。用いる手法は張り紙のテクニックだね。

図5 $A \cup B \cup C$ のベン図

　図5に示すように，A と B，B と C，C と A はすべて互いに素ではないものとする。つまり

$A \cap B \neq \phi$, $B \cap C \neq \phi$, $C \cap A \neq \phi$ のとき，A, B, C の和集合 $A \cup B \cup C$ の濃度 $\overline{\overline{A \cup B \cup C}}$ を求めよう。

まず, 図6(i)に示すように, $\overline{A}$, $\overline{B}$, $\overline{C}$ に当たる3枚の丸い紙を1部3重に重なるように, 台紙にペタン, ペタン, ペタンと貼る! 中心部の $\overline{\overline{A \cap B \cap C}}$ に当たる部分[△]が3重張りになっている。

次に, 2重に重なっている $\overline{\overline{A \cap B}}$[🌫], $\overline{\overline{B \cap C}}$[🍃], $\overline{\overline{C \cap A}}$[🥬]の部分を1枚ずつピロッ, ピロッ, ピロッとはがす。

すると, 図6(ii)に示すように, 中心の3重張りの部分 $\overline{\overline{A \cap B \cap C}}$[△]が3回はがされて, この部分だけはげてなくなってしまう。

ここで, ボク達は, 1枚に貼られた $\overline{\overline{A \cup B \cup C}}$[☁]を求めたいわけだから, 最後にはげてしまった $\overline{\overline{A \cap B \cap C}}$[△]の部分をペタンと1枚貼る必要があるんだね。

以上の張り紙のテクニックを用いることにより, $A \cup B \cup C$ の濃度 $\overline{\overline{A \cup B \cup C}}$ を求める公式 (**)を, 次のように導くことができるんだね。どう? 面白かったでしょう?

図6 $\overline{\overline{A \cup B \cup C}}$ の求め方

(i) $\overline{A}$, $\overline{B}$, $\overline{C}$ の3枚の丸紙を貼る

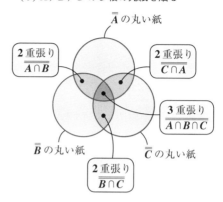

(ii) 3枚の2重張りをはがした後

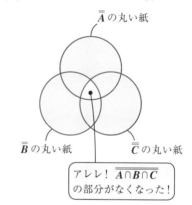

$$\overline{\overline{A \cup B \cup C}} = \overline{\overline{A}} + \overline{\overline{B}} + \overline{\overline{C}} - \overline{\overline{A \cap B}} - \overline{\overline{B \cap C}} - \overline{\overline{C \cap A}} + \overline{\overline{A \cap B \cap C}} \quad \cdots\cdots(**)$$

ここで, 3つの集合 A, B, C についてのド・モルガンの法則についても示しておこう。
(i)$(A \cup B \cup C)^c = A^c \cap B^c \cap C^c \cdots(*1)'$, (ii)$(A \cap B \cap C)^c = A^c \cup B^c \cup C^c$ となる。
(i)は, $\{(A \cup B) \cup C\}^c = (A \cup B)^c \cap C^c = A^c \cap B^c \cap C^c$ だし, (ii)は, $\{(A \cap B) \cap C\}^c = (A \cap B)^c \cup C^c = A^c \cup B^c \cup C^c$ とできるからなんだね。これも納得できた?

あるクラスの **100** 人の学生に対して，α, β, γ の **3** つのテストを実施した。
その結果，α, β, γ のテストに合格した学生の集合を順に A, B, C とおく。
この A, B, C についての濃度は，$\overline{\overline{A}}=40$，$\overline{\overline{B}}=30$，$\overline{\overline{C}}=38$，$\overline{\overline{A\cap B}}=18$，
$\overline{\overline{B\cap C}}=15$，$\overline{\overline{C\cap A}}=12$，$\overline{\overline{A\cap B\cap C}}=4$ であった。このとき，次の各集
合の濃度を求めよ。

(i) $\overline{\overline{A^c\cap B^c\cap C^c}}$ 　　(ii) $\overline{\overline{A\cap B^c\cap C^c}}$ 　　(iii) $\overline{\overline{(A\cup B)\cap C}}$

ヒント！ (i)では，A, B, C についてのド・モルガンの法則を用いると，$A^c\cap B^c\cap$
$C^c=(A\cup B\cup C)^c$ より，$\overline{\overline{A^c\cap B^c\cap C^c}}=\overline{\overline{(A\cup B\cup C)^c}}=\overline{\overline{U}}-\overline{\overline{A\cup B\cup C}}$ となるし，(ii)
では，$A\cap B^c\cap C^c$ をベン図で考えると，この濃度は，$\overline{\overline{A\cap B^c\cap C^c}}=\overline{\overline{A}}-\overline{\overline{A\cap B}}-$
$\overline{\overline{A\cap C}}+\overline{\overline{A\cap B\cap C}}$ となるんだね。(iii)も同様にベン図で考えよう。

解答＆解説

(i)ド・モルガンの法則より，

$$(A\cup B\cup C)^c=\{(A\cup B)\cup C\}^c$$
$$=(A\cup B)^c\cap C^c$$
$$=A^c\cap B^c\cap C^c \quad よって，$$

求める集合 $A^c\cap B^c\cap C^c$ の濃度は，

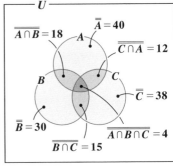

$\overline{A}=40$　$\overline{A\cap B}=18$　$\overline{C\cap A}=12$　$\overline{C}=38$　$\overline{B}=30$　$\overline{A\cap B\cap C}=4$　$\overline{B\cap C}=15$

$$\overline{\overline{A^c\cap B^c\cap C^c}}=\overline{\overline{(A\cup B\cup C)^c}}$$

（公式：$\overline{\overline{X^c}}=\overline{\overline{U}}-\overline{\overline{X}}$ を用いた。）

$$=\overline{\overline{U}}-\overline{\overline{A\cup B\cup C}}$$

$$\left[\blacksquare - \triangleq\right]$$

$$=\overline{\overline{U}}-(\overline{\overline{A}}+\overline{\overline{B}}+\overline{\overline{C}}-\overline{\overline{A\cap B}}-\overline{\overline{B\cap C}}-\overline{\overline{C\cap A}}+\overline{\overline{A\cup B\cup C}})$$

ベタン　ベタン　ベタン　ピロッ　ピロッ　ピロッ　ベタン!!

$$\left[\blacksquare-(\bullet+\bullet+\bullet-\, \triangleleft\, -\, \triangleleft\, -\, \triangleleft\, +\, \triangle\,)\right]$$

$$=100-(40+30+38-18-15-12+4)$$

$$=100-67=33\ \cdots\cdots①\ である。\quad\cdots\cdots\cdots\cdots\cdots\cdots\cdots(答)$$

①は，$A^c\cap B^c\cap C^c$ の有限濃度なので，これは，α, β, γ の **3** つのテストの
いずれにも合格しなかった学生の人数を表しているんだね。

(ⅱ) 集合 $A \cap B^c \cap C^c$ をベン図で示すと，右図のようになる。よって，この集合の濃度 $\overline{\overline{A \cap B^c \cap C^c}}$ を求めると，

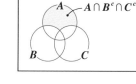

$$\overline{\overline{A \cap B^c \cap C^c}} = \overline{\overline{A}} - \overline{\overline{A \cap B}} - \overline{\overline{A \cap C}} + \overline{\overline{A \cap B \cap C}}$$

$$\left[\quad \bigcirc\!\!\!\!\!\!\!\! = \bigcirc - \,\,\overset{ペタン}{\smallfrown} - \,\,\overset{ピロッ}{\smallfrown} + \,\,\overset{ペタン!!}{\vartriangle} \right]$$

引き過ぎた分を，たす！

$$= 40 - 18 - 12 + 4 = 14 \ である。 \quad \cdots\cdots\cdots\cdots\cdots (答)$$

(ⅲ) 集合 $(A \cup B) \cap C$ をベン図で示すと，右図のようになる。よって，この集合の濃度 $\overline{\overline{(A \cup B) \cap C}}$ を求めると，

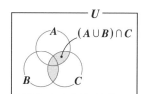

$$\overline{\overline{(A \cup B) \cap C}} = \overline{\overline{B \cap C}} + \overline{\overline{C \cap A}} - \overline{\overline{A \cap B \cap C}}$$

$$\left[\quad \overset{ペタン}{\smallfrown} = \overset{ペタン}{\smallfrown} + \overset{ペタン}{\smallfrown} - \overset{ピロッ}{\vartriangle} \right]$$

$$= 15 + 12 - 4 = 23 \ である。 \quad \cdots\cdots\cdots\cdots\cdots (答)$$

参考

(ⅲ)について，集合 $A \cup (B \cap C)$ をベン図で示すと，右図のようになる。よって，$(A \cup B) \cap C$ と $A \cup (B \cap C)$ はまったく異なる集合であることに気を付けよう。

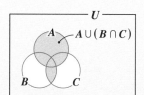

集合 $A \cup (B \cap C)$ の濃度は，

$$\overline{\overline{(A \cup B) \cap C}} = \overline{\overline{A}} + \overline{\overline{B \cap C}} - \overline{\overline{A \cap B \cap C}}$$

$$\left[\quad \bigcirc\!\!\!\!\!\! = \bigcirc + \overset{ペタン}{\smallfrown} - \overset{ピロッ}{\vartriangle} \right]$$

$$= 40 + 15 - 4 = 51 \ となるんだね。大丈夫？$$

§2. 命題と必要条件・十分条件

高校数学の"集合と論理"では，"命題"と"必要条件"，"十分条件"についても学習しているはずだけれど，これについても，ここで復習しておこう。特に，"真理集合"の考え方は，とても重要なので，ここで，シッカリ復習しておこう。

● 命題とは，真・偽がハッキリした文字や式のことだ！

まず，"命題"（*proposition*）について解説しよう。ボク達は日頃"このドラマは面白い"とか，"あの人は背が高い"とか，様々な会話をしているわけだけれど，これらの文章は客観的に正しいか，否か，判断できないのは分かるね。

たとえば，ある人にとっては，このドラマが面白くても，別の人にとっては今一って思うかもしれないし，また，背が高い人の判断基準だって人それぞれで，客観性がないからだね。このように，正しいか，間違っているか，客観的に判断できないような文章は，命題とは言わない。ここで，数学用語として，

- ・"正しい"ということを"真"といい，
- ・"間違っている"ということを"偽"という。

さらに，"真"は"*T*"，"偽"は"*F*"と略記することも多いので覚えておこう。

["truth"（真）の頭文字]　　["false"（偽）の頭文字]

すると，命題とは，次のように定義できるんだね。

命題の定義

命題：1つの判断を表した式または文章で，
真・偽がはっきりと定まるもの。

つまり，命題とは，真か偽かが，ハッキリ定まる文章や式のことなんだね。それでは，この真・偽も付けて，命題の例をいくつか挙げておこう。

(*a*)「太陽は西から昇る。」

これは，地上に住む誰の目から見ても間違いだね。よって，偽 (*F*)

(*b*)「2月28日の翌日は3月1日である。」

これは，2024年，2028年，… などの閏年であれば，2月28日の翌日は2月29日となるので，偽 (*F*) だ。しかし，閏年でなければ，真 (*T*) だね。

20

(c)「$x=-5$ であれば，$|x|=5$ である。」

　　$x=-5$ ならば，$|x|=|-5|=5$ となるので，これは，真 (T) の命題だ。

(d)「正の偶数であれば，自然数である。」

　　正の偶数であれば，それは具体的には，2，4，6，… のいずれかだから，これは正の整数(自然数)であると言える。よって，これは，真 (T) だね。

(e)「ある実数 x に対して，$2x+1>0$ である。」

　　これは，$x=0$ のとき，$1>0$ となって成り立つので，真 (T) の命題だね。これに対して，

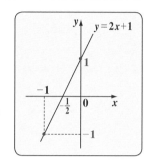

(f)「すべての実数 x に対して，$2x+1>0$ である。」は，$x=-1$ のとき，$2x+1=-1<0$ となるので，すべての実数 x に対して，$2x+1>0$ とはならない。よって，これは，偽 (F) だね。

　　このように，命題が偽であることを示すためには，反例を 1 つ挙げるだけで十分であることも，シッカリ頭に入れておこう。

● 必要条件・十分条件を押さえよう！

　命題の中でも "p であるならば q である。" という形のものが多い。これから，この形の命題について，詳しく解説しよう。まず表現法として，命題 "p であるならば q である。" を簡単に，命題 "$p \Rightarrow q$" と書き，p を "**仮定**"，q を "**結論**" という。

（仮定）（結論）

　たとえば，(c) の命題 "$x=-5$ であれば，$|x|=5$" は，"$x=-5 \Rightarrow |x|=5$" と略記でき，これが真であることを示した。では，この逆，"$|x|=5 \Rightarrow x=-5$" の真・偽はどうかというと，$|x|=5$ であるからといって，$x=-5$ となるとは限らない。反例として $x=5$ を挙げることができるので，逆の命題 "$|x|=5$

（反例は 1 つ挙げれば十分だ。）

$\Rightarrow x=-5$" は偽となるんだね。

　それじゃ，これから，"$p \Rightarrow q$" の形の命題をさらに深めていくことにしよう。命題："$p \Rightarrow q$" が真のとき，

$\begin{cases} \text{・}p \text{ は，} q \text{ であるための "十分条件" といい，} \\ \text{・}q \text{ は，} p \text{ であるための "必要条件" という。} \end{cases}$

これは，試験でも頻出のところだから，シッカリ覚えよう。

つまり，真の命題 "$p \Rightarrow q$" に対して，p は "**十分条件**"（*sufficient condition*），

十分条件 (S) 必要条件 (N)

q は "**必要条件**"（*necessary condition*）となるんだね。これから，地図上の方位：S(南) $\longrightarrow$ N(北) と連想して覚えておくと，忘れないはずだ。まとめて，示そう。

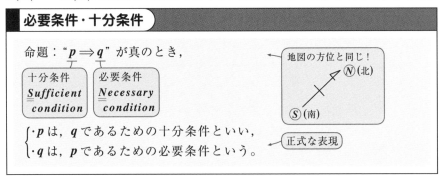

したがって，"$p \Leftarrow q$" が真であるならば，p は矢印が来ているので必要条件

必要 (N) 十分 (S)

(N)，q は矢印を出しているので十分条件 (S) になるんだね。また，"$p \Leftrightarrow q$"

これは，"$p \Rightarrow q$" が真，かつ "$p \Leftarrow q$" が真であることを示しているんだね。

が真であるときは，p と q は共に矢印を出し，かつ矢印が来ているので，p も

十分条件   必要条件

q も共に "**必要十分条件**"という。あるいは，このとき，"p と q は**同値**である"
と言ってもいい。以上をまとめて下に示そう。

必要条件，十分条件，必要十分条件（同値）

（ i ）"$p \Rightarrow q$" が真のとき，p は十分条件，q は必要条件

（ ii ）"$p \Leftarrow q$" が真のとき，p は必要条件，q は十分条件

（iii）"$p \Leftrightarrow q$" が真のとき，p と q は共に，必要十分条件
      （p と q は同値である。）

よって，例 (c) "$x = -5 \Rightarrow |x| = 5$" は真，"$x = -5 \Leftarrow |x| = 5$" は偽より，

十分条件   必要条件

・$x = -5$ は，$|x| = 5$ であるための十分条件であり，
・$|x| = 5$ は，$x = -5$ であるための必要条件である。と言えるんだね。大丈夫？

● 真理集合の考え方も復習しよう！

例 (d) の命題 "正の偶数である ⟹ 自然数である。" は真であることを示した けれど，実は，この中に重要な集合の包含関係が働いているんだね。この命 題の仮定である正の偶数の集合を $E = \{2, 4, 6, \cdots\}$ とおき，結論である自 然数の集合を $N = \{1, 2, 3, 4, 5, 6, \cdots\}$ とおくと，

図 1(ⅰ) に示すように，正の偶数の 集合 E は，自然数全体の集合 N の 真部分集合になっていること，つま り，$E \subset N$ の関係があることから， "正の偶数 ⟹ 自然数" の命題が真で あると導かれるんだね。

これは，一般的に，命題 "$p \Rightarrow q$" に対して，p と q を表す集合をそれ ぞれ P と Q とおくと，図 1(ⅱ) に示 すように，$P \subseteqq Q$ の関係があると き，この命題 "$p \Rightarrow q$" は真である と言える。この手法を "**真理集合**" (*truth set*) の考え方というので覚え ておこう。

図1 真理集合の考え方

(ⅰ)
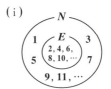

(ⅱ) "$p \Rightarrow q$" が真の条件
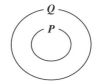

(ⅲ) 例 (c) "$x = -5 \Rightarrow |x| = 5$"
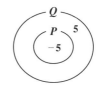

実は，例 (c) "$x = -5 \Rightarrow |x| = 5$" についても，結論の $|x| = 5$ より，$x = \pm 5$ となることから，図 1(ⅲ) のように， 真理集合の考え方が働いて，例 (c) の命題が真であると言ってもいいんだね。

では，例題を 1 題解いておこう。

例題 4　命題："$-1 \leqq x \leqq 3$ であるならば，$|x - a| \leqq 3$ である" ……(*)
　　　が真となるような定数 a の値の範囲を求めよ。

$|x - a| \leqq 3$ より，$-3 \leqq x - a \leqq 3$　各辺に a をたして，
$\therefore a - 3 \leqq x \leqq a + 3$ となる。

> 公式：($r > 0$ とする)
> ・$|x| \leqq r$ のとき，
> 　$-r \leqq x \leqq r$ となる。

よって，集合 P, Q を，$P=\{x\,|-1\le x\le 3\}$，

$Q=\{x\,|\,\underbrace{a-3\le x\le a+3}_{|x-a|\le 3}\}$ とおいたとき，

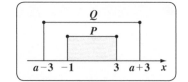

命題 (*) は，"$P\Rightarrow Q$" となり，これが

真となるための条件は $P\subseteqq Q$ より，右上図から求める a の条件は，

$\underbrace{a-3\le -1}_{\boxed{a\le 2}}$ かつ $\underbrace{3\le a+3}_{\boxed{0\le a}}$ $\therefore 0\le a\le 2$ となるんだね。大丈夫？

● "$p\Rightarrow q$" の形の問題を解いてみよう！

それでは，"$p\Rightarrow q$" の形の命題の例題を解いておこう。

例題5 次の各問いに当てはまる語句を，下の①〜④から選べ。

(1) $x>-2$ は，$|x|\le 1$ であるための $\boxed{\ ア\ }$

(2) $x=0$ かつ $y=0$ は，$|x|+|y|=0$ であるための $\boxed{\ イ\ }$

(3) $x=\dfrac{1}{2}$ は，$2x^2-7x+3=0$ であるための $\boxed{\ ウ\ }$

①必要条件である。　　　②十分条件である。

③必要十分条件である。　④必要条件でも十分条件でもない。

---

(1) $|x|\le 1\Leftrightarrow -1\le x\le 1$ である。

(ⅰ) $x>-2\Rightarrow -1\le x\le 1$ について，

反例として，$x=2$ が挙げられる。

よって，これは偽

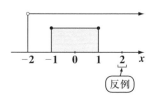

(ⅱ) $x>-2\Leftarrow -1\le x\le 1$ について，

$-1\le x\le 1$ は，$x>-2$ に含まれる。よって，これは真である。

よって，(ⅰ)(ⅱ) より，$\underbrace{x>-2 \overset{\times}{\underset{\bigcirc}{\rightleftarrows}} -1\le x\le 1}_{\boxed{必要条件\,(N)}\;\leftarrow\boxed{矢印が来ているから}}$ ← この〇(真)や×(偽)は 正式な表現ではない。

$\therefore x>-2$ は，$|x|\le 1$ であるための必要条件であるので，

⑦の答えは，①である。

(2) (ⅰ) $x=0$ かつ $y=0\Rightarrow |x|+|y|=0$ について，

$x=0$ かつ $y=0$ のとき，$|x|+|y|=|0|+|0|=0+0=0$ となる。

よって，これは真である。

24

(ii) $x = 0$ かつ $y = 0 \Longleftarrow |x| + |y| = 0$ について,

$|x| \geqq 0$ かつ $|y| \geqq 0$ より,

$|x| + |y| = 0$ のとき, $|x| = 0$ かつ $|y| = 0$ ◀

よって, $x = 0$ かつ $y = 0$ となるので,

これは真である。

> $|x| \geqq 0$ かつ $|y| \geqq 0$ より,
> $|x| + |y| = 0$ となるには,
> $3 + (-3) = 0$ などの場合
> は考えられない。よって,
> $|x| = 0$ かつ $|y| = 0$ となる。

以上より, $\underbrace{x = 0 \text{ かつ } y = 0}_{\boxed{\text{必要十分条件}}} \overset{\Rightarrow}{\underset{\Leftarrow}{}} |x| + |y| = 0$

∴ $x = 0$ かつ $y = 0$ は, $|x| + |y| = 0$ であるための必要十分条件であるので,

⑦の答えは, ③である。

(3) $2x^2 - 7x + 3 = 0 \Leftrightarrow (2x - 1)(x - 3) = 0 \Leftrightarrow x = \dfrac{1}{2}$ または 3 である。

$\begin{matrix} 2 \\ 1 \end{matrix}\!\!\!\times\!\!\!\begin{matrix} -1 \\ -3 \end{matrix}$

(i) $x = \dfrac{1}{2} \Rightarrow x = \dfrac{1}{2}$ または 3

真理集合の考え方より, これは真である。

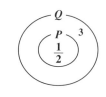

(ii) $x = \dfrac{1}{2} \Longleftarrow x = \dfrac{1}{2}$ または 3 について,

(反例 $x = 3$)

反例として, $x = 3$ を挙げることができるので, これは偽。

以上より, $\underbrace{x = \dfrac{1}{2}}_{\boxed{\text{十分条件 }(S)}} \overset{\Rightarrow}{\underset{\Leftarrow}{}} 2x^2 - 7x + 3 = 0$

⟵ 矢印を出しているから

∴ $x = \dfrac{1}{2}$ は, $2x^2 - 7x + 3 = 0$ であるための十分条件であるので,

⑨の答えは, ②である。

§3. 命題の逆・裏・対偶と背理法

それではまず、“$p \Rightarrow q$”の形の命題を元の命題としたとき、この逆、裏、対偶について解説し、元の命題と対偶命題が真・偽で運命共同体であることを示そう。これから、命題の“**対偶による証明法**”が利用できるんだね。

さらに、これと似た証明法として、“**背理法**”についても解説しよう。

さらに、様々な証明に有効な、“**合同式**”や“**数学的帰納法**”についても教えるつもりだ。

これで、高校数学の復習も終了となるんだね。頑張ろう！

● 元の命題と逆・裏・対偶の定義を押さえよう！

ある命題“$p \Rightarrow q$”（pであるならば、qである。）が与えられたとき、この命題の逆、裏、対偶は、次のように定義される。

■ 元の命題と、その逆・裏・対偶

・命題：　“$p \Rightarrow q$”　（pであるならば、qである。）の逆・裏・対偶は、次のように定義される。

・逆　：　“$q \Rightarrow p$”　（qであるならば、pである。）

・裏　：“$\daleth p \Rightarrow \daleth q$”（$p$でないならば、$q$でない。）

・対偶：“$\daleth q \Rightarrow \daleth p$”（$q$でないならば、$p$でない。）

---

pやqの否定、すなわち“pでない”や“qでない”は、$\daleth p$や$\daleth q$で表すことにする。

> p, qの否定は、高校数学では、$\overline{p}$や$\overline{q}$で表したが、これからは$\daleth p$や$\daleth q$で表すんだね。

元の命題“$p \Rightarrow q$”に対して、

・逆では、pとqを入れ替えて、“$q \Rightarrow p$”となる。また、

・裏では、pとqの否定をとって、“$\daleth p \Rightarrow \daleth q$”となる。そして、

・対偶では、逆の裏をとって、“$\daleth q \Rightarrow \daleth p$”となるんだね。大丈夫？

　いくつか、例で練習しておこう。

(a) 元の命題：“$x = -5 \Rightarrow |x| = 5$”（$x = -5$ならば、$|x| = 5$である。）について、

　　　・逆：“$|x| = 5 \Rightarrow x = -5$”（$|x| = 5$ならば、$x = -5$である。）

　　　・裏：“$x \neq -5 \Rightarrow |x| \neq 5$”（$x \neq -5$ならば、$|x| \neq 5$である。）

　　　・対偶：“$|x| \neq 5 \Rightarrow x \neq -5$”（$|x| \neq 5$ならば、$x \neq -5$である。）となる。

26

ここで, 元の命題と, 逆, 裏, 対偶の関係は相対的なものであることも示しておこう。

(a) の例の逆 "$|x|=5 \Rightarrow x=-5$" を元の命題として, この逆, 裏, 対偶を求めてみよう。すると,

$(a)'$ 元の命題: "$|x|=5 \Rightarrow x=-5$" について,

逆: "$x=-5 \Rightarrow |x|=5$"

裏: "$|x| \neq 5 \Rightarrow x \neq -5$"

対偶: "$x \neq -5 \Rightarrow |x| \neq 5$" となるんだね。他の場合も, 自分で考えてみよう!

それでは, 次の元の命題に対しても, 逆, 裏, 対偶を求めて, その真・偽も確認してみよう。ここで, $E=\{n \,|\, n は正の偶数\}=\{2, 4, 6, \cdots\}$, $N=\{n \,|\, n は自然数\}=\{1, 2, 3, 4, \cdots\}$ とおくことにする。

(b) (i) 元の命題: "正の偶数 $\Rightarrow$ 自然数"

（正の偶数であるならば, 自然数である。）

$E \subset N$ が成り立つので, 元の命題は真である。

(ii) 逆: "自然数 $\Rightarrow$ 正の偶数"

反例として, $\mathbf{1}$(奇数)を挙げることができるので, 偽である。

(iii) 裏: "正の偶数でない $\Rightarrow$ 自然数でない"

これも, 反例として, $\mathbf{1}$(奇数, 自然数)を挙げることができるので, 偽である。

(iv) 対偶: "自然数でない $\Rightarrow$ 偶数でない"

右図のように, 全体集合 U を整数全体の集合, すなわち $U=Z=\{\cdots, -\mathbf{2},$ $-\mathbf{1}, \mathbf{0}, \mathbf{1}, \mathbf{2}, \cdots\}$ とおくと, 自然数でない, すなわち N^c(Nの補集合)

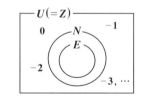

は, 正の偶数でない, すなわち E^c(Eの補集合) に含まれる。つまり, $N^c \subset E^c$ となって, 真理集合の考え方から, この対偶は真である。

このように, 元の命題が真ならば, その対偶も必ず真となる。もともと, 元の命題と対偶の関係は相対的なものだから, 逆に, 対偶が真ならば, 元の命題も真となる。つまり, 次の関係が成り立つんだよ。

元の命題が真 $\iff$ 対偶が真

さらに, (b) の(ii)偽の命題(逆): "自然数 $\Rightarrow$ 正の偶数" を元の命題と考えると, (b) の(iii)のこの対偶(裏): "正の偶数でない $\Rightarrow$ 自然数でない" も, 偽の命題となる。

つまり，元の命題が偽ならば，その対偶も偽であり，元の命題と対偶の関係は相対的なものだから，逆に，対偶が偽ならば元の命題も偽ということもできる。つまり，

元の命題が偽 $\Longleftrightarrow$ 対偶が偽　も成り立つんだね。

以上をまとめて下に書いておこう。

■ 命題とその対偶との真・偽の関係

$\begin{cases} \cdot 元の命題が真 \Longleftrightarrow 対偶が真 \\ \cdot 元の命題が偽 \Longleftrightarrow 対偶が偽 \end{cases}$

このように，ある命題とその対偶とは，真・偽において，運命共同体になっているのが分かったと思う。だから，ある命題の真・偽を調べたかったら，その対偶が真であるか，偽であるかを調べてもいいんだね。そして，対偶が真であることが示せれば，自動的に元の命題も真であることが言えるんだね。この証明法を，**"対偶による証明法"**（*proof by contraposition*）と呼ぶ。これを下にまとめておこう。

■ 対偶による証明法

命題 "$p \Longrightarrow q$" が真であることを直接証明するのが難しい場合，
この対偶 "$\lnot q \Longrightarrow \lnot p$" が真であることを示せれば，
元の命題 "$p \Longrightarrow q$" も真であると言える。

● 否定のやり方もマスターしよう！

ここで，命題の否定のやり方についても解説しておこう。ド・モルガンの法則について，

(i)$(A \cup B)^c = A^c \cap B^c$ は，補集合を否定と考えると，

　「"A または B の否定" は "A でなくかつ B でない"」と読むことができ，

(ii)$(A \cap B)^c = A^c \cup B^c$ は，

　「"A かつ B の否定" は "A でないかまたは B でない"」と読める。

以上より，次のように覚えておこう。

・"または" の否定は "かつ" になる。

・"かつ" の否定は "または" になる。

さらに同様に，次のことも頭に入れておこう。

・"少なくとも **1 つ**" の否定は "すべての" になる。

・"すべての" の否定は "少なくとも **1 つ**" になる。

では，この否定のやり方を使って，いくつかの命題とその対偶を調べることにより，真・偽を確認してみよう。

> "$p \Rightarrow q$" の対偶：
> "$\rlap{\,/}q \Rightarrow \rlap{\,/}p$"

(a) 整数 a, b について，

命題："$a+b \leqq 2$ ならば，$a \leqq 1$ または $b \leqq 1$ である。"……(∗1)

が与えられているとき，この対偶は，

対偶："$a > 1$ かつ $b > 1$ ならば，$a+b > 2$ である。" ……(∗1)′

となる。そして，(∗1)′ は明らかに真だから，元の命題 (∗1) も真であることが分かるんだね。

(b) 整数 a, b, c について，

命題："$a+b+c \leqq 6$ ならば，a, b, c の内少なくとも **1 つ**は **2** 以下である。"…(∗2)

が与えられているとき，この対偶は，

対偶："$a > 2$ かつ $b > 2$ かつ $c > 2$ ならば，$a+b+c > 6$ である。"……(∗2)′

> "a, b, c はすべて **2** より大" より，"$a > 2$ かつ $b > 2$ かつ $c > 2$" と言えるんだね。

そして，$a > 2$ ……①，$b > 2$ ……②，$c > 2$ ……③ の辺々をたし合わせると，$a+b+c > 2+2+2 = 6$ となって，(∗2)′ は真であることが分かる。よって，対偶 (∗2)′ が真より，元の命題 (∗2) も真であることが証明されたんだね。

(c) 正の整数 a, b, c について，

命題："$a+b+c$ が偶数ならば，a, b, c の内少なくとも **1 つ**は偶数である。"…(∗3)

が与えられているとき，この (∗3) も真・偽が分かりづらい命題なので，この対偶を調べてみよう。

対偶："a, b, c がすべて奇数であるならば，$a+b+c$ は奇数である。"…(∗3)′

となる。a, b, c がすべて奇数であれば

$a+b+c = \underbrace{(奇数)+(奇数)}_{(偶数)}+(奇数) = (奇数)$ となるので，対偶 (∗3)′ は真である。よって，元の命題の (∗3) も真であることが証明できたんだね。

どう？これで，対偶による証明法にも慣れたでしょう？

では次，命題の証明法として "**背理法**" についても解説しよう。

● 背理法では，まず結論を否定する！

　これから解説する"**背理法**"（*reduction of absurdity*）も，命題が真である
か否かを示す有力な手法なんだね。対偶による証明法では，"**p ならば q であ
る**"の形の命題のみを対象にしていたけれど，背理法では，"**q である**"とい
う形の命題でもかまわない。それでは，まずこの背理法による命題の証明法
を次に示そう。

背理法による証明法

命題 "$p \Rightarrow q$" や，命題 "q である" が真であることを示すには，まず，
$\not q$（q でない）と仮定して，矛盾を導く。

"$p \Rightarrow q$" や "q である" の q を "**結論**" とい
うんだけれど，背理法では，まずこの結論 q
を否定して，$\not q$（q でない）と仮定してみる
んだね。そして，この $\not q$（q でない）とする
ことによって，何か矛盾（おかしなこと）が
起これば，それは q を否定したからだと考
える。よって，q を否定したことによって，

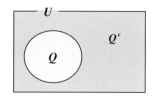

図1　背理法の集合による
　　　イメージ

矛盾が生じるわけだから，$\not q$ ではなくて，q が正しいということになるんだ
ね。これは一種の消去法だ。

　これを，集合で考えると分かりやすい。q や $\not q$ を表す集合をそれぞれ Q, Q^c
　　　　　　　　　　　　　　　　　　　　　　　　　$\underbrace{}_{q\text{の否定}}$　　　　　$\underbrace{}_{Q\text{の補集合}}$
とおくと，図1のようになるね。ここで，Q^c の命題 $\not q$ が正しいと仮定する
と矛盾が起こるので，結局 Q の命題 q の方が正しいことになるというのが，
背理法の本質的な考え方なんだ。納得いった？

　また，対偶による証明法も一種の背理法と考えることができる。命題 "$p \Rightarrow q$"
が真であることを言うために，$\not q$（q でない）と仮定して，$\not p$ が導かれたと
しよう。p ではないから，これは矛盾で，背理法が成立したことになる。で
も，"$\not q$ ならば $\not p$" とは，文字通り，これは対偶のことで，この対偶が真と
言えたから，自動的に元の命題が真と言ってもいいんだね。大丈夫？

　それでは，次の例題で，背理法を実際に使ってみよう。

例題6　相異なる2つの実数 a, b が，$2a^2 - 7ab + 5b^2 = 0$ ……①
をみたす。このとき，次の各問いに答えよ。

(1) $b \neq 0$ であることを背理法により証明せよ。

(2) $\dfrac{a}{b}$ の値を求めよ。

相異なる2つの実数 a, b が，$2a^2 - 7ab + 5b^2 = 0$ ……① をみたすとき，

(1) $b = 0$ ……② と仮定する。　←───[背理法：$b=0$ とおいて矛盾を導く。]

　②を①に代入すると，

　$2a^2 - 7a \times 0 + 5 \times 0^2 = 0$ より，$2a^2 = 0$　$a^2 = 0$　∴ $a = 0$ となる。

　すると，$a = 0$, $b = 0$ となって，a, b が相違なる2つの実数であることに

　矛盾する。　∴ $b \neq 0$ である。◀┄┄┄┄┄┄┄┄┄┄┄┄┄┄┄┄┄┄┄┄┄┄┄┄┄(終)

(2) $b \neq 0$ より，①の両辺を $b^2 (\neq 0)$ で割ると，

　$2 \cdot \dfrac{a^2}{b^2} - 7 \cdot \dfrac{a}{b} + 5 = 0$ より，$2 \cdot \left(\dfrac{a}{b}\right)^2 - 7 \cdot \dfrac{a}{b} + 5 = 0$ ……③ となる。

　　　　　　　　　　　　　　　　　　　t^2　　　　t とおく

　ここで，$t = \dfrac{a}{b} (\neq 1 (\because a \neq b))$ とおくと，③は，

　$2t^2 - 7t + 5 = 0$　　$(t-1)(2t-5) = 0$ となる。

　$\begin{matrix} 1 \\ 2 \end{matrix}\begin{matrix} \diagdown \\ \diagup \end{matrix}\begin{matrix} -1 \\ -5 \end{matrix}$　　　$\boxed{0 (\because t \neq 1)}$

　よって，求める $\dfrac{a}{b}$ の値は，$\dfrac{a}{b} = t = \dfrac{5}{2}$ である。どう？面白かった？

● 合同式も復習しておこう！

　"合同式"（*congruence equation*）も，様々な命題の証明に役に立つので，
ここで，復習しておこう。この合同式を用いることにより，大きな整数をあ
る整数で割った余りが簡単に求められるようになるんだね。

　まず，合同式の定義を次に示そう。

2つの整数 a と b を，ある正の整数 n で割ったときの余りが等しいとき，
$a \equiv b \pmod{n}$ ……(*) と書き，
「a と b は，n を法として合同である。」という。

たとえば，$n = 3$ のとき，

$0 \equiv 3 \equiv 6 \equiv 9 \equiv 12 \equiv \cdots \pmod{3}$ ←（3で割り切れる数は，すべて合同）

$1 \equiv 4 \equiv 7 \equiv 10 \equiv 13 \equiv \cdots \pmod{3}$ ←（3で割って，1余る数は，すべて合同）

$2 \equiv 5 \equiv 8 \equiv 11 \equiv 14 \equiv \cdots \pmod{3}$ ←（3で割って，2余る数は，すべて合同）

となる。$n = 3$ のとき，つまり，0 以上のすべての整数を 3 で割った余り，0，1，2 により，3 通りのグループに場合分けしていることになることにも気を付けよう。

そして，この合同式には，次に示す重要公式があるので，頭に入れておこう。

合同式の公式

$a \equiv b \pmod{n}$，かつ $c \equiv d \pmod{n}$ のとき，

(i) $a + c \equiv b + d \pmod{n}$　　(ii) $a - c \equiv b - d \pmod{n}$

(iii) $a \times c \equiv b \times d \pmod{n}$　　(iv) $a^m \equiv b^m \pmod{n}$

(ただし，m：正の整数)

では，これらの公式を次の例題で実際に使ってみよう。

(ex) $375 \equiv 3 \pmod{4}$，$590 \equiv 2 \pmod{4}$ より，次の各数値を 4 で割った
　　　（4×93+3 ≡ 3）　　　（4×147+2 ≡ 2）

余りを求めよ。

(i) $a = 375 + 590$　　(ii) $b = 375 \times 590$　　(iii) $c = 375^{20} - 590^{10}$

(i) $a = 375 + 590 \equiv 3 + 2 \equiv 5 \equiv 1 \pmod{4}$ より，a を 4 で割った余りは
　　1 である。

(ii) $b = 375 \times 590 \equiv 3 \times 2 \equiv 6 \equiv 2 \pmod{4}$ より，b を 4 で割った余りは
　　2 である。

(iii) $c = 375^{20} - 590^{10} \equiv 3^{20} - 2^{10} \equiv 1 - 0 \equiv 1$ より，c を 4 で割った余りは
　　1 である。（$9^{10} \equiv 1^{10} \equiv 1$）（$4^5 \equiv 0^5 \equiv 0$）←（$\because 9 \equiv 1 \pmod{4}$，$4 \equiv 0 \pmod{4}$）

●　数学的帰納法は，ドミノ倒し理論だ！

　たとえば，$n = 1, 2, 3, \cdots$ のとき，$1^3 + 2^3 + \cdots + n^3 = \dfrac{1}{4}n^2(n+1)^2 \cdots\cdots(*)$
が成り立つことを示すときに，$n = 1$ のとき成り立つ，$n = 2$ のとき成り立つ，
… とやっていたんでは一生かかっても証明できない。これを解決してくれ
るのが，"**数学的帰納法**"（*mathematical induction*）なんだね。これは，次に
示すドミノ倒し理論として覚えておくと，忘れない
はずだ。

　ある（n の命題）に対して，$n = 1$ のとき成り立
つ，2 のとき成り立つ……ということを，図2の
1 番目のドミノが倒れる，2 番目のドミノが倒れ
る，……ということに置きかえると，$n = 1, 2, 3,$
……と無限に並んだドミノを倒さないといけな
いんだね。そのためには，次の 2 つのステップを示
せばいいことがわかるはずだ。

図2　ドミノ倒し

1 番目のドミノ
　2 番目のドミノ
　　3 番目のドミノ

図3　無限に並んだドミノ
　　を倒すメカニズムは
　　これだ！

（ⅰ）1 番目のドミノを倒す。

■ ドミノ倒しの理論

（ⅰ）まず，1 番目のドミノを倒す。
（ⅱ）次に，k 番目のドミノが倒れるとしたら，
　　$k+1$ 番目のドミノが倒れる。

（ⅱ）k 番目の　　$k+1$ 番目
　　ドミノ　　　のドミノ

　（ⅰ）で，まず最初のドミノを倒す。次に，（ⅱ）では，ズラ〜っと並んだドミ
ノのうち，連続する 2 つをどれでもいいから選び出し，k と $k+1$ 番目とする。
そしてまず k 番目のドミノが倒れると仮定して，$k+1$ 番目のドミノが倒れ
ることを示せたとする。

　すると，（ⅰ）より 1 番目のドミノは倒れるね。次に，（ⅱ）より $k = 1$，$k+1$
$= 2$ とおくと，$k = 1$ 番目のドミノは倒れるので，$k+1 = 2$ 番目のドミノも倒
れる。さらに，$k = 2$，$k+1 = 3$ とおくと，2 番目が倒れるから 3 番目も倒れる。
これを同様に繰り返せば，結局 $n = 1, 2, 3,$ ……と無限に並んだドミノをす
べて倒すことができるんだね。

これと同じ考え方で, $n=1, 2, 3, \cdots$ のとき, $(n$の命題$)$ $\cdots\cdots(*)$ が成り立つことを, 次のような**数学的帰納法**で示せるんだよ。

数学的帰納法

$(n$の命題$)$ $\cdots\cdots(*)$ $(n=1, 2, 3, \cdots)$
が成り立つことを数学的帰納法により示す。
(i) $n=1$ のとき, $\cdots\cdots$ $\therefore$ 成り立つ。
(ii) $n=k$ $(k=1, 2, 3, \cdots)$ のとき
　　$(*)$ が成り立つと仮定して, $n=k+1$
　　のときについて調べる。
　　$\cdots\cdots$ $\therefore$ $n=k+1$ のときも成り立つ。
以上 (i)(ii) より, 任意の自然数 n に対し
て $(*)$ は成り立つ。

> これは, (i) 1 番目のドミノを倒すことと同じだ!

> これは, (ii) k 番目のドミノが倒れるとしたら, $k+1$ 番目のドミノが倒れることと同じだね!

それでは, 例題として, 次の等式を数学的帰納法を使って証明してみよう。

例題 7　$n=1, 2, 3, \cdots$ のとき, $1^3+2^3+3^3+\cdots+n^3=\dfrac{1}{4}n^2(n+1)^2\cdots(*1)$
　　　　が成り立つことを数学的帰納法を用いて示せ。

$n=1, 2, 3, \cdots$ のとき, $(*1)$ の公式が成り立つことを, 数学的帰納法により
示す。

(i) $n=1$ のとき, $((*1)$の左辺$)=1^3=1$,

　　　　　　　　$((*1)$の右辺$)=\dfrac{1}{4}\cdot 1^2\cdot(1+1)^2=\dfrac{4}{4}=1$

となって, $(*1)$ は成り立つ。

(ii) $n=k$ $(k=1, 2, 3, \cdots)$ のとき,

　　$1^3+2^3+3^3+\cdots+k^3=\dfrac{1}{4}k^2\cdot(k+1)^2$ $\cdots\cdots$①

> 仮定した, $n=k$ のときの①式は, $n=k+1$ のときの証明に利用する。

が成り立つと仮定して, $n=k+1$ のときについて調べる。

$$((*1) \text{の左辺}) = \underbrace{1^3 + 2^3 + 3^3 + \cdots + k^3}_{\frac{1}{4}k^2 \cdot (k+1)^2 \ (\text{①より})} + (k+1)^3$$

$$= \underbrace{\frac{1}{4}k^2 \cdot (k+1)^2 + (k+1)^3}_{\begin{array}{c}\frac{1}{4} \cdot 4(k+1) \cdot (k+1)^2 \\ = \frac{1}{4}(4k+4) \cdot (k+1)^2\end{array}}$$

$$= \underbrace{\frac{1}{4}(k+1)^2 \cdot \underset{\text{共通因数}}{k^2}}_{} + \frac{1}{4}(k+1)^2 \cdot \underset{\text{これをくくり出す}}{(4k+4)}$$

$$= \frac{1}{4}(k+1)^2 \cdot \underbrace{(k^2 + 4k + 4)}_{(k+2)^2}$$

> $n = k+1$ のとき,
> $((*1)$の右辺$)$
> $= \frac{1}{4}(k+1)^2 \cdot (k+1+1)^2$
> $= \frac{1}{4}(k+1)^2 \cdot (k+2)^2$
> となる。

$$= \frac{1}{4}(k+1)^2 \cdot (k+2)^2 = ((*1) \text{の右辺})$$

よって，$n = k+1$ のときも，$(*1)$ は成り立つ。

以上（ⅰ）（ⅱ）より，数学的帰納法により，$n = 1, 2, 3, \cdots$ のとき，公式：
$1^3 + 2^3 + 3^3 + \cdots + n^3 = \frac{1}{4}n^2(n+1)^2 \cdots\cdots (*1)$ は成り立つことが証明できたんだね。大丈夫だった？

ここで，これから扱う実数の分類についても下に示しておこう。

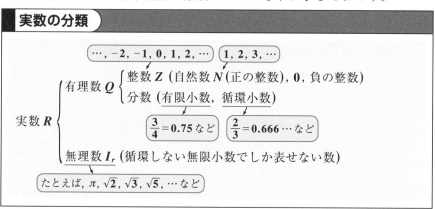

実数の分類

$\cdots, -2, -1, 0, 1, 2, \cdots$ $1, 2, 3, \cdots$

実数 R $\begin{cases} \text{有理数 } Q \begin{cases} \text{整数 } Z \text{（自然数 } N \text{（正の整数），} 0, \text{負の整数）} \\ \text{分数（有限小数，循環小数）} \\ \quad \boxed{\frac{3}{4} = 0.75 \text{ など}} \quad \boxed{\frac{2}{3} = 0.666 \cdots \text{ など}} \end{cases} \\ \underline{\text{無理数 } I_r} \text{（循環しない無限小数でしか表せない数）} \\ \boxed{\text{たとえば, } \pi, \sqrt{2}, \sqrt{3}, \sqrt{5}, \cdots \text{ など}} \end{cases}$

正の整数 m について，

命題：“m^3 が 5 の倍数であるならば，m は 5 の倍数である。”……(*) が

成り立つことを証明せよ。

ヒント！ (*)の命題の対偶 “m が 5 の倍数でないならば，m^3 は 5 の倍数でない。”

……(*)$'$ が成り立つことを示せばいい。その際，合同式も利用しよう。

解答&解説

(*) の命題の対偶を，

対偶：“<u>m が 5 の倍数でないならば</u>，m^3 は 5 の倍数でない。”……(*)$'$ と

> m は 5 の倍数でないとき，(i) $m \equiv 1 \pmod 5$, (ii) $m \equiv 2 \pmod 5$, (iii) $m \equiv 3 \pmod 5$, (iv) $m \equiv 4 \pmod 5$ の 4 通りに場合分けして調べればよい。

おいて，(*)$'$ が成り立つことを示す。

(i) $m \equiv 1 \pmod 5$ のとき，　←［m は 5 で割って 1 余る数］

　　$m^3 \equiv 1^3 \equiv 1 \pmod 5$ より，m^3 は 5 の倍数ではない。

(ii) $m \equiv 2 \pmod 5$ のとき，　←［m は 5 で割って 2 余る数］

　　$m^3 \equiv 2^3 \equiv 8 \equiv 3 \pmod 5$ より，m^3 は 5 の倍数ではない。

(iii) $m \equiv 3 \pmod 5$ のとき，　←［m は 5 で割って 3 余る数］

　　$m^3 \equiv 3^3 \equiv 27 \equiv 2 \pmod 5$ より，m^3 は 5 の倍数ではない。

(iv) $m \equiv 4 \pmod 5$ のとき，　←［m は 5 で割って 4 余る数］

　　$m^3 \equiv 4^3 \equiv 64 \equiv 4 \pmod 5$ より，m^3 は 5 の倍数ではない。

以上 (i) ～ (iv) より，対偶 (*)$'$ は成り立つ。

よって，対偶 (*)$'$ が成り立つので，正の整数 m について，

元の命題：“m^3 が 5 の倍数であるならば，m は 5 の倍数である。”……(*)

は成り立つ。……………………………………………………………………………(終)

演習問題 3　　● 背理法による証明 ●

命題：" $\sqrt[3]{5}$ は無理数である。" ……(**) を証明せよ。ただし，
正の整数 m について，命題：" m^3 が 5 の倍数であるならば，m は 5 の倍数である。" ……(*) (演習問題 2) を用いてもよい。

ヒント！ 実数 $\begin{cases} \text{有理数 (分数)} \\ \text{無理数} \end{cases}$ なので，まず " $\sqrt[3]{5}$ を有理数である" と仮定して，
矛盾を導けばよい。その際に，(*) の命題が必要になるんだね。

解答&解説

命題：" $\sqrt[3]{5}$ は無理数である。" ……(**) が真であることを，背理法により
証明する。ここで，

$\sqrt[3]{5}$ は有理数であると仮定すると，

$\sqrt[3]{5} = \dfrac{n}{m}$ ……① 　(m, n ：互いに素な正の整数)

> m と n が互いに素とは，公約数が 1 だけであることを示す。つまり， $\dfrac{n}{m}$ は既約分数となるんだね。

とおける。①の両辺を 3 乗すると，

$\underbrace{\left(\sqrt[3]{5}\right)^3}_{\left(5^{\frac{1}{3}}\right)^3 = 5} = \left(\dfrac{n}{m}\right)^3$ 　$5 = \dfrac{n^3}{m^3}$ 　$\therefore n^3 = \underbrace{5m^3}_{5\text{の倍数}}$ ……② となる。

②の右辺は 5 の倍数より，n^3 は 5 の倍数である。

よって，(*) の命題より，n は 5 の倍数である。

よって，$n = 5k$ ……③ (k：整数) とおいて，③を②に代入すると，

$\underbrace{(5k)^3}_{5^3 \cdot k^3} = 5m^3$ 　$5^2 k^3 = m^3$ 　$\therefore m^3 = \underbrace{5 \cdot (5k^3)}_{5\text{の倍数}}$ ……④ となる。

④の右辺は 5 の倍数より，m^3 は 5 の倍数である。

よって，(*) の命題より，m は 5 の倍数である。

以上より，n と m は共に 5 の倍数となって，n と m が互いに素の条件に反する。
よって，矛盾である。

ゆえに，背理法により，命題 " $\sqrt[3]{5}$ は無理数である。" ……(**) は，
真である。………………………………………………………………(終)

§4. 論理演算と真理値

これまで，高校数学で学んだ“集合と論理”を中心に復習してきたわけだけれど，これから，“集合論”(*set theory*)を勉強していく上で，様々な公式や定理や命題の証明は避けて通れないんだね。したがって，この論証能力をさらに上げるために，高校数学からさらに1段あげて“論理演算”と“真理値”について，その基本を詳しく解説しようと思う。

論理演算とは，pやqなどの複数の命題を，“∨”や“∧”や“⟹”などの記号を接続詞として用いて，新たなより複雑な命題(論理式)を作る操作のことなんだね。そして，真理値とは，pやqなどのT(真)・F(偽)により，このようにして得られた新たな命題(論理式)が取り得るT(真)またはF(偽)の値のことなんだね。

今は，これらの用語が難しく感じているかも知れないね。でも，これから分かりやすく親切に解説していくので，心配は無用です。

● 論理演算により，新たな命題を作れる！

命題の例として，「あなたは私に電話するが，私はあなたに電話しない。」や「あなたがマリー・アントワネットの母親なら，僕はアルバート・アインシュタインの父親だ。」など…，複数の単純な命題が連結されて，新たな命題を作ることができるんだね。このように，複数の命題を結合して，新たな命題を作り出す操作のことを“論理演算”(*logical operation*)という。そして，この論理演算は，具体的には，次に示す“論理記号”(*logical symbol*)を用い，その結果得られる新たな命題を“論理式”(*formula*，または*logical formula*)という。

論理演算の論理記号

(1) ∧：論理積 (*logical product*) (“かつ”と読む)
(2) ∨：論理和 (*logical sum*) (“または”と読む)
(3) ￢：否定 (*negation*) (“…でない”と読む)
(4) ⇒：含意 (*implication*) (“…ならば”と読む)
(5) ⇔：同等 (*equivalence*) (“…と…は同等である”と読む)

それでは，例を使って，具体的に解説しよう。

$(ex1)$ 2つの命題 p, q を $\begin{cases} p : \text{あなたは私に電話する。} \\ q : \text{私はあなたに電話する。} \end{cases}$ とおく。このとき,

(ⅰ) 「あなたと私は共に互いに電話する。」の場合,
「あなたは私に電話し, か̇つ̇私はあなたに電話する。」ということ
なので, この論理式は, $p \wedge q$ となる。

(ⅱ) 「あなたは私に電話するが, 私はあなたに電話しない。」の論理式は,
$p \wedge \daleth q$ となる。

(ⅲ) 「あなたと私は, 少なくとも一方が他方に電話する。」の場合,
「あなたは私に電話するか, ま̇た̇は̇私はあなたに電話する。」という
ことなので, この論理式は, $p \vee q$ となるんだね。
要領が分かってきたかな?

$(ex2)$ 2つの命題 p, q を $\begin{cases} p : \text{あなたはマリー・アントワネットの母親である。} \\ q : \text{僕はアルバート・アインシュタインの父親である。} \end{cases}$ とおく。このとき,

(ⅰ) 「あなたがマリー・アントワネットの母親ならば, 僕はアルバート・アイ
ンシュタインの父親である。」の論理式は, $p \Rightarrow q$ ……① となるのは,
大丈夫だね。ところで, この①の論理式の真 (T) または偽 (F) がど
うなるか分かる? この場合, p も q も明らかに F (偽) だから, この
命題は $F \Rightarrow F$ となって, これは T (真) になるんだね。一般に, $p \Rightarrow q$
が偽 (F) となるのは, $T \Rightarrow F$ のときだけなんだね。それ以外はすべ
て真 (T) になる。これをまとめて下に示そう。

$p \Rightarrow q$ の真・偽について,
(ⅰ) $T \Rightarrow T$ のとき, 真 (T) (ⅱ) $T \Rightarrow F$ のとき, 偽 (F)
(ⅲ) $F \Rightarrow T$ のとき, 真 (T) (ⅳ) $F \Rightarrow F$ のとき, 真 (T)

(ⅱ) 「あなたがマリー・アントワネットの母親でないならば, 僕もアルバート・
アインシュタインの父親ではない。」の論理式は, $\daleth p \Rightarrow \daleth q$ となる。
そして, 現代に生きる我々が, 歴史上の人物の父や母であるわけもない
ので, この論理式は当然, $T \Rightarrow T$ なので, 真 (T) となるんだね。大丈夫?

$(ex2)$ の解説から, $p \Rightarrow q$ の形の論理式は, 仮定 p が偽 (F) であれば, 結論 q

$\boxed{\text{仮定}}$ $\boxed{\text{結論}}$

の真・偽に関係なく, 真 (T) になることが分かるので, 次のような命題はす
べて真 (T) になる。

・「$\sqrt{2}$ が有理数ならば, $1+1=3$ である。」は真 (T) である。($\because F \Rightarrow F$)

・「2 が無理数ならば, $1+1=2$ である。」は真 (T) である。($\because F \Rightarrow T$)

・「$\sqrt{3}$ が有理数ならば, $1+1=0$ である。」は真 (T) である。($\because F \Rightarrow F$)

● ド・モルガンの法則も論理式で表そう！

集合論において，$(A^c)^c = A$ となる。つまり，A の補集合 A^c の補集合 $(A^c)^c$ は元の A になるということだ。この補集合を否定と考えると，論理式においても，$\urcorner(\urcorner p) \Longleftrightarrow p$ が成り立つ。つまり，命題 p の否定 $\urcorner p$ の否定 $\urcorner(\urcorner p)$ は元の p と同じになるんだね。

また，集合論におけるド・モルガンの法則は，次の通りだった。**(P15)**

(i)$(A \cup B)^c = A^c \cap B^c$ （A または B の否定は，A でなく，かつ B でない。）

(ii)$(A \cap B)^c = A^c \cup B^c$ （A かつ B の否定は，A でないか，または B でない。）

したがって，補集合を否定と考えると，論理式においても，同様に次のド・モルガンの法則が成り立つ。

(i)$\urcorner(p \vee q) \Longleftrightarrow \urcorner p \wedge \urcorner q$

  （p または q の否定は，p でなく，かつ q でないことと，同等である。）

(ii)$\urcorner(p \wedge q) \Longleftrightarrow \urcorner p \vee \urcorner q$

  （p かつ q の否定は，p でないか，または q でないことと，同等である。）

以上をまとめる，次のようになる。

■ 論理式の基本公式

(I)$\urcorner(\urcorner p) \Longleftrightarrow p$

(II)ド・モルガンの法則

$\begin{cases} (\,\text{i}\,)\ \urcorner(p \vee q) \Longleftrightarrow (\urcorner p \wedge \urcorner q) & \cdots\cdots (*1) \\ (\text{ii})\ \urcorner(p \wedge q) \Longleftrightarrow (\urcorner p \vee \urcorner q) & \cdots\cdots (*2) \end{cases}$

> 1 まとまりのものは，（ ）や｛ ｝や［ ］を使って，うまくまとめて示すことができる。

ここで，もう一度，$p \Longrightarrow q$ の真・偽について考えると，これが偽 (F) となるのは，p が真かつ q が偽のときのみであったんだね。よって，$p \wedge \urcorner q$ のとき，これは偽 (F) となるので，これらの否定をとったものは，

$\underline{\urcorner(p \wedge \urcorner q)} = \urcorner p \vee \underline{\urcorner(\urcorner q)} = \urcorner p \vee q$ となるので，"$p \Longrightarrow q$" と "$\urcorner p \vee q$"

  ［ド・モルガンの法則］   ［$\urcorner(\urcorner q) = q$］

とは同等（同値）になるんだね。これも，論理式の基本公式として示そう。

■ 論理式の基本公式

(III)$(p \Longrightarrow q) \Longleftrightarrow (\urcorner p \vee q)$ $\cdots\cdots\cdots (*3)$

ン？ この解説の意味がよく分からないって !? では，もう少し解説しよう。たとえば，2次関数 $f(x)=(x-1)^2$ と $g(x)=x^2-2x+1$ とはまったく同じ関数であることが分かるでしょう。$(x-1)^2=x^2-2x+1$ だからね。この x の変数関数の場合，$-\infty<x<\infty$ のすべての実数 x について，$f(x)$ と $g(x)$ は同じ関数とみなすことができる。

では，"$p\Rightarrow q$" と "$\lnot p\lor q$" についても，これらを独立変数 p と q の関数と考えて，$F(p, q)=(p\Rightarrow q)$ とおき，$G(p, q)=(\lnot p\lor q)$ とおこう。すると，これらを p と q の 2 変数関数になっているけれど，2 つの独立変数 (p, q) の取り得る値の定義域は，$(p, q)=\{T, T\}, \{T, F\}, \{F, T\}, \{F, F\}$ の 4 通りのみなんだね。したがって，この 4 通りの場合に対して，$F(p, q)$ と $G(p, q)$ の取り得る値も T または F の 2 通りのみだから，この 4 通りすべてに対して，$F(p, q)$ と $G(p, q)$ が同じ値（T または F）をとれば，$F(p, q)$ と $G(p, q)$ は同じ関数とみなすことができて，$F(p, q)\Leftrightarrow G(p, q)$ となるんだね。これで，$(p\Rightarrow q)\Leftrightarrow(\lnot p\lor q)$ となることが，ご理解頂けたと思う。まだ，これでもピンときていない方でも，この p と q の様々な関数の "真理値" の表をご覧になったら，納得がいくはずなので，これから，さらに解説していこう。

● 様々な論理式の真理値を調べてみよう！

命題 p と q からなる論理式を $F(p, q)$ とおくと，p, q は独立変数とみなせるので，これを "命題変数"（proposition variable）という。そして，命題変数の各値 $(p, q)=\{T, T\}, \{T, F\}, \{F, T\}, \{F, F\}$ に対する論理式 $F(p, q)$ や $G(p)$ や $H(q)$ などの値 $\{T, F\}$ のことを "真理値"（truth value）というんだね。

では，具体的な真理値表を示そう。

表1 真理値表 (i)

命題変数		論理式					
p	q	$\lnot p$	$\lnot q$	$p\lor q$	$\lnot p\land\lnot q$	$p\land q$	$\lnot p\lor\lnot q$
T	T	F	F	T	F	T	F
T	F	F	T	T	F	F	T
F	T	T	F	T	F	F	T
F	F	T	T	F	T	F	T

$p\lor q$ は，p または q のいずれかが T ならば T となる。

$p\land q$ は，p と q が共に T のときのみ T となる。

41

真理表 (ⅰ) から, $p \vee q$ と $\neg p \wedge \neg q$ の真理値がまったく正反対になっているでしょう。これからド・モルガンの法則 $\neg(p \vee q) = (\neg p \wedge \neg q)$ が導かれるんだね。

p	q	$p \vee q$	$\neg p \wedge \neg q$
T	T	T	F
T	F	T	F
F	T	T	F
F	F	F	T

同様に, 真理表 (ⅰ) から, $p \wedge q$ と $\neg p \vee \neg q$ の真理値が正反対になっているので, これから, もう1つのド・モルガンの法則 $\neg(p \wedge q) = (\neg p \vee \neg q)$ も導かれることが, ご理解頂けるはずだ。

p	q	$p \wedge q$	$\neg p \vee \neg q$
T	T	T	F
T	F	F	T
F	T	F	T
F	F	F	T

それでは次に, "$p \Rightarrow q$" と "$\neg p \vee q$" が同等 (同値) であること, また, "$p \Rightarrow q$" と "$p \Leftrightarrow q$" の真理値についても, 次の表2で調べてみよう。

表2 真理値表 (ⅱ)

命題変数		論理式								
p	q	$\neg p$	$\neg q$	$\neg p \vee q$	$p \Rightarrow q$	$p \vee \neg q$	$q \Rightarrow p$	$p \Leftrightarrow q$	$p \Rightarrow p$	$p \vee \neg p$
T	T	F	F	T	T	T	T	T	T	T
T	F	F	T	F	F	T	T	F	T	T
F	T	T	F	T	T	F	F	F	T	T
F	F	T	T	T	T	T	T	T	T	T

"$p \Rightarrow q$" が偽 (F) となるのは, $(p, q) = \{T, F\}$ のときだけであり, 真理値表 (ⅱ) から, これは, "$\neg p \vee q$" の真理値と完全に一致するんだね。これから, $(p \Rightarrow q) \Leftrightarrow (\neg p \vee q)$, すなわち "$p \Rightarrow q$" と "$\neg p \vee q$" が同等 (同値) であることが分かるんだね。同様に,

$(q \Rightarrow p) \Leftrightarrow (p \vee \neg q)$ となるのも大丈夫だね。そして,

$(p \Rightarrow q) \wedge (q \Rightarrow p)$ のとき, "$p \Leftrightarrow q$" (p と q は同等) になる。これは, $(p, q) = \{T, T\}$ また $\{F, F\}$ のときのみ真 (T) になる命題なんだね。

次に, "$p \Rightarrow q$" の q が p のとき, すなわち "$p \Rightarrow p$" を "**恒真命題**" または "**トートロジー**" (*tautology*) といい, これは $T \Rightarrow T$, または $F \Rightarrow F$ しか存在しないので, 常に真 (T) となる命題のことなんだね。例を挙げておこう。

・「$\sqrt{2}$ は無理数なので，$\sqrt{2}$ は無理数である。」……(＊1)

　これは，$T \to T$ で真 (T) の命題だね。

・「$\sqrt{2}$ は有理数なので，$\sqrt{2}$ は有理数である。」……(＊2)

　これは，$F \to F$ だから，やはり真の命題になるんだね。

・「ボクは頭痛なので，頭が痛い。」………………(＊3)

　もし，ボクが本当に頭痛だったら，これは $T \to T$ で真 (T) の命題だし，

　そうでなかったら，$F \to F$ となって，これも真 (T) の命題になるんだね。

　次に，"$p \Rightarrow q$" と "$\daleth p \lor q$" は同等 (同値) なので，この q に p を代入したものとして，"$p \Rightarrow p$" と "$\daleth p \lor p$"，すなわち "$p \lor \daleth p$" とは同等になる。よって，この "$p \lor \daleth p$" も常に真 (T) となる恒真命題なんだね。上記の例で，考えてみると，(＊1) は，「$\sqrt{2}$ は無理数か，または無理数でない。」となって，真 (T) となるし，

$$\underbrace{\text{無理数でない}}_{\boxed{\text{有理数である。}}}$$

(＊2) は，「$\sqrt{2}$ は有理数か，または有理数でない。」となって，これも真 (T) となるし，

$$\underbrace{\text{有理数でない}}_{\boxed{\text{無理数である。}}}$$

(＊3) は，「ボクは頭痛がするか，または頭痛ではない。」も，やはり真 (T) の命題なんだね。

以上の例から，$(p \Rightarrow p) \Longleftrightarrow (p \lor \daleth p)$ であり，これらは恒真命題であることが分かるんだね。

　では，次の例題で，命題 "$p \Rightarrow q$" とその対偶が同等 (同値) となることを証明しよう。

例題 8　元の命題：“$p \Rightarrow q$”……(＊) と，

　　　　その対偶：“$\daleth q \Rightarrow \daleth p$”……(＊)′ との間に

　　　　$(p \Rightarrow q) \Longleftrightarrow (\daleth q \Rightarrow \daleth p)$ ……(＊＊) が成り立つことを示せ。

元の命題：“$p \Rightarrow q$” は，“$\daleth p \lor q$” と同等より，

$(p \Rightarrow q) \Longleftrightarrow (\daleth p \lor q)$ ……① となる。

よって，この対偶：“$\daleth q \Rightarrow \daleth p$” も “$\daleth \underset{\boxed{q}}{(\daleth q)} \lor \daleth p$”，すなわち “$\daleth p \lor q$” と同等となる。

∴ $(\daleth q \Rightarrow \daleth p) \Longleftrightarrow (\daleth p \lor q)$ ……② である。

以上①，②より，$(p \Rightarrow q) \Longleftrightarrow (\daleth q \Rightarrow \daleth p)$ ……(＊＊) となるので，元の命題 (＊) とその対偶 (＊)′ は，同等 (同値) である。

これから，命題："$p \Rightarrow q$"を証明する代わりに，対偶："$\bar{q} \Rightarrow \bar{p}$"を証明してもよいことが，真理値の考え方からも示されたんだね。面白かったでしょう？

● 命題変数は命題関数にもなり得る!?

それでは，ここで次の命題について考えてみよう。

(i) 命題 p："α は整数である。" ……………(*1)

(ii) 命題 q："今日は，日曜日である。" ……(*2)

(i) まず，命題 p について，

・$\alpha = 3$ であれば，命題 p は真 (T) であるけれど，

・$\alpha = \sqrt{3}$ であれば，これは無理数なので，命題 p は偽 (F) になるんだね。

(ii) 同様に，命題 q についても，

・今日が，日曜日であれば，命題 q は真 (T) であるんだけれど，

・今日が，水曜日だったら，命題 q は偽 (F) になるんだね。

これまでの解説では，命題 p や q は，T(真) または F(偽) の値をとる命題変数であり，これらの変数の値により，たとえば，論理式 $F(p, q) = \bar{p} \vee q$ などの真理値 (T または F) が決まるんだったね。

しかし，今回の例 (i)(ii) のような命題 (*1) や (*2) では，"α" や "今日" という変数によって，命題 p, q の真理値 (T または F) が決定されるので，これらは "**命題関数**" (*propositional function*) と考えられることになる。そして，p, q における "α" や "今日" のことは，新たに "**項変数**" (*term variable*) と呼ぶことにしよう。

一般に，真理集合の考え方により，右図のベン図から，命題："整数であるならば，有理数である。"は真 (T) と言える。しかし，これについても，"x が整数であるならば，x は有理数である。" というように，項変数 x を主語として付けて考えることもできる。これについては，次の例題で実際に調べてみることにしよう。

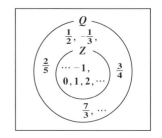

> **例題 9** x を項変数とする **2** つの命題関数 $p(x)$ と $q(x)$ を次のように
> 定義する。
> $p(x)$：“x は整数である。”
> $q(x)$：“x は有理数である。”
> このとき，次の各 x について，論理式の命題：“$p(x) \Rightarrow q(x)$” …①
> の真理値を調べよ。
> （ⅰ）$x = -3$　　　（ⅱ）$x = \dfrac{4}{3}$　　　（ⅲ）$x = \sqrt{5}$

（ⅰ）$x = -3$（整数）のとき，

$\begin{cases} p(-3)：\text{“}-3 \text{ は整数である。” は真 } (T) \text{ であり，} \\ q(-3)：\text{“}-3 \text{ は有理数である。” も真 } (T) \text{ である。} \end{cases}$

よって，①の論理式は，$T \Rightarrow T$ となるので，
この真理値は真 (T) である。

> $p \Rightarrow q$ の真・偽について，
> ・$T \Rightarrow T$　：真 (T)
> ・$T \Rightarrow F$　：偽 (F)
> ・$F \Rightarrow T$　：真 (T)
> ・$F \Rightarrow F$　：真 (T)

（ⅱ）$x = \dfrac{4}{3}$（有理数，整数ではない）のとき，

$\begin{cases} p\left(\dfrac{4}{3}\right)：\text{“}\dfrac{4}{3} \text{ は整数である。” は偽 } (F) \text{ であり，} \\ q\left(\dfrac{4}{3}\right)：\text{“}\dfrac{4}{3} \text{ は有理数である。” は真 } (T) \text{ である。} \end{cases}$

よって，①の論理式は，$F \Rightarrow T$ となるので，この真理値は真 (T) となる。

（ⅲ）$x = \sqrt{5}$（無理数，有理数ではない）のとき，

$\begin{cases} p(\sqrt{5})：\text{“}\sqrt{5} \text{ は整数である。” は偽 } (F) \text{ であり，} \\ q(\sqrt{5})：\text{“}\sqrt{5} \text{ は有理数である。” も偽 } (F) \text{ となる。} \end{cases}$

よって，①の論理式は，$F \Rightarrow F$ となるので，この真理値は真 (T) となる。
以上（ⅰ）（ⅱ）（ⅲ）により，x にどのような実数を代入しても，$T \Rightarrow F$ となることはないので，この①の論理式は，項変数 x の値に関わらず，常に真 (T) となることが分かる。

　たとえば，x に，$x = 2 + i$（i：虚数単位）のように複素数を代入しても，また，ナンセンスではあるが，x に，“人間” や “猫” や “桜” や “コスモス” など，数字とは異なるものを代入しても，①の論理式はすべて，$F \Rightarrow F$ となって，①式の真理値は真 (T) になるんだね。

　以上で，“項変数と命題関数”，“命題変数と論理式” の真理値の関係もご理解頂けたと思う。

● $\forall x$ や $\exists x$ についても解説しよう！

命題関数 $p(x)$ や $q(n)$ の項変数 x や n などには，"全称記号"（*universal quantifier*）や"存在記号"（*existential quantifier*）が付けられる場合がある。これらの記号と定義について，解説しておこう。

全称記号と存在記号

(1) 全称記号は "$\forall$" で表し，これは "すべての…" や "任意の…" の

       all（すべての）や *any*（任意の）の頭文字の **A** を逆にして表したもの。

       意味を表す。

(2) 存在記号は "$\exists$" で表し，これは "ある…が存在する" の意味を表す。

       exist（存在する）の頭文字 **E** を逆にして表したもの。

  この全称記号 "$\forall$" と存在記号 "$\exists$" が何故重要か？というと，命題関数 $p(x)$ や $q(x)$ などの項変数 x や n などに，この "$\forall$" や "$\exists$" が付くことにより，命題関数の真・偽が左右されることになるからなんだね。

  まず，これらの記号と，命題関数の表し方と読み取り方について示そう。

・$(\forall x)\,p(x)$ と表された場合，これは，

  「すべての（任意の）x について，$p(x)$ である。」と読めばいい。また，

・$(\exists n)\,q(n)$ と表された場合，これは，

  「$q(n)$ が成り立つような，ある n が存在する。」や，

  「ある n について，$q(n)$ である。」と読み取ればいいんだね。

  では，"$\forall$" や "$\exists$" の付いた項変数の命題関数の例を 1 つ挙げておこう。

$(ex)\,p(x)$：" $\sin x > 0$ である" とすると，

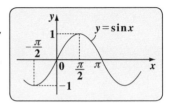

・$(\forall x)\,p(x)$：" すべての x について，$\sin x > 0$ " については，反例 $x = -\dfrac{\pi}{2}$ を挙げることができるので，これは偽（F）である。

・$(\exists x)\,p(x)$：" $\sin x > 0$ となるような x が存在する" については，$x = \dfrac{\pi}{2}$ のとき，$\sin\dfrac{\pi}{2} = 1 > 0$ となるので，これは真（T）であることが分かる。

● 一部否定と全部否定もマスターしよう！

では次，"**一部否定**"（*partial negation*）と"**全部否定**"（*total negation*）に
ついても解説しておこう。

(ⅰ) 一部否定について

$(^\forall x)p(x)$：「すべての x について $p(x)$ である。」の否定，すなわち
$ヿ(^\forall x)p(x)$ は，「すべての x について $p(x)$ であるとは限らない。」
となるので，これは，

「$p(x)$ にはならない x も存在する。」ということになる。つまり，これは
$p(x)$ の一部否定 $(^\exists x)\,ヿ p(x)$ と同等 (同値) であることが分かる。よって，
$ヿ(^\forall x)p(x) \Longleftrightarrow \underline{(^\exists x)\,ヿ p(x)}$ ……(**1**) が成り立つんだね。

$\underset{一部否定}{\underline{\qquad}}$

(ⅱ) 全部否定について

$(^\exists x)p(x)$：「$p(x)$ となるような，ある x が存在する。」の否定，すなわち
$ヿ(^\exists x)p(x)$ は，「$p(x)$ となるような，ある x は存在しない。」となるので，
これは，「すべての x に対して，$p(x)$ となることはない。」ということにな
る。つまり，これは $p(x)$ の全部否定 $(^\forall x)\,ヿ p(x)$ と同等 (同値) なんだね。
よって，$ヿ(^\exists x)p(x) \Longleftrightarrow \underline{(^\forall x)\,ヿ p(x)}$ ……(**2**) も成り立つんだね。

これらも下にまとめて示しておこう。〔全部否定〕

一部否定と全部否定

(ⅰ) 一部否定
$$ヿ(^\forall x)p(x) \Longleftrightarrow (^\exists x)\,ヿ p(x) \cdots\cdots(**1)$$

(ⅱ) 全部否定
$$ヿ(^\exists x)p(x) \Longleftrightarrow (^\forall x)\,ヿ p(x) \cdots\cdots(**2)$$

(*ex*) $p(x)$：" $\sin x > 0$ である。"とすると，

・$(^\forall x)p(x)$ の否定 $ヿ(^\forall x)p(x)$，すなわち一部否定 $(^\exists x)\,ヿ p(x)$ について，
$(^\exists x)\,ヿ p(x)$ は " $\sin x > 0$ にならない x も存在する。"となって，
これは真 (*T*) だね。

・$(^\exists x)p(x)$ の否定 $ヿ(^\exists x)p(x)$，すなわち全部否定 $(^\forall x)\,ヿ p(x)$ について，
$(^\forall x)\,ヿ p(x)$ は "すべての x に対して，$\sin x > 0$ とはならない。"となって，
これは反例 $x = \dfrac{\pi}{2}$ が存在するので，偽 (*F*) であることが分かる。

真理値表を用いて，次の論理式 T_1 が恒真命題であることを示せ。

論理式 T_1 : $p \Rightarrow (q \Rightarrow p)$ ……(*)

ヒント！ $(q \Rightarrow p) \Leftrightarrow (\neg q \vee p)$ より，論理式 T_1 は，$\{p \Rightarrow (q \Rightarrow p)\} \Leftrightarrow \neg p \vee (\neg q \vee p)$ となる。真理値表を使って，これがすべての $(p, q) = \{T, T\}, \{T, F\}, \{F, T\}, \{F, F\}$ に対して，真 (T) となることを示せばいいんだね。

解答＆解説

$(q \Rightarrow p) \Leftrightarrow (\neg q \vee p)$ より，

論理式：$\neg q \vee p$ の真理値を求めると，右の真理値表（ⅰ）のようになる。

次に，

T_1 : $p \Rightarrow (q \Rightarrow p)$，すなわち

　　$p \Rightarrow (\neg q \vee p)$

　　$\neg p \vee (\neg q \vee p)$ について，

真理値を求めると，右の真理値表（ⅱ）のようになる。

よって，真理値表（ⅱ）より，

論理式 T_1 : $p \Rightarrow (q \Rightarrow p)$ …(*)

は，p，q の真・偽に関わらず，常に真となる恒真命題であることが示された。…………(終)

公式：
$(p \Rightarrow q) \Leftrightarrow (\neg p \vee q)$

真理値表（ⅰ）

命題変数		論理式	
p	q	$\neg q$	$\neg q \vee p$
T	T	F	T
T	F	T	T
F	T	F	F
F	F	T	T

$(q \Rightarrow p)$

真理値表（ⅱ）

命題変数		論理式		
p	q	$\neg p$	$\neg q \vee p$	$\neg p \vee (\neg q \vee p)$
T	T	F	T	T
T	F	F	T	T
F	T	T	F	T
F	F	T	T	T

T_1 :
$p \Rightarrow (q \Rightarrow p)$

演習問題 5	● 恒真命題 (Ⅱ) ●

真理値表を用いて，次の論理式 T_2 が恒真命題であることを示せ。

論理式 T_2：$\neg p \Rightarrow (p \Rightarrow q)$ ……(*)′

ヒント！ $(p \Rightarrow q) \Leftrightarrow (\neg p \vee q)$ より，論理式 T_2 は，$\{\neg p \Rightarrow (p \Rightarrow q)\} \Leftrightarrow p \vee (\neg p \vee q)$ となる。真理値表を使って，これがすべての $(p, q) = \{T, T\}, \{T, F\}, \{F, T\}, \{F, F\}$ に対して，真 (T) となることを示そう！

解答 & 解説

$(p \Rightarrow q) \Leftrightarrow (\neg p \vee q)$ より，

論理式：$\neg p \vee q$ の真理値を

求めると，右の真理値表 (ⅰ)

のようになる。

$\longleftarrow$ 公式：$(p \Rightarrow q) \Leftrightarrow (\neg p \vee q)$

次に，

T_2：$\neg p \Rightarrow (p \Rightarrow q)$，すなわち

    $\neg p \Rightarrow (\neg p \vee q)$

    $\neg(\neg p) \vee (\neg p \vee q)$

    $p \vee (\neg p \vee q)$ について，

真理値を求めると，右の真理

値表 (ⅱ) のようになる。

よって，真理値表 (ⅱ) より，

論理式 T_2：$\neg p \Rightarrow (p \Rightarrow q)$ …(*)′

は，p, q の真・偽に関わらず，

常に真となる恒真命題である

ことが示された。…………(終)

真理値表 (ⅰ)

命題変数		論理式	
p	q	$\neg p$	$\neg p \vee q$
T	T	F	T
T	F	F	F
F	T	T	T
F	F	T	T

$\Leftarrow (p \Rightarrow q)$

真理値表 (ⅱ)

命題変数		論理式	
p	q	$\neg p \vee q$	$p \vee (\neg p \vee q)$
T	T	T	T
T	F	F	T
F	T	T	T
F	F	T	T

$\Leftarrow T_2$：$\neg p \Rightarrow (p \Rightarrow q)$

1. 集合の種類

(ⅰ) 有限集合　(ⅱ) 無限集合　(ⅲ) 空集合 ϕ

2. 共通部分と和集合

(ⅰ) 共通部分 $A \cap B$：A と B に共通な要素全体の集合

　　($A \cap B = \phi$ のとき，A と B は互いに素という。)

(ⅱ) 和集合 $A \cup B$：A または B のいずれかに属する要素全体の集合

3. 和集合の濃度

(ⅰ) $A \cap B \neq \phi$ のとき，$\overline{\overline{A \cup B}} = \overline{\overline{A}} + \overline{\overline{B}} - \overline{\overline{A \cap B}}$

(ⅱ) $A \cap B = \phi$ のとき，$\overline{\overline{A \cup B}} = \overline{\overline{A}} + \overline{\overline{B}}$

4. 全体集合 U と A の補集合 A^c

補集合 A^c：全体集合 U に属するが集合 A に属さない要素全体の集合

5. ド・モルガンの法則

(ⅰ) $(A \cup B)^c = A^c \cap B^c$　　　(ⅱ) $(A \cap B)^c = A^c \cup B^c$

6. 命題とその証明

命題とは，1つの判断を示した式または文章のことで，真・偽が明ら
かなもの。命題の証明には，(ⅰ) 真理集合の考え方や，(ⅱ) 対偶や，
(ⅲ) 背理法や，(ⅳ) 数学的帰納法，…などを用いる。

7. 合同式

2つの整数 a, b を正の整数 n で割ったときの余りが等しいとき，
$a \equiv b \ (\bmod n)$ と表す。

8. 論理式

(1) 基本公式：$\daleth(\daleth p) \Longleftrightarrow p$, $(p \Longrightarrow q) \Longleftrightarrow (\daleth p \vee q)$

(2) ド・モルガンの法則

　　(ⅰ) $\daleth(p \vee q) \Longleftrightarrow (\daleth p \wedge \daleth q)$　　　(ⅱ) $\daleth(p \wedge q) \Longleftrightarrow (\daleth p \vee \daleth q)$

(3) 命題と対偶

　　$(p \Longrightarrow q) \Longleftrightarrow (\daleth q \Longrightarrow \daleth p)$

(4) 一部否定と全部否定

　　(ⅰ) $\daleth(^{\forall}x)p(x) \Longleftrightarrow (^{\exists}x)\daleth p(x)$　　(ⅱ) $\daleth(^{\exists}x)p(x) \Longleftrightarrow (^{\forall}x)\daleth p(x)$

(5) 恒真命題

　　(ⅰ) $p \Longrightarrow p$　(ⅱ) $p \vee \daleth p$　(ⅲ) $p \Longrightarrow (q \Longrightarrow p)$　(ⅳ) $\daleth p \Longrightarrow (p \Longrightarrow q)$

無限集合のプロローグ

▶ N：自然数, E：正の偶数, O：正の奇数のとき

$$E \subset N,\ O \subset N,\ \overline{\overline{N}} = \overline{\overline{E}} = \overline{\overline{O}} = \aleph_0$$

▶ $R = \{x \mid -\infty < x < \infty\}$, $R_{(0,1)} = \{x \mid 0 < x < 1\}$ のとき

$$\overline{\overline{R}} = \overline{\overline{R_{(0,1)}}} = \aleph$$

§1. 自然数全体の集合 N の濃度 $\aleph_0$

本格的な "**無限集合**"(*infinite set*)の解説に入る前に，"無限集合のプロローグ"として，これから，自然数全体の集合 N の濃度 $\aleph_0$ や，実数全体の集合 R の濃度 $\aleph$ について解説しておこう。

一般に，2つの有限集合 A, B について，A が B の真部分集合，すなわち $A \subset B$ であれば，これらの有限濃度 $\overline{\overline{A}}, \overline{\overline{B}}$ についても，$\overline{\overline{A}} < \overline{\overline{B}}$ の関係が成り立つ。しかし，無限集合においては，「部分は全体よりも小さいとは限らない。」という面白い性質が現れることになるんだね。

ここではまず，自然数全体の集合 N の濃度 $\aleph_0$ について，この面白い性質を，"ヒルベルト"(*Hilbert*)の無限ホテルのパラドクスの例も交えながら，概説していこうと思う。不思議な無限集合の世界に入るためのプロローグとして，これからの解説を楽しんで頂けるとよいと思う。

● 有限集合の濃度の解説から始めよう！

2つの有限集合 $A = \{2, 4, 6, 8\}$ と $B = \{1, 2, 3, 4, 5, 6, 7, 8\}$ について考えよう。

$\begin{cases} (\text{i})\ A \text{のすべての要素は，} B \text{の要素でもあり，} \\ (\text{ii})\ 1 \in B \text{であるが，} 1 \notin A \text{である。} \end{cases}$

以上 (i)(ii) より，A は B の真部分集合であり，$A \subset B$ が成り立つ。このとき，

有限集合 A, B については，

$A \subset B \Longrightarrow \overline{\overline{A}} < \overline{\overline{B}}$ ……(*)

が成り立つ。

> $A \subset B$ となるための条件
> (i) $\forall x \in A \Longrightarrow x \in B$
> $\qquad \therefore A \subseteqq B$
> (ii) $\exists x \in B \Longrightarrow x \notin A$
> $\qquad \therefore A \neq B$
> 以上 (i)(ii) より，
> $A \subset B$ となる。

実際に，A, B の有限濃度 (要素の個数) は，$\overline{\overline{A}} = 4$，$\overline{\overline{B}} = 8$ より，$\overline{\overline{A}} < \overline{\overline{B}}$ が成り立つことが確認できるんだね。

ここで，たとえば，有限集合 X の有限濃度 $\overline{\overline{X}}$ が，$\overline{\overline{X}} = 4$ であるとき，集合 X としては，$X = \{1, 2, 3, 4\}$ や $\{0, 1, 2, 3\}$ や $\left\{\dfrac{1}{2}, \dfrac{1}{4}, \dfrac{1}{8}, \dfrac{1}{16}\right\}$ や $\{a_1, a_2, a_3, a_4\}$，… などなど，様々なものが考えられる。

これから、$\overline{\overline{X}} = 4$ の濃度 4 とは、これら要素の個数が 4 の集合 X のグループ全体に与えられた 1 つの標識と考えることができるんだね。さらに、図1に示すように、これらの 4 つの要素は "1対1対応" (*one-to-one correspondence*) の関係があると考えることができる。つまり、

$\{1, 2, 3, 4\}$ と $\{a_1, a_2, a_3, a_4\}$ との間に 1 対 1 対応があることは明らかであり、さらに、

図1 $\overline{\overline{X}} = 4$ の有限集合の要素の 1 対 1 対応

$$X = \{1, \ 2, \ 3, \ 4\},$$
$$\updownarrow \quad \updownarrow \quad \updownarrow \quad \updownarrow$$
$$\{0, \ 1, \ 2, \ 3\},$$
$$\updownarrow \quad \updownarrow \quad \updownarrow \quad \updownarrow$$
$$\left\{\frac{1}{2}, \ \frac{1}{4}, \ \frac{1}{8}, \ \frac{1}{16}\right\},$$
$$\updownarrow \quad \updownarrow \quad \updownarrow \quad \updownarrow$$
$$\{a_1, \ a_2, \ a_3, \ a_4\},$$
$$\updownarrow \quad \updownarrow \quad \updownarrow \quad \updownarrow$$
$$\{a, \ c, \ d, \ b\}$$

・$a_n = n - 1 \ (n = 1, 2, 3, 4)$ としたものが、$\{0, 1, 2, 3\}$ であり、

・$a_n = \dfrac{1}{2^n} \ (n = 1, 2, 3, 4)$ としたものが、

$\left\{\dfrac{1}{2}, \ \dfrac{1}{2^2}, \ \dfrac{1}{2^3}, \ \dfrac{1}{2^4}\right\} = \left\{\dfrac{1}{2}, \ \dfrac{1}{4}, \ \dfrac{1}{8}, \ \dfrac{1}{16}\right\}$ である、と考えることができるんだね。もちろん、これはさらに一般に、

$X = \{1, 2, 3, 4\}$ と、たとえば $\{a, c, d, b\}$ の間にも、1 対 1 対応 $f(1) = a, \ f(2) = c, \ f(3) = d, \ f(4) = b$ が存在すると、考えればいいんだね。

一般に、$\overline{\overline{X}} = n \ (n：自然数)$ の有限集合についても同様に考えるといい。

> "1対1対応" については、"上への関数" (*function onto*) や "1対1の関数" (*one-to-one function*) と併せて、後で (P109) 詳しく解説する。今は、1 対 1 対応は、2 つの集合の各要素間に過不足なくちょうど1つずつの対応関係があることであると考えてくれたらいいんだね。

● 自然数全体の集合 N の濃度を $\aleph_0$ とおこう！

それでは、有限集合から無限集合に、解説を拡張していくことにしよう。まず、無限集合について考えるとき、最初に思い付くのは、自然数 (正の整数) "*natural number*" 全体を要素とする集合 N、すなわち $N = \{1, 2, 3, 4, \cdots, n, \cdots\}$ だろうね。この "$\cdots$" によって、無限に続いていく自然数の様子が示されているんだね。

集合論の創始者カントール (*Georg Cantor*) も、この自然数全体の集合 N を無限集合論を構築していく上での基礎として、この自然数の集合 N の濃度 $\overline{\overline{N}}$ を

$\overline{\overline{N}} = \aleph_0 \cdots\cdots (*1)$ とおいた。

私 は, ヘブライ語のアルファベットの最初の文字で, これを "アレフ" と読む。したがって, $\aleph_0$ は "アレフ・ゼロ" と読むことにしよう。

この無限集合の "**濃度**" は, "*power*" や "*potency*" の訳なので, 本来は無限の "濃さ" というよりは, 無限の "パワー" や "強度" という意味で考えて頂けたらと思う。そして, この $\aleph_0$ は, これから解説していく無限集合の濃度の中でも最も基本となるものであることが, これから明らかになっていくんだね。

それでは, 有限集合のときに用いた 1 対 1 対応を, 自然数の集合 N にも拡張すると, 図 2 に示すように, 無限集合 X:

$X = \{a_1, \ a_2, \ a_3, \ \cdots, \ a_n, \ \cdots\}$

が N と 1 対 1 対応の関係にあることが分かると思う。ここで, a_n は高校で学んだ数列の一般項 a_n ($n=1$, 2, 3, $\cdots$) と本質的に同じものなので, 次の 2 つの例を考えてみよう。

図 2 自然数の集合 N と 1 対 1 対応の無限集合

$$N = \{1, \ 2, \ 3, \ \cdots, \ n, \ \cdots\}$$
$$\updownarrow \quad \updownarrow \quad \updownarrow \qquad \updownarrow$$
$$X = \{a_1, \ a_2, \ a_3, \ \cdots, \ a_n, \ \cdots\}$$

(i) $a_n = 2n$ ($n=1$, 2, 3, $\cdots$) のとき,
    $E = \{2, \ 4, \ 6, \ \cdots, \ 2n, \ \cdots\}$

(ii) $a_n = 2n-1$ ($n=1$, 2, 3, $\cdots$) のとき,
    $O = \{1, \ 3, \ 5, \ \cdots, \ 2n-1, \ \cdots\}$

(i) $a_n = 2n$ ($n=1$, 2, 3, $\cdots$) のとき, 集合 X を E とおくと,

"*even number*" (偶数) の頭文字をとった。

$\quad E = \{a_1, \ a_2, \ a_3, \ \cdots, \ a_n, \ \cdots\} = \{2\cdot1, \ 2\cdot2, \ 2\cdot3, \ \cdots, \ 2n, \ \cdots\}$
$\qquad = \{2, \ 4, \ 6, \ \cdots, \ 2n, \ \cdots\}$ となるし, また,

(ii) $a_n = 2n-1$ ($n=1$, 2, 3, $\cdots$) のとき, 集合 X を O とおくと,

"*odd number*" (奇数) の頭文字をとった。

$\quad O = \{a_1, \ a_2, \ a_3, \ \cdots, \ a_n, \ \cdots\} = \{2\cdot1-1, \ 2\cdot2-1, \ 2\cdot3-1, \ \cdots, \ 2n-1, \ \cdots\}$
$\qquad = \{1, \ 3, \ 5, \ \cdots, \ 2n-1, \ \cdots\}$ となる。

すると奇妙なことが生じている事に気付かれた方もいられると思う。… そうだね。

(i) $E = \{2, \ 4, \ 6, \ \cdots, \ 2n, \ \cdots\}$ は, 明らかに $N = \{1, \ 2, \ 3, \ \cdots, \ n, \ \cdots\}$ の真部分集合, すなわち $E \subset N$ であるにも関わらず,

$$\begin{cases} \cdot \ ^{\forall}x \in E \Rightarrow x \in N \\ \cdot \ ^{\exists}x \in N \Rightarrow x \notin E \end{cases}$$
(例 : $x=1$)

54

N と E の各要素の間には **1 対 1 対応**が存在するので，E の濃度 $\overline{\overline{E}}$ は，$\overline{\overline{N}}$ と等しく，

$\overline{\overline{E}} = \overline{\overline{N}} = \aleph_0$ ……① となるんだね。同様に，

(ⅱ) $O = \{1, 3, 5, \cdots, 2n-1, \cdots\}$ も明らかに，

N の真部分集合より，$O \subset N$ である。

$$\begin{cases} \cdot \, {}^\forall x \in O \Rightarrow x \in N \\ \cdot \, {}^\exists x \in N \Rightarrow x \bar{\in} O \\ \quad (\text{例}:x=2) \end{cases}$$

しかし，N と O の各要素の間には **1 対 1 対応**

が存在するので，O の濃度 $\overline{\overline{O}}$ は，$\overline{\overline{N}}$ と等しく，

$\overline{\overline{O}} = \overline{\overline{N}} = \aleph_0$ ……② が成り立つんだね。

以上 **2** つの例 (ⅰ)(ⅱ) より，無限集合においては，「部分は全体より小さいとは限らない」ということ，つまり有限集合の常識では考えられない性質が明らかとなったんだね。これに初めて気付いたのは，ガリレオ・ガリレイ (*Galileo Galilei*) と言われている。それは，彼の著書 "新科学対話" の中で，「それは，我々が限られた知性で無限を論じ，有限なものについて知っている様々な性質を無限に押しつけることから生じる困難の **1** つです。何故なら，大きいとか小さいとか等しいとかという言葉は無限なものには通用しないからです。」と述べているからなんだね。

そして，今回導いた①，②式からまた，次のような面白い公式が導ける。つまり，

$N = E \cup O \; (E \cap O = \phi)$ ← E と O は互いに素な無限集合

よって，$\overline{\overline{N}} = \overline{\overline{E}} + \overline{\overline{O}}$ より，$\underset{\aleph_0}{\aleph_0} = \underset{\aleph_0}{\aleph_0} + \underset{\aleph_0}{\aleph_0}$ となる。これから，

公式：$\aleph_0 + \aleph_0 = \aleph_0$ ……(*1) が導けるんだね。この式の有用性を次の例題で確かめておこう。

例題 10　公式：$\aleph_0 + \aleph_0 = \aleph_0$ ……(*1) を用いて，

$\aleph_0 + \aleph_0 + \aleph_0 + \aleph_0 + \aleph_0 = \aleph_0$ ……(*1)′ が成り立つことを示せ。

$((*1)′\text{の左辺}) = \underbrace{\aleph_0 + \aleph_0}_{\aleph_0} + \underbrace{\aleph_0 + \aleph_0}_{\aleph_0 \, ((*1)\text{より})} + \underbrace{\aleph_0}_{\aleph_0 \, ((*1)\text{より})} = \aleph_0 + \aleph_0 + \aleph_0$

$= \aleph_0 + \aleph_0 = \aleph_0 \; (= (*1)′\text{の右辺}) \quad ((*1)\text{より})$

$\therefore (*1)′$ の式は成り立つ。

$(*1)$ の公式と数学的帰納法を用いれば，

$\aleph_0 + \aleph_0 + \aleph_0 + \cdots = \aleph_0$ ……(*1)″ が成り立つことも示すことができるんだね。

では，話を，例題 10 の公式：$\aleph_0 + \aleph_0 + \aleph_0 + \aleph_0 + \aleph_0 = \aleph_0$ ……(*1)′ に戻そう。これを，合同式を用いた具体的な無限集合で表すと次のようになる。

5 つの無限集合 A_1, A_2, A_3, A_4, A_0 を次のように定義する。

$A_1 = \{m \mid m$ は，$m \equiv 1 \pmod 5$ をみたす正の整数$\}$

$\quad = \{m \mid m = 5n - 4 \ (n = 1, 2, 3, \cdots)\}$

$\quad = \{1, 6, 11, 16, \cdots, 5n-4, \cdots\}$

5で割って，1余る自然数の集合

$\boxed{5 \cdot 1 - 4}\ \boxed{5 \cdot 2 - 4}\ \boxed{5 \cdot 3 - 4}$

$A_2 = \{m \mid m$ は，$m \equiv 2 \pmod 5$ をみたす正の整数$\}$

$\quad = \{m \mid m = 5n - 3 \ (n = 1, 2, 3, \cdots)\}$

$\quad = \{2, 7, 12, 17, \cdots, 5n-3, \cdots\}$

5で割って，2余る自然数の集合

$A_3 = \{m \mid m$ は，$m \equiv 3 \pmod 5$ をみたす正の整数$\}$

$\quad = \{3, 8, 13, 18, \cdots, 5n-2, \cdots\}$

5で割って，3余る自然数の集合

$A_4 = \{m \mid m$ は，$m \equiv 4 \pmod 5$ をみたす正の整数$\}$

$\quad = \{4, 9, 14, 19, \cdots, 5n-1, \cdots\}$

5で割って，4余る自然数の集合

$A_0 = \{m \mid m$ は，$m \equiv 0 \pmod 5$ をみたす正の整数$\}$

$\quad = \{m \mid m = 5n \ (n = 1, 2, 3, \cdots)\}$

$\quad = \{5, 10, 15, 20, \cdots, 5n, \cdots\}$

5で割り切れる自然数の集合

このとき，A_1, A_2, A_3, A_4, A_0 はいずれも互いに素な無限集合であり，かついずれも自然数全体の集合 $N = \{1, 2, 3, \cdots, n, \cdots\}$ と 1 対 1 対応の関係をもつ。

また，$A_1 \cup A_2 \cup A_3 \cup A_4 \cup A_0 = N \ (A_i \cap A_j = \phi \ (i \neq j))$ より，両辺の濃度は，

$\overline{\overline{A_1}} + \overline{\overline{A_2}} + \overline{\overline{A_3}} + \overline{\overline{A_4}} + \overline{\overline{A_0}} = \overline{\overline{N}}$ となる。

$\boxed{\aleph_0}\ \boxed{\aleph_0}\ \boxed{\aleph_0}\ \boxed{\aleph_0}\ \boxed{\aleph_0}\ \boxed{\aleph_0}$

$\therefore \aleph_0 + \aleph_0 + \aleph_0 + \aleph_0 + \aleph_0 = \aleph_0$ ……(*1)′ を導くことができるんだね。大丈夫？

ここでは，5 を法とする合同式により，自然数を 5 つの無限集合 A_1, A_2, A_3, A_4, A_0 に分類したわけだけれど，一般には，1 より大きいある自然数 N を法とする合同式により，自然数を N 個の無限集合 A_1, A_2, $\cdots$, A_{N-1}, A_0 に分類して，同様の操作を行うと，$A_1 \cup A_2 \cup A_3 \cup \cdots \cup A_{N-1} \cup A_0 = N$ より，

$\overline{\overline{A_1}} + \overline{\overline{A_2}} + \overline{\overline{A_3}} + \cdots + \overline{\overline{A_{N-1}}} + \overline{\overline{A_0}} = \overline{\overline{N}}$

$\therefore \underbrace{\aleph_0 + \aleph_0 + \aleph_0 + \cdots + \aleph_0}_{} = \aleph_0$ ……(*1)″ が導ける。

$\boxed{N \text{個の} \aleph_0 \text{の和}}$

そして，この N の値はいくらでも大きな値を取り得るので，公式：
$$\aleph_0 + \aleph_0 + \aleph_0 + \cdots + \aleph_0 + \cdots = \aleph_0 \cdots\cdots (*1)'''$$ も導くことができるんだね。信じられないような公式だけれど，1 対 1 対応を基に考えると，論理的な帰結として，このような公式が導かれることになるんだね。面白かった？

● ヒルベルトの無限ホテルについても解説しよう！

これまで，1 対 1 対応を基にして，自然数全体の集合の濃度 $\overline{\overline{N}} = \aleph_0$ について解説してきたけれど，この濃度 $\aleph_0$ の集合の本質を理解する上で，"ヒルベルト" (*Hilbert*) の無限ホテルの話はとても分かりやすいので，ここで紹介しておこう。

まず，次に示すような有限集合 $A \left(\overline{\overline{A}} = 20 \right)$ と自然数全体を要素とする無限集合 N を用意しよう。

$A = \{1, 2, 3, \cdots, 20\}$

$N = \{1, 2, 3, \cdots, n, \cdots\}$

ここで，集合 A は，1 号室から 20 号室までの 20 部屋からなる有限ホテルと考え，また集合 N は，1 号室，2 号室，$\cdots$，n 号室，$\cdots$ と無限の部屋からなる無限ホテルと考えることにし，この無限ホテルの支配人はヒルベルトさんとする。そして，この有限ホテルと無限ホテルは現在どちらも満室であるものとする。このとき，

(ⅰ) 新たに，3 人の客がホテルを訪れて，「空いている 3 つの部屋はありますか？」と尋ねたとしよう。このとき，有限ホテルのスタッフは，「現在満室なので，空いている部屋はありません。申し訳ありません。」と応えるはずだね。しかし，無限ホテルのヒルベルト支配人は，「現在満室ですが，お客さまのために 3 部屋ご用意することができます。」と，にこやかに応じてくれるはずだ。

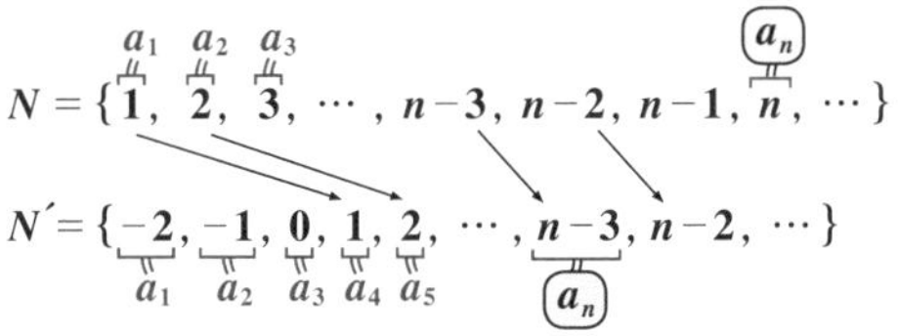

無限ホテルが新たに 3 部屋を用意するためのメカニズムは図 3 に示すように，集合 N の一般項 $a_n = n$ ($n = 1, 2, 3 \cdots$) の代わ

図3 ヒルベルトの無限ホテル (ⅰ)

$$N = \{ \overset{a_1}{1}, \overset{a_2}{2}, \overset{a_3}{3}, \cdots, n-3, n-2, n-1, \boxed{\overset{a_n}{n}}, \cdots \}$$

$$N' = \{ \underset{a_1}{-2}, \underset{a_2}{-1}, \underset{a_3}{0}, \underset{a_4}{1}, \underset{a_5}{2}, \cdots, \underset{\boxed{a_n}}{n-3}, n-2, \cdots \}$$

りに，$a_n = n-3$ ($n = 1, 2, 3, \cdots$) とすればいいだけなんだね。

これにより，$N=\{1,\ 2,\ 3,\ \cdots,\ n,\ \cdots\}$ の部屋に宿泊し
ていた客は，$a_4=1$，$a_5=2$，$a_6=3$，$\cdots$，$a_{n+3}=n$，$\cdots$ の $\leftarrow$ $\boxed{\begin{array}{l} a_n=n-3 \\ (n=1,\ 2,\ 3,\ \cdots) \end{array}}$
部屋に移り，新たな 3 人の客は，$a_1=-2$，$a_2=-1$，$a_3=0$（号室）の部屋
に入ることができるからなんだね。納得いった？

　　これ以降，有限ホテルに新たな客を受け入れることはできないので，
これについてはもう言及しないことにする。

(ⅱ) では次に，より一般的に，m 人の新たな客が無限ホテルを訪れて，m 室の
空き部屋を，ヒルベルト支配人に求めた場合はどうなるだろうか？この
ときも，ヒルベルト支配

人は余裕で m 室の空き
部屋を用意してくれるは
ずだ。数学者でもある支

図4　ヒルベルトの無限ホテル(ⅱ)

$$N''=\{\overbrace{\underset{\underset{\displaystyle 1-m}{\|}}{a_1},\ \underset{\underset{\displaystyle 2-m}{\|}}{a_2},\ \cdots,\ -2,\ -1,\ \underset{\underset{\displaystyle 0}{\|}}{a_m}}^{\text{新たな}m\text{室}},\ 1,\ 2,\ 3,\ \cdots,\ \underbrace{n-m}_{a_n},\ \cdots\}$$

配人は，元の集合 N の一般項 $a_n=n$（$n=1$，2，3，$\cdots$）の代わりに，
$a_n=n-m$（$n=1$，2，3，$\cdots$）とすれば，図4に示すように，$a_1=1-m$，
$a_2=2-m$，$\cdots$，$a_{m-1}=-1$，$a_m=0$（号室）の m 室を新たに生み出すことが
できるからなんだね。そして，この m は 100（人）でも 1000（人）でも構
わない。

　　したがって，このときの集合 N'' の濃度について考えてみると，
$N''=\{a_1,\ a_2,\ a_3,\ \cdots,\ a_n,\ \cdots\}$ は，明らかに $N=\{1,\ 2,\ 3,\ \cdots,\ n,\ \cdots\}$ と
1 対 1 対応が存在するので，$\overline{\overline{N}}''=\aleph_0$ である。また，$\overline{\overline{N}}''$ は，N に新たな
有限濃度 m を加えたものでもあるので，$\overline{\overline{N}}''=\overline{\overline{N}}+m$ となる。よって，
$\aleph_0$ についての新たな公式： $\boxed{\aleph_0}$ $\boxed{\aleph_0}$ $\boxed{\text{有限濃度}}$

　　$m+\aleph_0=\aleph_0$ $\cdots$(*1)（m：任意の正の整数）が導かれるんだね。面白かった？

(ⅲ) ではもし，$\aleph_0$（人）の客が一挙に，この無限ホテルに泊まりに来たとしたら
どうなるだろうか？この場合
でも，ヒルベルト支配人は，
心よく受け入れてくれるはず
だ。図5に示すように，$N=$
$\{1,\ 2,\ 3,\ 4,\ \cdots,\ 2n-1$，
$2n,\ \cdots\}$ を
$E=\{2,\ 4,\ 6,\ \cdots,\ 2n,\ \cdots\}$ と
$O=\{1,\ 3,\ 5,\ \cdots,\ 2n-1,\ \cdots\}$ に分けると，E と O の濃度は，自然数全体

図5　ヒルベルトの無限ホテル(ⅲ)

$N=\{\ 1,\ 2,\ 3,\ 4,\ \cdots,\ 2n-1,\ 2n,\ \cdots\}$
$\ \ =\{a_1,\ b_1,\ a_2,\ b_2,\ \cdots,\ \ a_n\ \ ,\ b_n,\ \cdots\}$
$E=\{b_1,\ b_2,\ b_3,\ \cdots,\ b_n,\ \cdots\}$
$\ \ =\{n\,|\,n\equiv 0\,(\text{mod }2)\}=\{2,\ 4,\ \cdots,\ 2n,\ \cdots\}$
$O=\{a_1,\ a_2,\ a_3,\ \cdots,\ a_n,\ \cdots\}$
$\ \ =\{n\,|\,n\equiv 1\,(\text{mod }2)\}=\{1,\ 3,\ \cdots,\ 2n-1,\ \cdots\}$

の集合 N の濃度 $\overline{\overline{N}} = \aleph_0$ と等しい。よって，元の $\aleph_0$ 人の客は E（偶数号室）の部屋に移し，新たな $\aleph_0$ 人の客は O（奇数号室）の部屋に入ってもらうことができるから，問題なく受け入れることができるんだね。そして，このとき，

$N = E \cup O \ (E \cap O = \phi)$ より，$\underset{\boxed{\aleph_0}}{\overline{\overline{N}}} = \underset{\boxed{\aleph_0}}{\overline{\overline{E}}} + \underset{\boxed{\aleph_0}}{\overline{\overline{O}}}$ となる。よって，

公式：$\aleph_0 + \aleph_0 = \aleph_0$ ……(*2) が導けるんだね。

(iv) ではさらに，$\aleph_0$ 人の新たな客が $M-1$ 回訪れた場合はどうなるか？ その場合には，自然数の集合 N を，M を法とする合同式によって，M 個の次に示す無限集合 A_1, A_2, $\cdots$, A_{M-1}, A_0 に分割すればいいんだね。

$A_1 = \{n \mid n \equiv 1 \ (\mathrm{mod}\, M)\}$
$A_2 = \{n \mid n \equiv 2 \ (\mathrm{mod}\, M)\}$
$\cdots\cdots\cdots\cdots\cdots\cdots\cdots\cdots\cdots\cdots\cdots\cdots$
$A_{M-1} = \{n \mid n \equiv M-1 \ (\mathrm{mod}\, M)\}$

> $M-1$ 回訪れた $\aleph_0$ 人の客は，それぞれ，A_1, A_2, $\cdots$, A_{M-1} の部屋に案内する。

$A_0 = \{n \mid n \equiv 0 \ (\mathrm{mod}\, M)\}$

> 元の $\aleph_0$ 人の客は，この M, $2M$, $3M$, $\cdots$, nM, $\cdots$（号室）に移す。

このとき，$N = A_0 \cup A_1 \cup A_2 \cup \cdots \cup A_{M-1}$ であり，$(A_i \cap A_j = \phi \ (i \neq j \ \text{のとき}))$
$\overline{\overline{A_i}} = \aleph_0 \ (i = 0, 1, 2, \cdots, M-1)$,

> 各 A_i と $A_j (i \neq j)$ は互いに素

$\underset{\boxed{\aleph_0}}{\overline{\overline{N}}} = \underset{\boxed{\aleph_0}}{\overline{\overline{A_0}}} + \underset{\boxed{\aleph_0}}{\overline{\overline{A_1}}} + \underset{\boxed{\aleph_0}}{\overline{\overline{A_2}}} + \cdots + \underset{\boxed{\aleph_0}}{\overline{\overline{A_{M-1}}}}$ より，

公式：$\underbrace{\aleph_0 + \aleph_0 + \aleph_0 + \cdots + \aleph_0}_{M \text{個の} \aleph_0 \text{の和}} = \aleph_0$ ……(*3) が導けるんだね。

そして，この M はいくらでも大きくしていくことができるので，結局

公式：$\aleph_0 + \aleph_0 + \aleph_0 + \cdots + \aleph_0 + \cdots = \aleph_0$ ……(*4) も導かれることになるのも大丈夫だね。

以上で，ヒルベルトの無限ホテルによる濃度 $\aleph_0$ の解説は終了です。

この集合の濃度に関して，空集合 ϕ の濃度 $\overline{\overline{\phi}} = 0$ も含めて，有限濃度から $\aleph_0$ に関する不等式は次のようになるんだね。

$0 < 1 < 2 < \cdots < m < \cdots < \aleph_0$ ……(**1)

そして，$\aleph_0$ については，次の等式が成り立つことも分かったんだね。

$\aleph_0 = m + \aleph_0 = \aleph_0 + \aleph_0 = \underbrace{\aleph_0 + \aleph_0 + \cdots + \aleph_0}_{\text{有限個の} \aleph_0 \text{の和}} = \underbrace{\aleph_0 + \aleph_0 + \cdots + \aleph_0 + \cdots}_{\text{無限個の} \aleph_0 \text{の和}}$ ……(**2)

§2. 実数全体の集合 R の濃度 $\aleph$

これまで，自然数全体の集合 N の濃度 $\aleph_0$ について，様々な解説をしてきた。そして，これだけ $\aleph_0$ の説明を受けていると，無限集合の濃度は $\aleph_0$ だけで終わってしまうのではないか？と思われた方も多いと思う。しかし，無限集合といっても，$\aleph_0$ はまだ自然数の集合の濃度にすぎず，数には，まだ無理数や実数など，自然数を含む，より大きな数の集合が存在するんだね。

今回は，この実数全体の集合 R の濃度 $\overset{\text{アレフ}}{\aleph}$ について解説しよう。そして，実は，この $\aleph$ は，$\aleph_0$ よりも1段レベルの高い無限濃度なんだね。もし，無限集合論において，濃度が $\aleph_0$ だけであったならば，これ程深い研究の対象にはならなかったと思う。カントールの無限集合論が導き出した結果は，これら無限集合の濃度にレベルの異なる階層構造が存在するということなんだね。

したがって，ここでは，$\aleph_0$ より1段高いレベルの実数全体の集合 R の濃度 $\aleph$ について，その概略を，様々な例を使って解説していこうと思う。

● **実数 R が数直線を稠密(ちゅうみつ)に埋めつくす！**

図1に示すように，"**実数**"(*real number*)は，"**有理数**" Q(*rational number*)と"**無理数**" I_r(*irrational number*)を併せた数のことで，この実数全体の集合を R で表すことにする。すると，実数 R は数直線上の点に対応させて考えることができる。図2のように，1本の直線上に，$\cdots$，-1，0，1，2，$\cdots$ と等間隔に整数を配置して，数直線をつくる。

図1 実数の分類

$$実数\ R\begin{cases}有理数\ Q\begin{cases}整数\ Z\ (正の整数 N)\\分数\end{cases}\\無理数\ I_r\end{cases}$$

数直線上の異なる数 a，b は，b が a より右側にあるとき，$a < b$ となって，大小関係が定まる。

図2 数直線と実数

ここで，端点が a，b $(a < b)$ で与えられる変数 x の取り得る値の範囲について，
(ⅰ) $a \leqq x \leqq b$ のとき，これを"**閉区間**"と呼び，$[a, b]$ で表し，また，
(ⅱ) $a < x < b$ のとき，これを"**開区間**"と呼び，(a, b) で表すことにする。

ここで，実数全体の集合 R は，$R=\{x \mid x$ は，$-\infty<x<\infty$ をみたす実数$\}$ と表すことができるので，$[a, b]$ や (a, b) の範囲における実数の集合については，
$R_{[a, b]}=\{x \mid x$ は，$a \leqq x \leqq b$ をみたす実数$\}$ と表し，
$R_{(a, b)}=\{x \mid x$ は，$a<x<b$ をみたす実数$\}$ と表すことにしよう。同様に，
$R_{[a, b)}=\{x \mid x$ は，$a \leqq x<b$ をみたす実数$\}$ と表し，また，
$R_{(a, b]}=\{x \mid x$ は，$a<x \leqq b$ をみたす実数$\}$ と表すことにする。

ここで，区間 $[0, 1]$ の中点は $\dfrac{1}{2}$ が，区間 $\left[0, \dfrac{1}{2}\right]$ の中点は $\dfrac{1}{4}$，さらに，区間 $\left[0, \dfrac{1}{4}\right]$ の中点は，$\dfrac{1}{8}$ が対応する。このように，2つの有理数を端点とするどんなに小さな閉区間が与えられても，その中点は必ずまた別の有理数が対応する。このことから，数直線は有理数のみによって稠密に(ビッシリと)埋めつくされているように思うかも知れないね。

しかし，この後で，詳しく解説するけれど，この有理数全体の集合 Q の濃度 $\overline{\overline{Q}}$ は実は $\overline{\overline{N}}$ と等しく，$\overline{\overline{Q}}=\aleph_0$ となることが示されるんだね。そして，無理数全体の集合 I_r の濃度 $\overline{\overline{I_r}}$ は，実数全体の集合 R の濃度 $\overline{\overline{R}}$ と等しく，$\aleph$ で表されることになる。この $\aleph$ は，$\aleph_0$ より 1 段さらに大きなレベルの無限濃度であり，$\overline{\overline{R}}=\overline{\overline{I_r}}=\aleph$ と表すことができる。そして，この $\aleph$ は，"連続体の濃度"(potency of continuum)と呼ばれたりすることもあるので，覚えておこう。

したがって，カントールが創始した無限集合論によると，有理数 Q の濃度 $\aleph_0$ より，さらに無理数 I_r の濃度 $\aleph$ は 1 段レベルの大きな濃度なので，数直線を稠密に埋めつくしたはずの有理数と有理数の間を，さらに稠密にビッシリと無理数が埋めつくしていることになるんだね。

ちょっと想像しにくいのだけれど，数直線は，有理数 Q と無理数 I_r を併せた実数 R によって，稠密にビッシリと埋めつくされていると，考えればいいんだね。

これまでの解説から，$R=Q \cup I_r$，$(\underline{Q \cap I_r=\phi})$ となるので，この濃度の式は，

> 有理数 Q と無理数 I_r は互いに素な集合だね。

$\overline{\overline{R}}=\overline{\overline{Q}}+\overline{\overline{I_r}}$ となる。よって，公式：$\aleph+\aleph_0=\aleph$ ……(*1) が導かれるんだね。
$\underbrace{\aleph}\ \underbrace{\aleph_0}\ \underbrace{\aleph}$

では，具体的に，$\aleph$ と $\aleph_0$ の関係を表す公式を示すと，

$\aleph=2^{\aleph_0}$ ……(*2) となる。今はまだ，何のことか分からないだろうけれど，これについても後で詳しく解説するので，心配は不要です。今は，「こんな式で，$\aleph$ と $\aleph_0$ の間の関係が表されるんだァ！」くらいの気持ちで見て頂いて構わない。

● 1対1対応 $y = f(x)$ について考えよう！

　ここで，図3に示すように，2つの長さ
の異なる平行な線分 AB と CD があり，
その長さの大小関係は AB<CD とする。
このとき，2直線 CA と DB の交点を O
とおく。すると，点 O から 2 つの線分
AB と CD に交わる直線が引けて，図3に
示すように，この直線と 2 つの線分 AB
と CD との交点が，x_1 と y_1，x_2 と y_2，x_3

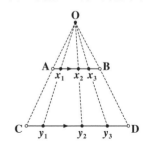

図3　実数の1対1対応 (i)

と y_3 のように 1 対 1 に対応していることが分かる。ということは，これは，
短い線分 AB 上の実数の濃度と，長い線分 CD 上の実数の濃度とが，等しい
ことを示しているんだね。

　これを，数学的によりキチンと示
すことにしよう。図4に示すように，
xy 座標平面上に方程式：

$y = (b-a)x + a \ (0 < x < 1)$

(ただし，a, b は定数，$b > a$)
で表される線分を描いた。

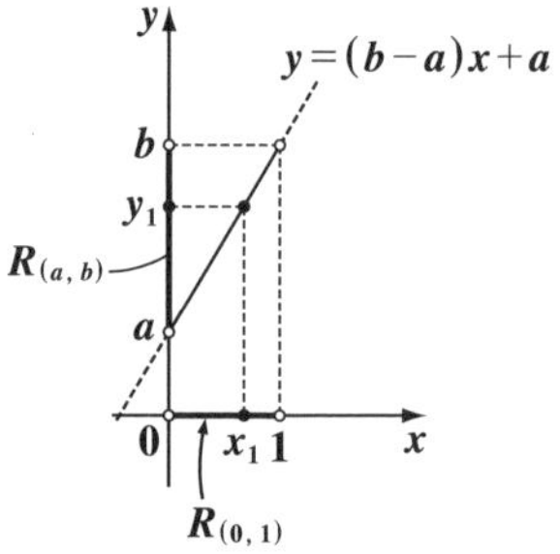

　これは，単調増加の線分なので，
x 軸上の $0 < x < 1$ における任意の点

図4　実数の1対1対応 (ii)

x_1 と，y 軸上の $a < y < b$ における点 y_1 とが 1 対 1 に対応していることが，
ご理解頂けると思う。つまり，これから，$R_{(0,1)} = \{x \mid x$ は，$0 < x < 1$ をみた
す実数$\}$ と $R_{(a,b)} = \{y \mid y$ は，$a < y < b$ をみたす実数$\}$ の濃度が等しいことを示
しているんだね。よって，

$$\overline{\overline{R_{(0,1)}}} = \overline{\overline{R_{(a,b)}}} \quad \cdots \cdots ① \quad \text{が導ける。}$$

　このように，実数の集合の無限濃度についても，1 対 1 対応が重要なポイント
なんだね。そして，一般に，1 対 1 対応の関数 $y = f(x)$ は，与えられた x の定
義域において単調増加関数か，または単調減少関数である必要があるんだね。

　それでは，次の例題で練習しておこう。

例題 11　2 次関数 $y=f(x)=ax^2+b$ ……① (a, b：定数) の 1 部を用いて
$\overline{\overline{R_{(0,1)}}} = \overline{\overline{R_{(3,6)}}}$ が成り立つことを示せ。

$R_{(0,1)}$ と $R_{(3,6)}$ の濃度を比較するために，
右図に示すように，2 次関数：
$y=f(x)=ax^2+b$ ……① ($0<x<1$) が，
$x：0→1$ のとき，$y：3→6$ と変化する
ような単調増加の関数であればよい。
よって，$f(0)=\boxed{b=3}$
　　　　$f(1)=\boxed{a+b=6}$ より，

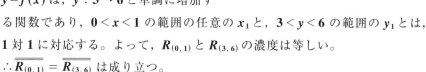

$a=3$，$b=3$ となる。これから，
$y=f(x)=3x^2+3$ ($0<x<1$) のとき，
$y=f(x)$ は，$y：3→6$ と単調に増加す
る関数であり，$0<x<1$ の範囲の任意の x_1 と，$3<y<6$ の範囲の y_1 とは，
1 対 1 に対応する。よって，$R_{(0,1)}$ と $R_{(3,6)}$ の濃度は等しい。
∴ $\overline{\overline{R_{(0,1)}}} = \overline{\overline{R_{(3,6)}}}$ は成り立つ。

例題 11 の 1 対 1 対応の $y=f(x)$
として，右図に示すように，
$y=f(x)=-3x^2+6$ ($0<x<1$)
でも構わない。この場合，$x：0→1$
のとき，$y：6→3$ となって，単調に
減少する関数なので，これも 1 対 1
対応となるからなんだね。これから，$\overline{\overline{R_{(0,1)}}} = \overline{\overline{R_{(3,6)}}}$ を導くこともできる。

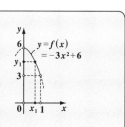

● $\overline{\overline{R_{(0,1)}}} = \overline{\overline{R}} = ℵ$ となる !?

では次に，実数全体の集合 $R=\{x\,|\,x$ は，$-\infty<x<\infty$ をみたす実数$\}$ と，$R_{(0,1)}=$
$\{x\,|\,x$ は，$0<x<1$ をみたす実数$\}$ とが 1 対 1 対応であることを，関数 $y=\dfrac{x}{1-x^2}$
($-1<x<1$) を利用することにより示し，$\overline{\overline{R_{(0,1)}}} = \overline{\overline{R}} = ℵ$ が成り立つことも示

してみよう。

ではまず，$y = g(x) = \dfrac{x}{1-x^2}$ ……① $(-1 < x < 1)$ とおいて，この関数の
グラフを調べてみよう。

(i) まず，①を x で微分して，

微分公式：
$$\left(\frac{g}{f}\right)' = \frac{g' \cdot f - g \cdot f'}{f^2}$$

$$y' = g'(x) = \frac{1 \cdot (1-x^2) - x \cdot (-2x)}{(1-x^2)^2}$$

$$= \frac{1+x^2}{(1-x^2)^2} > 0$$

よって，$y = g(x)$ は，$-1 < x < 1$ の範囲で単調に増加する。

(ii) 次に，極限を調べると，

$$\lim_{x \to -1+0} g(x) = \lim_{x \to -1+0} \frac{x}{1-x^2} = \frac{-1}{+0} = -\infty$$

$x \to -0.999\cdots$ のようにして，-1 に近づく

$$\lim_{x \to 1-0} g(x) = \lim_{x \to 1-0} \frac{x}{1-x^2} = \frac{+1}{+0} = +\infty$$

$x \to 0.999\cdots$ のようにして，1 に近づく

(iii) $g(-x) = \dfrac{-x}{1-(-x)^2} = -\dfrac{x}{1-x^2} = -g(x)$

より，$y = g(x)$ は奇関数だから，原点に
関して対称である。

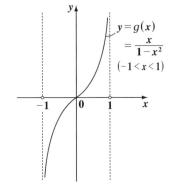

$y = g(x)$
$= \dfrac{x}{1-x^2}$
$(-1 < x < 1)$

以上 (i)(ii)(iii) より，$y = g(x)$ $(-1 < x < 1)$
のグラフを示すと，右図のようになる。

よって，このグラフを基に，変数変換を行う
ことにすると，

$y = g(x) = \dfrac{x}{1-x^2}$ $\xrightarrow[\text{を変える}]{\text{区間の幅}}$ $y = \dfrac{2x}{1-(2x)^2}$ $\xrightarrow[\text{平行移動}]{\left(\frac{1}{2},\, 0\right) \text{だけ}}$ $y = \dfrac{2\left(x - \frac{1}{2}\right)}{1 - 4\left(x - \frac{1}{2}\right)^2}$

$(-1 < x < 1)$

$\qquad\qquad = \dfrac{2x}{1-4x^2}$

$\qquad\qquad \left(-\dfrac{1}{2} < x < \dfrac{1}{2}\right)$

$\qquad\qquad\qquad\qquad = \dfrac{2x-1}{1 - 4\left(x^2 - x + \frac{1}{4}\right)}$

$\qquad\qquad\qquad\qquad = \dfrac{2x-1}{4(x-x^2)}$

$\qquad\qquad\qquad\qquad (0 < x < 1)$

64

よって，$y = f(x) = \dfrac{2x-1}{4(x-x^2)}$ $(0 < x < 1)$

とおくと，$y = f(x)$ は，$x : 0 \to 1$ のとき，$y : -\infty \to \infty$ に変化する単調増加関数であるので，$0 < x < 1$ の範囲の任意の x_1 に対して，$-\infty < y < \infty$ の範囲の y_1 が 1 対 1 対応する。

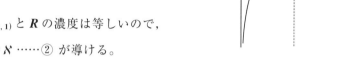

よって，$R_{(0,1)}$ と R の濃度は等しいので，

$\overline{\overline{R_{(0,1)}}} = \overline{\overline{R}} = \aleph$ ……② が導ける。

この②と，$\overline{\overline{R_{(0,1)}}} = \overline{\overline{R_{(a,b)}}}$ ……① (P62) より，$\aleph$ についての重要な公式：

$\overline{\overline{R}} = \overline{\overline{R_{(0,1)}}} = \overline{\overline{R_{(a,b)}}} = \aleph$ ……(*) が導ける。(a, b：定数，$a < b$)

ン？では，$\overline{\overline{R_{[0,1]}}} = \overline{\overline{R_{[0,1)}}} = \overline{\overline{R_{(0,1]}}} = \aleph$ も成り立つのかって？確かに，これらも成り立つんだけれど，この証明は意外と難しい。これについては，"**ベルンシュタインの定理**" (**P146**) を解説した後で示すことにしよう。

> **参考**
>
> 実は，$y = g(x) = \dfrac{x}{1-x^2}$ $(-1 < x < 1)$ の関数が 1 対 1 対応であることが分かった時点で，$\overline{\overline{R_{(-1,1)}}} = \overline{\overline{R}} = \aleph$ ……②′ であることが導けており，また，
>
> $\overline{\overline{R_{(0,1)}}} = \overline{\overline{R_{(a,b)}}}$ ……① より，$a = -1$，$b = 1$ を代入すれば，$\overline{\overline{R_{(0,1)}}} = \overline{\overline{R_{(-1,1)}}}$ ……①′
>
> となるので，②′ と①′ から，$y = f(x)$ を求めなくても，$\overline{\overline{R}} = \overline{\overline{R_{(0,1)}}} = \aleph$ ……(*)
> は示せるんだね。
>
> ここでは，$y = g(x)$ $(-1 < x < 1)$ $\to$ $y = f(x)$ $(0 < x < 1)$ と変形する手法を教えたかったので，本文のような解説を行ったんだね。納得いった？

次の各問いに答えよ。

(1) 関数 $y = ax + b$ ……① $(0 < x < 1)$ $(a, b：定数，a < 0)$ を用いて，

　　$\overline{\overline{R_{(0,1)}}} = \overline{\overline{R_{\left(-\frac{\pi}{2}, \frac{\pi}{2}\right)}}}$ ……(*1) が成り立つことを示せ。

(2) 関数 $y = \tan x$ ……② $\left(-\frac{\pi}{2} < x < \frac{\pi}{2}\right)$ を利用して，

　　$\overline{\overline{R_{(0,1)}}} = \overline{\overline{R}} = \aleph$ ……(*2) が成り立つことを示せ。

ヒント! (1) $a < 0$ より，負の傾きの線分で，$x：0 \to 1$ のとき，$y：\frac{\pi}{2} \to -\frac{\pi}{2}$ となるような方程式を作ればよい。(1) 関数 $y = \tan x$ は，$x：-\frac{\pi}{2} \to \frac{\pi}{2}$ のとき，$y：-\infty \to \infty$ と単調に増加するので，**1 対 1** 対応になっていることを利用しよう。

解答 & 解説

(1) $\overline{\overline{R_{(0,1)}}}$ と $\overline{\overline{R_{\left(-\frac{\pi}{2}, \frac{\pi}{2}\right)}}}$ の濃度を比較するために，右図に示すように，1 次関数

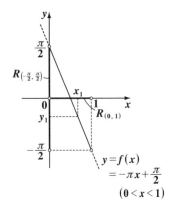

$y = f(x) = ax + b$ ……① $(0 < x < 1)$

$(a, b：定数，a < 0)$ が，

$x：0 \to 1$ のとき，$y：\frac{\pi}{2} \to -\frac{\pi}{2}$ と

変化するようにする。よって，

$f(0) = \boxed{b = \frac{\pi}{2}}$, $f(1) = \boxed{a + b = -\frac{\pi}{2}}$

より，$a = -\frac{\pi}{2} - b = -\frac{\pi}{2} - \frac{\pi}{2} = -\pi$

以上より，

$y = f(x) = -\pi x + \frac{\pi}{2}$ ……①´ $(0 < x < 1)$ から，

$0 < x < 1$ の範囲の任意の点 x_1 は，$-\frac{\pi}{2} < y < \frac{\pi}{2}$ の範囲の y_1 と 1 対 1 に

対応する。

よって，$R_{(0,1)}$ と $R_{(-\frac{\pi}{2},\frac{\pi}{2})}$ の濃度は等しいので，

$\overline{\overline{R_{(0,1)}}} = \overline{\overline{R_{(-\frac{\pi}{2},\frac{\pi}{2})}}}$ ……(*1) は成り立つ。 ……………………………………(終)

(2) $y = \tan x$ ……② $\left(-\dfrac{\pi}{2} < x < \dfrac{\pi}{2}\right)$

のグラフは右図のようになる。

よって，$x : -\dfrac{\pi}{2} \to \dfrac{\pi}{2}$ のとき，

$y : -\infty \to \infty$ に単調に増加して，

変化するので，$-\dfrac{\pi}{2} < x < \dfrac{\pi}{2}$ の

範囲の任意の x_1 と，$-\infty < y < \infty$

の範囲の y_1 とが 1 対 1 に対応する。

よって，$R_{(-\frac{\pi}{2},\frac{\pi}{2})}$ と R の濃度は等しい。

∴ $\overline{\overline{R_{(-\frac{\pi}{2},\frac{\pi}{2})}}} = \overline{\overline{R}} = \aleph$ ……③ となる。

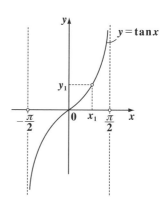

この③と (*1) より，

$\overline{\overline{R_{(0,1)}}} = \overline{\overline{R}} = \aleph$ ……(*2) が成り立つ。 ……………………………(終)

参考

$y = \tan x \xrightarrow[\text{の変更}]{\text{定義域}} y = \tan \pi x \xrightarrow[\text{平行移動}]{\left(\frac{1}{2}, 0\right)\text{だけ}} y = \tan \pi \left(x - \dfrac{1}{2}\right)$ と変形して，

$\left(-\dfrac{\pi}{2} < x < \dfrac{\pi}{2}\right)$　$\left(-\dfrac{1}{2} < x < \dfrac{1}{2}\right)$　　　$(0 < x < 1)$

$y = g(x) = \tan \pi \left(x - \dfrac{1}{2}\right)(0 < x < 1)$

とおくと，$y = f(x)$ は，$x : 0 \to 1$ のとき，

$y : -\infty \to \infty$ の 1 対 1 対応の関数となる。

よって，これから直接，$\overline{\overline{R_{(0,1)}}} = \overline{\overline{R}} = \aleph$ ……(*2)

を導くことができるんだね。大丈夫？

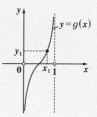

講義 2 ●無限集合のプロローグ 公式エッセンス

1. 集合の包含関係と濃度の大小関係

(1) 2 つの有限集合 A, B について

$$A \subset B \Longrightarrow \overline{\overline{A}} < \overline{\overline{B}}$$

(2) 2 つの無限集合 A, B について，1 対 1 対応の考え方より，

$A \subset B \Longrightarrow \overline{\overline{A}} \leqq \overline{\overline{B}}$，つまり $\overline{\overline{A}} = \overline{\overline{B}}$ となる場合もある。

(*ex*) N：自然数全体の集合，E：正の偶数の集合，O：正の奇数の集合のとき

$N = E \cup O$ ($E \cap O = \phi$)，かつ $E \subset N$，$O \subset N$ であるが，

$\overline{\overline{N}} = \aleph_0$, $\overline{\overline{E}} = \overline{\overline{O}} = \aleph_0$ より，$\overline{\overline{E}} = \overline{\overline{N}}$, $\overline{\overline{O}} = \overline{\overline{N}}$ となる。

2. 自然数全体の集合 N の濃度 $\aleph_0$ の公式

(i) $m + \aleph_0 = \aleph_0$ (m：任意の正の整数)　(ii) $\aleph_0 + \aleph_0 = \aleph_0$

(iii) $\underbrace{\aleph_0 + \aleph_0 + \cdots + \aleph_0}_{\boxed{N \text{個の} \aleph_0 \text{の和}}} = \aleph_0$　　　(iv) $\aleph_0 + \aleph_0 + \cdots + \aleph_0 + \cdots = \aleph_0$

(これらの公式を導くのに，ヒルベルトの無限ホテルの考え方も有効である。)

3. 実数全体の集合 R の濃度 $\aleph$ について

$R = \{x \,|\, x \text{ は，} -\infty < x < \infty \text{をみたす実数}\}$

$R_{(0, 1)} = \{x \,|\, x \text{ は，} 0 < x < 1 \text{をみたす実数}\}$

$R_{(a, b)} = \{x \,|\, x \text{ は，} a < x < b \text{をみたす実数}\}$

　　　(a, b：実数定数，$a < b$)

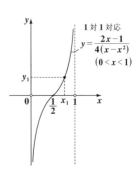

1 対 1 対応

$y = \dfrac{2x-1}{4(x-x^2)}$

$(0 < x < 1)$

とおくと，1 対 1 対応の考え方により，

$\overline{\overline{R}} = \overline{\overline{R_{(0, 1)}}} = \overline{\overline{R_{(a, b)}}} = \aleph$ となる。

4. 実数全体の集合 R の濃度 $\aleph$ と $\aleph_0$ の公式

(i) $\aleph = 2^{\aleph_0}$　　(ii) $\aleph_0 + \aleph = \aleph$

集合の演算

▶ **集合の包含関係**

$$\left(\begin{array}{l} A \subseteqq B \overset{def}{\Longleftrightarrow} (x \in A \Longrightarrow x \in B) \\ A \subseteqq B \ \text{かつ} \ B \subseteqq C \Longrightarrow A \subseteqq C \end{array} \right)$$

▶ **差集合 $A - B$**

$$(A - B = \{x \mid x \in A \ \text{かつ} \ x \notin B\})$$

▶ **和集合 $A \cup B$ と共通部分 $A \cap B$**

$$A \cup (B \cap C) = (A \cup B) \cap (A \cup C)$$
$$A - (B \cup C) = (A - B) \cap (A - C)$$

§1. 集合の定義と包含関係

　では，これから，“集合論”(*set theory*)について，より本格的な講義を始めよう。ここでは，初めは高校数学の“集合と論理”の解説と多少重複するけれど，始めから丁寧に解説していこう。

　また，高校数学では**“実数”** *R* は，**“有理数”** *Q* と **“無理数”** *I_r* に分類されると習っていると思うが，ここでは，**“実数”** *R* が，**“代数的数”** *A_l* と **“超越数”** *T_r* に分類されることも教えよう。

　さらに，ここでは，2つの集合 *A*, *B* の包含関係 *A* ⊆ *B* の定義と，これに関連する公式の証明についても解説していくつもりだ。

　それでは早速講義を始めよう。

● 集合の定義から解説しよう！

　これから解説する**“集合論”**(*set theory*)は，**“素朴集合論”**(*naive set theory*)と呼ばれるものなんだけれど，この集合論で対象とする**“集合”**(*set*)の定義をまず下に示しておこう。

■ 集合の定義

集合：ある一定の客観的で明確な条件をみたすものの集まり全体を
　　　一まとめに集合と定義する。

　したがって，集合とは，単なるものの集まりではなくて，ある客観的で明確な条件をみたすものの集まりのことだから，例えば，このクラスの中で「体の大きな人の集合」と言われても，これでは明確な基準が示されていないので集合とは言えないんだね。

　しかし，このクラスの中で「身長が **175cm** 以上の人の集合」や，この大学の○○学部の学生の中で「体重が **80kg** 以上の人の集合」と言えば，これらは明確な判断基準が示されているので，集合ということができるんだね。

　一般に，集合は，*A*, *B*, *C*, *D*, …, *X*, *Y*, … などのようなアルファベットの大文字や，これらに添え字を付けて A_1, A_2, A_3, …, X_1, X_2, X_3, … などと表されることが多い。

　そして，たとえば，集合 *A* を構成している1つ1つのもののことを**“要素”**(*element*)または**“元”**という。そして，要素 *a* が，

(ⅰ) 集合 *A* の要素であるとき，*a* ∈ *A* と表し，“*a* は *A* に属する”と読み，

(ⅱ) 集合 *A* の要素でないとき，*a* ∉ *A* と表し，“*a* は *A* に属さない”と読むんだね。

● 実数は 2 通りに分類できる！

それでは，ここで，“**実数**”（*real number*）R の分類の仕方について解説しておこう。

実数 R の分類（Ⅰ）

実数 R $\begin{cases} \text{有理数 } Q \begin{cases} \text{整数 } Z \text{（正の整数 } N） \\ \text{分数（有限小数，循環小数）} \end{cases} \\ \text{無理数 } I_r \text{（循環しない無限小数でしか表せない数）} \end{cases}$

本書では，複素数は扱わず，実数のみを対象とすることにする。まず大きく “**有理数**”（*rational number*）Q と “**無理数**”（*irrational number*）I_r に分類される。そして，有理数 Q は，さらに，“**整数**”（*integer*）Z と “**分数**”（*fraction*）に分類される。そして，整数 $Z = \{\cdots, -2, -1, 0, 1, 2, 3, \cdots\}$ の真部分集合として “**自然数**”（*natural number*）$N = \{1, 2, 3, \cdots\}$ が存在し，この自然数 N の濃度を $\overline{\overline{N}} = \aleph_0$（アレフ・ゼロ）とおくんだったね。また，分数を小数で表すと，たとえば，

$\begin{cases} (\text{ⅰ})\ \dfrac{4}{5} = 0.8,\ や\ \dfrac{7}{20} = 0.35\ \text{のように，“有限小数”}（\textit{terminate decimal}，\text{または} \\ \qquad \textit{finite decimal}）\text{となるか，または，} \\ (\text{ⅱ})\ \dfrac{5}{33} = 0.\dot{1}\dot{5} = 0.151515\cdots や，\dfrac{12}{37} = 0.\dot{3}2\dot{4} = 0.324324324\cdots \text{のように} \\ \qquad \text{“循環小数”（じゅんかん）}（\textit{recurring decimal}）\text{となるんだね。} \end{cases}$

これに対して，“**無理数**”（*irrational number*）I_r は，循環しない無限小数でしか表せない数のことで，例として，円周率 $\pi\,(=3.14159265\cdots)$ や ネイピア数（自然対数の底）$e\,(=2.71828182\cdots)$ や，$\sqrt{2}\,(=1.41421356\cdots)$，$\sqrt{3}\,(=1.73205080\cdots)$，$\sqrt{5}\,(=2.23606797\cdots)$，$\cdots$ や，$\sqrt[3]{3}\,(=1.4422495\cdots)$ や，$\log 2\,(=0.693147\cdots)$，$\log 3\,(=1.0986122\cdots)$，$\cdots$ や，$\sin\dfrac{\pi}{5}\,(=0.587785\cdots)$，$\cos\dfrac{\pi}{5}\,(=0.8090169\cdots)\cdots$ などが挙げられるんだね。

このような実数の分類については，既にご存知だと思う。ここでは，循環小数を既約分数で表す問題を解いてみよう。

例題 12　次の各循環小数を既約分数で表せ。

(1) $0.\dot{3}2\dot{4}$ 　　　　(2) $0.\dot{1}33\dot{2}$

---

(1) $x = 0.\dot{3}2\dot{4} = 0.324324324\cdots$ ……① とおく。

①の両辺に **1000** をかけて，

$1000x = \underbrace{324.324324\cdots}_{}$, $\quad 1000x = 324 + x$ より，

$\quad\quad\boxed{324 + 0.\dot{3}2\dot{4} = 324 + x}$

$999x = 324$

$\therefore x = \dfrac{324}{999}$ ← 分子・分母を **9** で割って $= \dfrac{36}{111}$ ← 分子・分母を **3** で割って $= \dfrac{12}{37}$ となる。

(2) $x = 0.\dot{1}33\dot{2} = 0.133213321332\cdots$ ……② とおく。

②の両辺に **10000** をかけて，

$10000x = \underbrace{1332.13321332\cdots}_{}$, $\quad 10000x = 1332 + x$

$\quad\quad\boxed{1332 + 0.\dot{1}33\dot{2} = 1332 + x}$

$9999x = 1332$

$\therefore x = \dfrac{1332}{9999}$ ← 分子・分母を **9** で割って $= \dfrac{148}{1111}$ となって，答えだ。

では次，もう **1** つの実数の分類法についても示しておこう。

■ **実数 R の分類** (Ⅱ)

実数 R $\begin{cases} \text{代数的数 } A_l \text{ (整数係数の } n \text{ 次方程式の実数解)} \\ \quad\quad\text{(有理数 } Q \text{ はすべて代数的数 } A_l \text{ である。)} \\ \text{超越数 } T_r \quad \text{(代数的数でない実数)} \end{cases}$

このように，実数 R は，"**代数的数**"($algebraic\ number$)A_l と "**超越数**" ($transcendental\ number$) T_r に分類することもできる。

ここで，代数的数 A_l とは，整数 $\underline{a_0, a_1, a_2, \cdots, a_n}$ を係数とする n 次方程式：

有理数 $a_0, a_1, a_2, \cdots, a_n$ を係数とする n 次方程式とする場合もあるが，この場合すべての有理数 $a_0, a_1, a_2, \cdots, a_n$ の分母の最小公倍数を n 次方程式の両辺にかけることにより，新たに整数係数 $a_0, a_1, a_2, \cdots, a_n$ とすればいいんだね。

$a_0 x^n + a_1 x^{n-1} + \cdots + a_{n-1} x + a_n = 0$ の定数解を代数的数 A_l というんだね。

したがって，有理数 $\dfrac{n}{m}$ (m, n は互いに素な整数，$m \neq 0$) はすべて代数的数になる。何故なら $x = \dfrac{n}{m}$ とおくと，これから x は，$mx - n = 0$ (**1** 次方程式) の実数解であるからなんだね。もちろん，$m = 1$ のとき，$x = n$ (整数) もすべて代数的数になるんだね。

さらに，$\sqrt{2}$，$\sqrt{3}$，$\sqrt{5}$，… なども，これらはすべて 2 次方程式 $x^2-2=0$，$x^2-3=0$，$x^2-5=0$，… などの解であるので，代数的数 A_l の要素となる。

また，$\sqrt[3]{2}$，$\sqrt[3]{3}$，$\sqrt[3]{5}$，… なども，これらはすべて 3 次方程式 $x^3-2=0$，$x^3-3=0$，$x^3-5=0$，… などの解だから，やはりこれらも代数的数 A_l の要素となるんだね。

そして，実数全体の集合 R の内，代数的数 A_l でないものを "**超越数**" T_r という。具体的にどのようなものが超越数であるのか，その例を挙げると，円周率 π，ネイピア数 (自然対数の底) e，$\sin\theta$，$\cos\theta$，$\tan\theta$（θ：0 でない代数的数），$2^{\sqrt{2}}$，e^{π}，$\log a$（a：0 と 1 を除く代数的数），e^b（b：0 を除く代数的数），… などである。

では，代数的数 A_l と超越数 T_r の濃度はどうなるのかというと，$\overline{\overline{A_l}}=\aleph_0$，$\overline{\overline{T_r}}=\aleph$ となるんだね。何故こうなるのかについては，無限集合の濃度の講義で詳しく解説しよう。

それでは，実数 R の 2 通りの分類の仕方について，次の例題で練習しておこう。

例題 13　(ⅰ) 有理数全体の集合 Q と (ⅱ) 無理数全体の集合 I_r が，
2，-3，$\dfrac{3}{4}$，$\sqrt{3}$，$\sqrt[3]{5}$，$0.1\dot{2}\dot{3}$，π，e を要素としてもつか，否かを示せ。

(ⅰ) 有理数 Q は，分数または整数の要素からなる集合なので，

$2\in Q$，$-3\in Q$，$\dfrac{3}{4}\in Q$，$\sqrt{3}\not\in Q$，$\sqrt[3]{5}\not\in Q$，

$\underline{0.1\dot{2}\dot{3}}\in Q$，$\pi\not\in Q$，$e\not\in Q$　（π と e は無理数）となる。

> $x=0.1\dot{2}\dot{3}$ とおくと，$1000x=123+x$，$999x=123$　∴ $x=\dfrac{41}{333}$

(ⅱ) 無理数 I_r は，実数 R の内，有理数 Q を除いた数であるので，

$2\not\in I_r$，$-3\not\in I_r$，$\dfrac{3}{4}\not\in I_r$，$\underline{\sqrt{3}}\in I_r$，$\sqrt[3]{5}\in I_r$，

> $\sqrt{3}=\dfrac{n}{m}$（m，n：互いに素な整数）と仮定すると，$3=\dfrac{n^2}{m^2}$　$3m^2=n^2$ ……① ①より，n^2 は 3 の倍数だから，n は 3 の倍数となる。よって，$n=3k$（k：整数）を①に代入すると，$m^2=3k^2$ となって，m も 3 の倍数になる。これは，m と n が互いに素の条件に反する。よって，$\sqrt{3}$ は無理数である。

$0.1\dot{2}\dot{3}\not\in I_r$，$\pi\in I_r$，$e\in I_r$　（π と e は無理数）となる。大丈夫だった？

例題 14 (i) 代数的数全体の集合 A_l と (ii) 超越数全体の集合 T_r が，
-1, $\dfrac{4}{5}$, $\sqrt{2}$, $\sqrt[3]{3}$, $0.1\dot{5}$, e^π, $2^{\sqrt{2}}$, $\sin\dfrac{\pi}{3}$, $\sin\sqrt{2}$, $\log e^2$, $\log 2$ を
要素としてもつか，否かを示せ。

(i) 代数的数 A_l の要素はすべて，整数係数の n 次方程式の実数解であるので，

$$-1 \in A_l, \qquad \frac{4}{5} \in A_l, \qquad \sqrt{2} \in A_l, \qquad \sqrt[3]{3} \in A_l,$$

$x+1=0$ の解 ｜ $5x-4=0$ の解 ｜ $x^2-2=0$ の解の 1 つ ｜ $x^3-3=0$ の解

$$0.1\dot{5} \in A_l, \qquad e^\pi \notin A_l, \qquad 2^{\sqrt{2}} \in A_l, \qquad \sin\frac{\pi}{3} = \frac{\sqrt{3}}{2} \in A_l, \qquad \sin\sqrt{2} \notin A_l,$$

$x=0.1\dot{5}$ とおくと，
$100x=15+x$
$x=\dfrac{15}{99}=\dfrac{5}{33}$ より，
$33x-5=0$ の解

e^π と $2^{\sqrt{2}}$ は，超越数 T_r の要素であることは，覚えておこう。

$4x^2-3=0$ の解の 1 つ

$\sin\theta$ ($\theta:0$ でない代数的数) は，超越数だね。

$$\log e^2 = 2\log e = 2 \in A_l, \qquad \log 2 \notin A_l \qquad となる。$$

$x-2=0$ の解 ｜ $\log a$ ($a:0$ と 1 を除く代数的数) は，超越数だね。

(ii) 実数 R の内，代数的数 A_l の要素を除いたものが，超越数 T_r の要素となるので，
$$-1 \notin T_r, \quad \frac{4}{5} \notin T_r, \quad \sqrt{2} \notin T_r, \quad \sqrt[3]{3} \notin T_r, \quad 0.1\dot{5} = \frac{5}{33} \notin T_r,$$

$$e^\pi \in T_r, \quad 2^{\sqrt{2}} \in T_r, \quad \sin\frac{\pi}{3} = \frac{\sqrt{3}}{2} \notin T_r, \quad \sin\sqrt{2} \in T_r, \quad \log e^2 = 2 \notin T_r,$$

$$\log 2 \in T_r \qquad となるんだね。大丈夫だった？$$

　以上で，実数 R を (i) 有理数 Q と (ii) 無理数 I_r に分類する場合と，(i) 代数的数 A_l と超越数 T_r に分類する場合についても，十分に慣れて頂けたと思う。

● 集合の表し方にも 2 通り存在する！

集合 X が，1，3，5，7，9，11 の 6 つの要素からなる集合であり，また，集合 Y が，50 以下の自然数からなる集合であるとき，これらを**外延的定義**で表すと，

$X = \{1, 3, 5, 7, 9, 11\}$，

$Y = \{1, 2, 3, \cdots, 50\}$ と表すことができるんだね。

この集合 X のように，要素の個数が少ない集合であれば，すべての要素を $\{\ \}$ 内に列記して示せばいいし，集合 Y のように有限集合であっても，要素の個数が多い場合，"$\cdots$" を用いて，途中を省略して示してもいいんだね。この "$\cdots$" は無限集合を表す場合にも役に立つ。例えば，整数全体の集合 Z や，正の偶数全体の集合 E は，

$Z = \{\cdots, -2, -1, 0, 1, 2, 3, \cdots\}$ や，

$E = \{2, 4, 6, 8, \cdots\}$ と表すことができる。

このように "$\cdots$" で表すことができるのは，そこに入れるべき数字が無限に続くものであっても，順次すぐに推測できるものでなければならないんだね。たとえば，集合 $A = \left\{\sqrt{2}, -1, 4, \dfrac{1}{5}, \cdots\right\}$ などと示されても，$\cdots$ に入るべき数字(要素)が推測できなければ，まったく意味のないものとなってしまうんだね。

以上のように，"$\cdots$" も含めて，集合のすべての要素を外延的に列記する方法以外にも，集合を $\{x \mid (x\text{の条件})\}$ や $\{n \mid (n\text{の条件})\}$ のような形で表現することもできる。この表現法を，集合の**内包的定義**というんだね。この表し方で，上記の集合 X，Y，Z，E を表すと，次のようになる。

$X = \{n \mid n = 2k-1 \ (k = 1, 2, 3, 4, 5, 6)\}$　または，

$X = \{n \mid n \text{ は，} 11 \text{ 以下の正の奇数}\}$　などと表せる。

$Y = \{m \mid m \text{ は，} 50 \text{ 以下の自然数}\}$　または，

$Y = \{m \mid m \text{ は，} 1 \leqq m \leqq 50 \text{ をみたす自然数}\}$　と表してもいい。

$Z = \{n \mid n \text{ は整数}\}$

$E = \{m \mid m \text{ は正の偶数}\}$　と表すことができる。

（外延的定義）

また，自然数全体の集合 N や，実数全体の集合 R については，

$N = \{n \mid n \text{ は自然数}\}$，または $\underline{N = \{1, 2, 3, 4, \cdots\}}$　と表せるし，

$R = \{x \mid x \text{ は実数}\}$，または $R = \{x \mid x \text{ は} -\infty < x < \infty \text{ をみたす実数}\}$ と示してもいい。

また，区間 (a, b) $(a < b)$ における実数の集合を $R_{(a, b)}$，また，$(0, 1)$ における実数の集合を $R_{(0, 1)}$ などと表そう。すると，

$R_{(a, b)} = \{x \mid x$ は，$a < x < b$ をみたす実数$\}$ や，

$R_{(0, 1)} = \{x \mid x$ は，$0 < x < 1$ をみたす実数$\}$ などと表せばいい。その他にも，

$R_{[0, 2]} = \{x \mid x$ は，$0 \leqq x \leqq 2$ をみたす実数$\}$ や，

$R_{(-1, 3]} = \{x \mid x$ は，$-1 < x \leqq 3$ をみたす実数$\}$ と表すこともできる。

同様に，区間 $(0, 1)$ における有理数の集合を $Q_{(0, 1)}$ と表して，

$Q_{(0, 1)} = \{q \mid q$ は，$0 < q < 1$ をみたす有理数$\}$ と表してもいいし，

区間 $[-2, 5]$ における整数の集合を $Z_{[-2, 5]}$ と表すと，

$Z_{[-2, 5]} = \{n \mid n$ は，$-2 \leqq n \leqq 5$ をみたす整数$\}$ や，

$Z_{[-2, 5]} = \{-2, -1, 0, 1, 2, 3, 4, 5\}$ ← 外延的定義でも表せる

となるし，また，区間 $[2, 8)$ における自然数の集合を $N_{[2, 8)}$ と表すと，

$N_{[2, 8)} = \{n \mid n$ は，$2 \leqq n < 8$ をみたす自然数$\}$

$\qquad = \{2, 3, 4, 5, 6, 7\}$ としても分かりやすいと思う。

また，要素が 1 つだけの場合，たとえば要素が $x = \sqrt{2}$ だけの集合 X は，$X = \{\sqrt{2}\}$ と表してもいいし，$X = \{x \mid x = \sqrt{2}\}$ と表してもよい。

さらに，要素を 1 つも持たない特殊な集合を "**空集合**"（*empty set*）と呼び，これは ϕ で表すことにする。この空集合 ϕ は，

$\phi = \{\ \}$ と表すこともできる。

これを，$\{0\}$ としてはいけない。$\{0\}$ は，0 という要素を 1 つだけもつ集合を表すからだね。

以上より，集合は，次の 3 つに分類される。

■ 集合の 3 つの種類

(1) 有限集合：有限濃度（要素の個数が有限）の集合

　　($ex.$ $X = \{n \mid n = 2k - 1\ (k = 1, 2, \cdots, 6)\}$, $Z_{[-2, 5]} = \{-2, -1, \cdots, 4, 5\}$)

(2) 無限集合：無限濃度（要素の個数が無限）の集合

　　($ex.$ $N = \{n \mid n$ は自然数$\}$, $Q = \{q \mid q$ は有理数$\}$, $R = \{x \mid x$ は実数$\}$,

　　$R_{(0, 1)} = \{x \mid x$ は，$0 < x < 1$ をみたす実数$\}$, $Q_{(0, 1)} = \{q \mid q$ は，$0 < q < 1$ をみたす有理数$\}$)

(3) 空集合 ϕ：要素を 1 つももたない集合

　　$\phi = \{\ \}$ と表す。

● 集合 A, B の包含関係を押さえよう！

では次, 2つの集合の"包含関係"(*inclusion relation*)について, 考えよう。
まず, 例をいくつか挙げる。

(ex 1) $N_{[2,5]}=\{n\,|\,n$ は, $2\leqq n\leqq 5$ をみたす自然数$\}$
$\qquad\quad =\{2,\ 3,\ 4,\ 5\}$

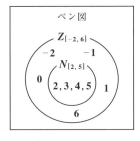

$\qquad Z_{[-2,6]}=\{n\,|\,n$ は, $-2\leqq n\leqq 6$ をみたす整数$\}$
$\qquad\qquad\quad =\{-2,\ -1,\ 0,\ 1,\ 2,\ \cdots,\ 6\}$
とおくと, 右のベン図から明らかに,
集合 $N_{[2,5]}$ のすべての要素は,
集合 $Z_{[-2,6]}$ に属している。よって,
$N_{[2,5]}$ は, $Z_{[-2,6]}$ に含まれるので, $N_{[2,5]}\subseteqq Z_{[-2,6]}$ と表され,
$N_{[2,5]}$ は $Z_{[-2,6]}$ の "部分集合"(*subset*)であるという。

(ex 2) $Q_{[1,2]}=\{q\,|\,q$ は, $1\leqq q\leqq 2$ をみたす有理数$\}$
$\qquad Q_{(0,3)}=\{q\,|\,q$ は, $0<q<3$ をみたす有理数$\}$
とおくと, 右図から明らかに,
無限集合 $Q_{[1,2]}$ のすべての要素は,
無限集合 $Q_{(0,3)}$ に属することが分かる。

よって, $Q_{[1,2]}$ は, $Q_{(0,3)}$ に含まれるので, $Q_{[1,2]}\subseteqq Q_{(0,3)}$ と表され,
$Q_{[1,2]}$ は $Q_{(0,3)}$ の部分集合になる。

以上の (ex 1), (ex 2)のように, 2つの集合の "含む" または "含まれる" の
関係を "包含関係" というんだね。

それでは, 一般論として, 2つの集合 A, B の包含関係について, その定義
をまとめて, 下に示そう。

集合 A, B の包含関係 (I)

2つの集合 A, B について,
$x\in A\Rightarrow x\in B$ ……(*) ($x\in A$ ならば, $x\in B$ である。)
が成り立つとき,
$A\subseteqq B$ または $B\supseteqq A$ と表し,
・「A は B に含まれる。」または「B は A を含む。」と読み,
・A は B の "部分集合"(*subset*)であるという。

ここで, (*)の仮定の $x\in A$ について, この要素 x を, A のすべての(または,
任意の)x であることを強調したいときは, **全称記号** "$\forall$" (任意の) を用いれば

よい。つまり，(*)を次のように書き換えることができる。

"$\forall x \in A \Longrightarrow x \in B$" ……(*)′

(「Aのすべての(または，任意の)要素xが，Bの要素でもある。」……(*)′)

そして，(*)′が成り立つとき，$A \subseteqq B$(または$B \supseteqq A$)となるんだね。

　しかし，今回の包含関係においては，特に誤解が生じない限り，全称記号
"$\forall$"は省略して示すことにしよう。

　以上より，$A \subseteqq B$の定義として，$(x \in A \Longrightarrow x \in B)$を用いるので，これは
次のように式で表すことができる。

$A \subseteqq B \overset{def}{\Longleftrightarrow} (x \in A \Longrightarrow x \in B)$ ……(**)

この(**)の *def* は"定義する"(*define*)の略で，$A \subseteqq B$と$(x \in A \Longrightarrow x \in B)$は，
同等(同値)であると定義していることを示しているんだね。したがって，

$\begin{cases} (\text{i})\,A \subseteqq B\text{のを証明するには，}x \in A \Longrightarrow x \in B\text{が成り立つことを示せばいいし，} \\ \quad\text{逆に，} \\ (\text{ii})\,A \subseteqq B\text{が成り立つとき，}x \in A \Longrightarrow x \in B\text{も成り立つんだね。大丈夫?} \end{cases}$

　では次に，AとBが等しい，すなわち$A = B$となる場合や，AがBの"**真
部分集合**"(*proper subset*)となる，すなわち$A \subset B$となるための条件につい
ても，下に示そう。

■ 集合A, Bの包含関係(Ⅱ)

2つの集合A, Bについて，

(1) $A \subseteqq B$かつ$B \subseteqq A \Longrightarrow A = B$ ……(*1)

　　$A \subseteqq B$かつ$B \subseteqq A$ならば，$A = B$となり，"**AとBは等しい**"という。

(2) $A \subseteqq B$かつ$A \neq B \Longrightarrow A \subset B$ ……(*2)

　　$A \subseteqq B$かつ$A \neq B$ならば，$A \subset B$となり，"**AはBの真部分集合である**"という。

---

(1) $A \subseteqq B$より，Aのすべての要素はBの要素であり，かつ，$B \subseteqq A$より，B
のすべての要素はAの要素でもあるならば，**2**つの集合A, Bはそれぞれ
の要素をすべて共有することになるんだね。したがって，**2**つの集合A,
Bは等しい，すなわち$A = B$と表すことができる。したがって，$A = B$が
成り立つことを示すには，次のような手順で行う。

$\left.\begin{array}{l} x \in A \Longrightarrow x \in B \\ \text{かつ} \\ x \in B \Longrightarrow x \in A \end{array}\right\} \Longrightarrow \left.\begin{array}{l} A \subseteqq B \\ \text{かつ} \\ B \subseteqq A \end{array}\right\} \Longrightarrow A = B$

そして，この操作は逆も成り立つので，

$$A = B \Longrightarrow \begin{cases} A \subseteqq B \\ \text{かつ} \\ B \subseteqq A \end{cases} \Longrightarrow \begin{cases} x \in A \Longrightarrow x \in B \\ \text{かつ} \\ x \in B \Longrightarrow x \in A \end{cases}$$

と変形することもできるんだね。

(2) 次に，$A \subset B$，すなわち A が B の真部分集合であることを示すには，

$\underline{A \subseteqq B}$ かつ $\underline{A \neq B}$ であることを示せばよい。よって，

$\boxed{x \in A \Longrightarrow x \in B}$ $\boxed{^\exists x \in B \Longrightarrow x \not\in A}$ $\left(\begin{array}{l} A\text{に属さず，}B\text{にのみ属する}\overset{\cdot}{\text{あ}}\overset{\cdot}{\text{る}} x \text{が} \\ \overset{\cdot}{\text{存}}\overset{\cdot}{\text{在}}\overset{\cdot}{\text{す}}\overset{\cdot}{\text{る}}\text{。} \end{array} \right)$

$$\begin{cases} x \in A \Longrightarrow x \in B \\ \text{かつ} \\ ^\exists x \in B \Longrightarrow x \not\in A \end{cases} \Longrightarrow \begin{cases} A \subseteqq B \\ \text{かつ} \\ A \neq B \end{cases} \Longrightarrow A \subset B \quad \text{の手順で示すことができる。}$$

存在記号 "$\exists$" は，「ある … が存在する」を表している。よって，「B に属するが，A には属さない$\overset{\cdot}{\text{あ}}\overset{\cdot}{\text{る}} x$ が$\overset{\cdot}{\text{存}}\overset{\cdot}{\text{在}}\overset{\cdot}{\text{す}}\overset{\cdot}{\text{る}}$」ことを示せばよい。このある x の存在は 1 つだけ示せばよい。(反例は 1 つだけでいいんだね。)

では，次の ($ex\,1$), ($ex\,2$) で確認しておこう。

($ex\,1$) $N_{[2,5]} = \{2, 3, 4, 5\}$

$Z_{[-2,6]} = \{-2, -1, 0, \cdots, 5, 6\}$ について，

右のベン図より明らかに，

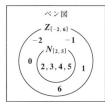

（ i ）$n \in N_{[2,5]} \Longrightarrow n \in Z_{[-2,6]}$ が

成り立つので，$N_{[2,5]} \subseteqq Z_{[-2,6]}$ となる。

（ ii ）$\underline{-2 \in Z_{[-2,6]}} \Longrightarrow \underline{-2 \not\in N_{[2,5]}}$ より，$N_{[2,5]} \neq Z_{[-2,6]}$

$\boxed{\text{これは他に，}-1, 0, 1, 6\text{のいずれでもいい。}}$

以上（ i ）（ ii ）より，$N_{[2,5]} \subset Z_{[-2,6]}$ となって，$N_{[2,5]}$ は $Z_{[-2,6]}$ の

真部分集合である。

($ex\,2$) $Q_{[1,2]} = \{q \,|\, q\text{ は，}1 \leqq q \leqq 2 \text{をみたす有理数}\}$

$Q_{(0,3)} = \{q \,|\, q\text{ は，}0 < q < 3 \text{をみたす有理数}\}$

について，明らかに，

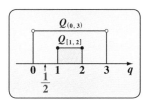

（ i ）$q \in Q_{[1,2]} \Longrightarrow q \in Q_{(0,3)}$ より，

$Q_{[1,2]} \subseteqq Q_{(0,3)}$ となる。

（ ii ）$\dfrac{1}{2} \in Q_{(0,3)} \Longrightarrow \dfrac{1}{2} \not\in Q_{[1,2]}$ より，$Q_{[1,2]} \neq Q_{(0,3)}$

以上 (ⅰ)(ⅱ)より, $Q_{[1,2]} \subset Q_{(0,3)}$ となって, $Q_{[1,2]}$ は $Q_{(0,3)}$ の真部分集合であることが示された。

では, もう一題, 次の問題で練習しておこう。

例題 15 実数全体の集合 R と, 有理数全体の集合 Q に対して,

$Q \subset R$ ……(*) が成り立つことを示せ。

$R = \{x \mid x \text{ は実数}\}, \ Q = \{x \mid x \text{ は有理数}\}$ とおく,

(ⅰ) $\forall x \in Q \Rightarrow x \in R$ は成り立つので, $Q \subseteqq R$

(ⅱ) ここで, $\sqrt[3]{5}$ は無理数である (演習問題 3 (P37)) ので,

$\sqrt[3]{5} \in R \Rightarrow \sqrt[3]{5} \notin Q$ となるから, $Q \neq R$

以上 (ⅰ)(ⅱ)より, $Q \subset R$ ……(*), すなわち Q は R の真部分集合であることが示された。

では次に, 3 つの集合 A, B, C についての包含関係の公式についても示そう。

■ 集合 A, B, C の包含関係

3 つの集合 A, B, C について,

$A \subseteqq B$ かつ $B \subseteqq C \Rightarrow A \subseteqq C$ ……(**) が成り立つ。

「A が B に含まれ, かつ B が C に含まれるならば, A は C に含まれる。」

(**) の証明をやっておこう。

(ⅰ) $A \subseteqq B$ より, $x \in A \Rightarrow x \in B$ ……① が成り立つ。 $\leftarrow \boxed{A \subseteqq B \overset{def}{\Longleftrightarrow} (x \in A \Rightarrow x \in B)}$

(ⅱ) $B \subseteqq C$ より, $x \in B \Rightarrow x \in C$ ……② が成り立つ。

以上①, ②より, $A \subseteqq B$ かつ $B \subseteqq C$ から,

$x \in A \Rightarrow x \in B \Rightarrow x \in C$ となるので,

$x \in A \Rightarrow x \in C$ ……③ が成り立つ。 ∴③より, $A \subseteqq C$ ……(**) が成り立つ。

それでは, これについても例題で練習しておこう。

例題 16 自然数全体の集合 N と, 整数全体の集合 Z と, 有理数全体の集合 Q について, $N \subset Z$ かつ $Z \subset Q \Rightarrow N \subset Q$ ……(*) が成り立つことを示せ。

$N = \{1, 2, 3, \cdots\}, \ Z = \{\cdots, -2, -1, 0, 1, 2, 3, \cdots\},$

$Q = \{x \mid x \text{ は有理数}\}$ について,

(ⅰ) $x \in N \Rightarrow x \in Z$ が成り立ち，かつ $-1 \in Z \Rightarrow -1 \not\in N$ となる。よって，

　　$N \subseteqq Z$ かつ $N \neq Z$ より，$N \subset Z$ ……① が成り立つ。

(ⅱ) $x \in Z \Rightarrow x \in Q$ が成り立ち，かつ $\frac{1}{2} \in Q \Rightarrow \frac{1}{2} \not\in Z$ となる。よって，

　　$Z \subseteqq Q$ かつ $Z \neq Q$ より，$Z \subset Q$ ……② が成り立つ。

以上①，②より，$N \subset Z$ かつ $Z \subset Q$ より，

$Q \subset R$ ……(∗) が成り立つ。

> (ⅰ)(ⅱ)より，$x \in N \Rightarrow x \in Z \Rightarrow x \in Q$ より，$N \subseteqq Q$ であり，
> $\frac{1}{2} \in Q \Rightarrow \frac{1}{2} \not\in N$ より，$N \neq Q$ となる。よって，$N \subset Q$（N は Q の真部分集合）

では次に，任意の集合 A と空集合 ϕ の包含関係についても，下に示しておこう。

集合 A と空集合 ϕ の包含関係

任意の集合 A と空集合 ϕ について，次の包含関係が成り立つ。

(1) $A \subseteqq A$ ……(∗1) （A は，A の部分集合である。）

(2) $\phi \subseteqq A$ ……(∗2) （ϕ は，任意の集合 A の部分集合である。）

(1) $x \in A \Rightarrow x \in A$ より，$A \subseteqq A$ ……(∗1) となる。つまり任意集合 A は，それ自身が A の部分集合になるんだね。

(2) $x \in \phi \Rightarrow x \in A$ が成り立つとしたいところだけれど，空集合 ϕ には，

　　この x が存在しない。

　これに属する要素 x が 1 つも存在しないので，この手法は使えない。

　しかし，任意の集合 A に対して，$X \subseteqq A$ ……① をみたす集合 X が存在するものと仮定すると，①はすべての集合 A に対して，成り立たなければならないので，当然 $A = \phi$ のときも成り立つ。よって，$A = \phi$ を①に代入すると，

　$X \subseteqq \phi$ となるので，これをみたす X は，$X = \phi$ しかあり得ない。

　よって，任意の集合 A に対して，$\phi \subseteqq A$ ……(∗2) は成り立つ。

　(∗2)から空集合 ϕ は，任意の集合 A の部分集合になるんだね。

以上(1)(2)より，任意の集合 A は，少なくとも 2 つの集合 A と ϕ を部分集合にもつことが分かったんだね。大丈夫？

81

(ⅰ) 有理数全体の集合 Q と (ⅱ) 無理数全体の集合 I_r が，次の数をそれ
ぞれ要素としてもつか，否かを示せ。

-5,　$\dfrac{5}{4}$,　$\sqrt{2}$,　$\sqrt[3]{2}$,　$0.\dot{2}\dot{7}$,　$\sin\dfrac{\pi}{6}$,　e^2,　$\log 2$

ヒント！ $\sqrt{2}$ は無理数で，$\sin\dfrac{\pi}{6}=\dfrac{1}{2}$ は有理数となる。(ⅰ) 有理数の集合 Q は，
整数または分数を要素とする集合であり，(ⅱ) 無理数の集合 I_r は，有理数を除い
た実数を要素とする集合なんだね。

解答 & 解説

(ⅰ) 有理数 Q は，分数または整数の要素からなる集合なので，

$-5 \in Q$,　$\dfrac{5}{4} \in Q$,　$\sqrt{2} \not\in Q$,　$\sqrt[3]{2} \not\in Q$,　←$\boxed{\sqrt[3]{2}\,も無理数}$　……………(答)

$\sqrt{2}=\dfrac{n}{m}$ (m, n：互いに素な整数) と仮定すると，$2=\dfrac{n^2}{m^2}$　$2m^2=n^2$ ……① とおくと，
①より，n^2 は 2 の倍数より，n は 2 の倍数となる。よって，$n=2k$ (k：整数) を①に代
入すると，$m^2=2k^2$ となって，m も 2 の倍数になる。これは，m と n が互いに素の条件
に反する。よって，$\sqrt{2}$ は無理数である。

$0.\dot{2}\dot{7} \in Q$,　$\sin\dfrac{\pi}{6}=\dfrac{1}{2} \in Q$,　$e^2 \not\in Q$,　$\log 2 \not\in Q$　……………(答)

$x=0.\dot{2}\dot{7}$ とおくと，$100x=27+x$　$99x=27$　$\therefore x=\dfrac{27}{99}=\dfrac{3}{11} \in Q$

(ⅱ) 無理数 I_r は，実数 R の内，有理数 Q を除いた数を要素とする集合なので，

$-5 \not\in I_r$,　$\dfrac{5}{4} \not\in I_r$,　$\sqrt{2} \in I_r$,　$\sqrt[3]{2} \in I_r$,　……………………………(答)

$\sqrt[3]{2}=2^{\frac{1}{3}}=\dfrac{n}{m}$ (m, n：互いに素な整数) と仮定すると，$2=\dfrac{n^3}{m^3}$　$2m^3=n^3$ ……① とお
くと，①より，n^3 は 2 の倍数より，n は 2 の倍数となる。よって，$n=2k$ (k：整数) を
①に代入すると，$m^3=2\cdot 2k^3$ となって，m も 2 の倍数になる。これは，m と n が互いに
素の条件に反する。よって，$\sqrt[3]{2}$ は無理数。

$0.\dot{2}\dot{7}=\dfrac{3}{11} \not\in I_r$,　$\sin\dfrac{\pi}{6}=\dfrac{1}{2} \not\in I_r$,　$e^2 \in I_r$,　$\log 2 \in I_r$　………………(答)

演習問題 8　　　　● 代数的数と超越数 ●

(i) 代数的数全体の集合 A_l と (ii) 超越数全体の集合 T_r が，次の数をそれぞれ要素としてもつか，否かを示せ。

-3, $\dfrac{7}{3}$, $\sqrt{5}$, $\sqrt[3]{2}$, $0.\dot{5}\dot{4}$, $\tan\dfrac{\pi}{3}$, $\tan\dfrac{1}{2}$, $e^{\sqrt{2}}$, $\log5$

ヒント！ (i) 代数的数の集合 A_l は，整数係数の n 次方程式の実数解を要素とする集合であり，(ii) 超越数の集合 T_r は，代数的数を除いた実数を要素とする集合のことだね。

解答&解説

(i) 代数的数 A_l は，整数係数の n 次方程式の実数解を要素とする集合なので，

$-3 \in A_l$, $\quad \dfrac{7}{3} \in A_l$, $\quad \sqrt{5} \in A_l$, $\quad \sqrt[3]{2} \in A_l$, $\quad 0.\dot{5}\dot{4} \in A_l$, $\quad$ ……(答)

- $x+3=0$ の解
- $3x-7=0$ の解
- $x^2-5=0$ の解の1つ
- $x^3-2=0$ の解
- $x=0.\dot{5}\dot{4}$ とおくと，$100x=54+x$, $99x=54$, $x=\dfrac{54}{99}=\dfrac{6}{11}$ より，$11x-6=0$ の解

$\tan\dfrac{\pi}{3}=\sqrt{3} \in A_l$, $\quad \tan\dfrac{1}{2} \notin A_l$, $\quad e^{\sqrt{2}} \notin A_l$, $\quad \log5 \notin A_l$ $\quad$ ……(答)

- $x^2-3=0$ の解の1つ
- $\tan\theta$ ($\theta:0$ でない代数的数) は超越数
- e^b ($b:$ 代数的数, $b \ne 0$) は超越数
- $\log a$ ($a:$ 代数的数, $a \ne 0, 1$) は超越数

(ii) 超越数 T_r は，実数 R の内，代数的数を除いた数を要素とする集合なので，

$-3 \notin T_r$, $\quad \dfrac{7}{3} \notin T_r$, $\quad \sqrt{5} \notin T_r$, $\quad \sqrt[3]{2} \notin T_r$, $\quad 0.\dot{5}\dot{4}=\dfrac{6}{11} \notin T_r$, $\quad$ ……(答)

$\tan\dfrac{\pi}{3}=\sqrt{3} \notin T_r$, $\quad \tan\dfrac{1}{2} \in T_r$, $\quad e^{\sqrt{2}} \in T_r$, $\quad \log5 \in T_r$ $\quad$ ……(答)

参考

超越数 T_r の例
・円周率 π，ネイピア数 (自然対数の底) e, $2^{\sqrt{2}}$, e^{π}
・$\log a$ ($a:0$ と 1 を除く代数的数)
・e^b　($b:0$ を除く代数的数)
・$\sin\theta$, $\cos\theta$, $\tan\theta$ ($\theta:0$ でない代数的数)

§2. 集合の演算

サァ，これから，"集合の演算"（*operation of sets*）について，解説を始めよう。集合の演算とは具体的に言うと，2つ以上の集合から，新たな集合を作り出すための手法のことなんだね。

ここではまず，集合の演算として，"差集合"（*difference set*）$A-B$ と，"和集合"（*sum set*），および "共通部分"（*intersection*）について解説し，さらに，これらを組合せたより複雑な演算についても教えよう。

さらに，集合を要素にもつ集合，すなわち "集合族"（*family of sets*）についても説明し，その中でも特に重要な "ベキ集合"（*power set*）についても詳しく解説しよう。

それでは，早速講義を始めよう！

● 差集合 $A-B$ について解説しよう！

2つの集合 A, B について，まず，"差集合"（*difference set*）$A-B$ について，その定義を下に示そう。

差集合 $A-B$

2つの集合 A, B について，A の要素から B の要素をすべて取り除いたとき，残った要素全体からなる集合を，A と B の "差集合"（*difference set*）または "差"（*difference*）といい，これを $A-B$ で表す。よって，$A-B$ は，次式で表される。

$$A-B = \{x \mid x \in A \text{ かつ } x \notin B\}$$

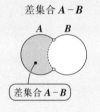

差集合 $A-B$

上記の定義より，2つの集合 A, B について，$x \in A$ であるが，$x \notin B$ となる要素 x 全体からなる集合を，差集合 $A-B$ と表しているんだね。

> 差集合 $A-B$ を，$A \backslash B$ と表記する場合もあるけれど，本書では，$A-B$ で表すことにする。

従って，$\left[\,\bigcirc\hspace{-0.6em}\big)\,\right]$ を求める場合，実際には，これは，

$A-B = A - A \cap B$ として，計算することになるんだね。

$$\left[\; \text{◖} = \text{◔} - \text{◊} \; \right]$$

それでは，例題をいくつか解いて，差集合を実際に求めてみよう。

($ex\,1$) $A=\{1, \underset{=}{2}, 3, \underset{=}{4}, 5, \underset{=}{6}, 7\}$, $B=\{\underset{=}{2}, \underset{=}{4}, \underset{=}{6}, 8, 10\}$
であるとき，差集合 $A-B$ は，

$\underline{A-B=\{1, 3, 5, 7\}}$ となる。

> 実際の計算では，$A-A\cap B=\{1, \underset{=}{2}, 3, \underset{=}{4}, 5, \underset{=}{6}, 7\}-\{\underset{=}{2}, \underset{=}{4}, \underset{=}{6}\}=\{1, 3, 5, 7\}$
> として，求めている。

($ex\,2$) $Z=\{\cdots, -2, -1, 0, 1, 2, 3, \cdots\}$,
$N=\{1, 2, 3, 4, 5, 6, \cdots\}$ について，
自然数の集合 N は，整数の集合 Z の
真部分集合 ($N \subset Z$) であるので，

(i) 差集合 $Z-N$ を求めると，

$$Z - N = \{\cdots, -3, -2, -1, 0\} \text{ になる。}$$

(ii) 次に，差集合 $N-Z$ を求めると，

$$N - Z = \phi \,(\text{空集合}) \text{ になる。} \longleftarrow$$

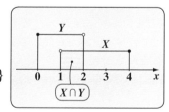

> $N \subset Z$ より，$N \cap Z = N$
> よって，
> $N-Z=N-N=\phi$
> となる。

($ex\,3$) $X=\{x\,|\,x \text{ は，} 1<x\leqq 4 \text{ をみたす実数}\}$,
$Y=\{x\,|\,x, \; 0\leqq x<2 \text{ をみたす実数}\}$
について，右図より，
$X\cap Y=\{x\,|\,x \text{ は，} 1<x<2 \text{ をみたす実数}\}$
となるので，

(i) 差集合 $X-Y$ は，

$$X-Y=X-X\cap Y$$
$$=\{x\,|\,x \text{ は，} 2\leqq x\leqq 4 \text{ をみたす実数}\} \text{ となるし，また，}$$

(ii) 差集合 $Y-X$ は，

$$Y-X=Y-X\cap Y=\{x\,|\,x \text{ は，} 0\leqq x\leqq 1 \text{ をみたす実数}\}$$
となるんだね。大丈夫だった？

$(ex\,4)$ $X = \{x \,|\, x \text{ は, } 0 \leq x < 2 \text{ をみたす実数}\}$,

   $Y = \{x \,|\, x, \ -1 < x \leq 4 \text{ をみたす実数}\}$

   について, 右図より明らかに,

   $X \subset Y$ (X は Y の真部分集合) より,

   $X \cap Y = X$ となる。よって,

   (i) 差集合 $X - Y$ は,

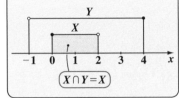

     $X - Y = X - \underbrace{X \cap Y}_{X} = X - X = \phi$ (空集合) になる。次に,

   (ii) 差集合 $Y - X$ は,

     $Y - \underbrace{X}_{X \cap Y} = \{x \,|\, x \text{ は, } -1 < x < 0 \text{ または } 2 \leq x \leq 4 \text{ をみたす実数}\}$

   になるんだね。

 これで, 差集合の具体的な求め方にも自信がついたと思う。

 では次に, 差集合の公式を下に示そう。

■ 差集合の公式 (I)

2つの集合 A と ϕ (空集合) について, 次の式が成り立つ。

(i) $\phi - \phi = \phi$ ……($*1$) (ii) $\phi - A = \phi$ ……($*2$)

(iii) $A - \phi = A$ ……($*3$) (iv) $A - A = \phi$ ……($*4$)

(i), (ii) 空集合 ϕ から取り除かれる要素は何もない。よって, ϕ から ϕ を引いても, ϕ から A を引いても ϕ となるんだね。よって, $\phi - \phi = \phi$ ……($*1$) と $\phi - A = \phi$ ……($*2$) は, 成り立つ。

(iii) $A - \phi$ は, A から何の要素も除かれることはない。よって, $A - \phi = A$ ……($*3$) は成り立つんだね。

(iv) は, 差集合の定義から, $A - A = \{x \,|\, x \in A \text{ かつ } \underbrace{x \notin A}_{\text{このような } x \text{ は存在しない}}\} = \{\ \} = \phi$ ……($*4$)

となるんだね。これは,「A の要素 x はすべて A から除く」と読み取ると, 結局 $A - A = \phi$ ……($*4$) が成り立つとも言えるんだね。

 では, 例題で練習しておこう。

例題 17   次の式を簡単にせよ。

  (1) $A - (\phi - A)$ ……①   (2) $(A - \phi) - A$ ……②

---

(1) ①式を公式通り変形すると,

$$A-(\phi-A)=A-\phi=A \ \text{となる。} ((*3) \text{より})$$

$$\underbrace{\phi \ ((*2)\text{より})}$$

(2) ②式を公式通り変形すると,

$$(A-\phi)-A=A-A=\phi \ \text{となる。} ((*4) \text{より})$$

$$\underbrace{A \ ((*3)\text{より})}$$

このように差集合の計算では, ( )の位置が重要であることが分かって頂けたと思う。

差集合の公式 (II)

2つの集合 A, B について, 次の公式が成り立つ。

(ⅰ) $A-B \subseteqq A$ ……$(*1)'$　　　　(ⅱ) $B-A \subseteqq B$ ……$(*2)'$

(ⅰ)は, ・$A \cap B \neq \phi$ のとき, 右のベン図より,

$$A-B \subset A \quad \left[\text{◖} \subset \text{◯} \right]$$

・$A \cap B = \phi$ のとき, ← A と B が互いに素のとき

$$A-B=A \quad \left[\text{◯} = \text{◯} \right]$$

より, $A-B \subseteqq A$ となることが分かるんだね。しかし, これも, 差集合と部分集合の定義に従って証明すると, 次のようになる。

$$x \in A-B \Longrightarrow x \in A \text{ かつ } x \notin B \Longrightarrow x \in A$$

真理集合の考え方 ◖ $\Longrightarrow$ ◯

$x \in X \Longrightarrow x \in Y$ ならば, $X \subseteqq Y$

$$\therefore A-B \subseteqq A \ \text{……} (*1)' \text{ は成り立つ。}$$

(ⅱ)も同様に,

$$x \in B-A \Longrightarrow x \in B \text{ かつ } x \notin A \Longrightarrow x \in B$$

$$\therefore B-A \subseteqq B \ \text{……} (*2)' \text{ は成り立つんだね。大丈夫だった？}$$

では, さらに, 差集合の公式をもう2つ示しておこう。これらも, ベン図で考えれば自明な公式だけれど, 論理式による証明もやってみよう。論理力を鍛えるのにいい練習になるからね。

3つの集合 A, B, C について，
(ⅰ)「$A \subseteqq B$ ならば，$A-C \subseteqq B-C$ である。」……(∗∗1)
(ⅱ)「$A \subseteqq B$ ならば，$C-B \subseteqq C-A$ である。」……(∗∗2)

(ⅰ) 右に示した3つの集合 A, B, C のベン図から，

「$A \subseteqq B \Rightarrow A-C \subseteqq B-C$」……(∗∗1)

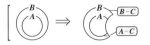

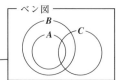

ベン図

は，明らかに成り立つことが，イメージできると思う。

しかし，これについても，論理的に証明をしておこう。

(∗∗1)の仮定 $A \subseteqq B$ より，$\underline{x \in A \Rightarrow x \in B}$ ……①

ここで，$x \in A-C \Rightarrow x \in A$ かつ $x \notin C$
$\qquad\qquad\qquad \Rightarrow x \in B$ かつ $x \notin C$ （①より）
$\qquad\qquad\qquad \Rightarrow x \in B-C$

よって，$x \in A-C \Rightarrow x \in B-C$ より，

$A-C \subseteqq B-C$ ……(∗∗1) は成り立つことが示された。

(ⅱ) 右上に示した同じ A, B, C のベン図から，

「$A \subseteqq B \Rightarrow C-B \subseteqq C-A$」……(∗∗2)

も，自明であることが，イメージして頂けると思うが，これについても証明しておこう。

(∗∗2)の仮定：$A \subseteqq B$ より，$x \in A \Rightarrow x \in B$ ……① となる。よって，

この①の対偶：$\underline{x \notin B} \Rightarrow \underline{x \notin A}$ ……② も成り立つ。

ここで，$x \in C-B \Rightarrow x \in C$ かつ $\underline{x \notin B}$
$\qquad\qquad\qquad \Rightarrow x \in C$ かつ $\underline{x \notin A}$
$\qquad\qquad\qquad \Rightarrow x \in C-A$

88

よって，$x \in C - B \Rightarrow x \in C - A$ より，

$C - B \subseteqq C - A$ ……（**2）も成り立つことが示された。納得いった？

● 2種類の補集合が存在する！

では次に，"**補集合**"（*complementary set*）について解説しよう。この補集合には，実は，次に示すように，2種類のものが存在する。

■ 2種類の補集合

補集合には，次の2種類のものが存在する。

（Ⅰ）$B \subseteqq A$ のとき，B の A に関する**補集合**として，

　　$A - B = \{x \mid x \in A$ かつ $x \bar{\in} B\}$ がある。

（Ⅱ）全体集合 U とその部分集合 A について，

　　A の U に関する補集合

　　$A^c = \{x \mid x \in U$ かつ $x \bar{\in} A\}$ がある。

（Ⅰ）

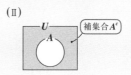
（Ⅱ）

（Ⅱ）の補集合 A^c の方が，高校で習った補集合であるんだけれど，（Ⅰ）の $B \subseteqq A$ のとき，差集合 $A - B$ を，B の A に関する補集合ということも覚えておこう。

（Ⅰ）それでは，まず B の A に関する補集合 $A - B$ について，次の公式を示しておこう。

■ B の A に関する補集合の公式

$B \subseteqq A$ であるとき，差集合：

$A - B = \{x \mid x \in A$ かつ $x \bar{\in} B\}$ を "B の A に関する補集合" といい，次の公式が成り立つ。

（ⅰ）$x \in A$ ならば，$x \in B$ または $x \in A - B$ である。

（ⅱ）$x \in B$ ならば，$x \bar{\in} A - B$ である。（逆に，$x \bar{\in} A - B$ ならば，$x \in B$ である。）

（ⅲ）$x \in A - B$ ならば，$x \bar{\in} B$ である。（逆に，$x \bar{\in} B$ ならば，$x \in A - B$ である。）

（ⅳ）$B \subseteqq A$ ならば，$A - (A - B) = B$ ……（*）である。

$B \subseteqq A$ のとき，右のベン図より，

$$\begin{cases} A = B \cup (A - B) \quad \cdots\cdots① \quad \text{であり，} \\ B \cap (A - B) = \phi \quad \cdots\cdots② \quad \text{である。} \end{cases}$$

つまり，A は B と $A - B$ の和集合であり（①），

B と $A - B$ は互いに素である（②）ということなんだね。よって，

(ⅰ) $x \in A \Rightarrow x \in B$ または $x \in A - B$ となるし，

(ⅱ) $x \in B \Rightarrow x \notin A - B$ となり，その逆 $x \notin A - B \Rightarrow x \in B$ も成り立つ。

同様に，

(ⅲ) $x \in A - B \Rightarrow x \notin B$ となり，その逆 $x \notin B \Rightarrow x \in A - B$ も成り立つんだね。

(ⅳ) についても，次のように，ベン図で考えると，自明な公式であること
　　が分かるはずだ。

　　$B \subseteqq A \Rightarrow \quad A \quad - (A - B) = \quad B \quad \cdots\cdots(*)$

しかし，この $(*)$ の公式については，次の例題で論理式を使ってキチンと証
明しておこう。

例題 18　命題：$B \subseteqq A \Rightarrow A - (A - B) = B \cdots\cdots(*)$ が成り立つ
　　　　　ことを証明せよ。

　一般に，2 つの集合 X と Y が等しい，すなわち $X = Y$ となることを証明するには，

$$\left.\begin{array}{l} (ⅰ) x \in X \Rightarrow x \in Y \\ \text{かつ} \\ (ⅱ) x \in Y \Rightarrow x \in X \end{array}\right\} \Rightarrow \left.\begin{array}{l} (ⅰ) X \subseteqq Y \\ \text{かつ} \\ (ⅱ) Y \subseteqq X \end{array}\right\} \Rightarrow X = Y \quad \text{の手順で行わなけ}$$

ればならないんだね。それでは，$(*)$ の等式を証明してみよう。

$(*)$ の仮定：$B \subseteqq A$ より，$x \in B \Rightarrow x \in A \cdots\cdots①$ となる。このとき，

等式：$A - (A - B) = B \cdots\cdots(*)$ が成り立つことを示すには，

(ⅰ) $A - (A - B) \subseteqq B \cdots\cdots②$ かつ (ⅱ) $B \subseteqq A - (A - B) \cdots\cdots③$ が成り立つこと
を示す必要があるんだね。

(i) まず, $A-(A-B) \subseteqq B$ ……② が成り立つことを示す。

$x \in A-(A-B) \Rightarrow x \in A$ かつ $\underline{x \not\in A-B}$

$\boxed{x \in B \text{ (公式 (ii) より)}}$

$\qquad \Rightarrow x \in A$ かつ $x \in B \Rightarrow x \in B \ (\because A \cap B = B)$

よって, $x \in A-(A-B) \Rightarrow x \in B$ より,

$A-(A-B) \subseteqq B$ ……② は成り立つ。

(ii) 次に, $B \subseteqq A-(A-B)$ ……③ が成り立つことを示す。

$x \in B \Rightarrow \underline{x \not\in A-B}$ かつ $\underline{x \in A}$

$\boxed{\text{公式 (ii) より}} \quad \boxed{\because B \subseteqq A}$

$\qquad \Rightarrow x \in A-(A-B)$

よって, $x \in B \Rightarrow x \in A-(A-B)$ より,

$B \subseteqq A-(A-B)$ ……③ は成り立つ。

以上②, ③より, 命題: $B \subseteqq A \Rightarrow A-(A-B)=B$ ……(*) は成り立つことが示されたんだね。

結構メンドウな証明だったけれど, 自力でスラスラ導けるように練習しよう!

ここで, $B \subseteqq A$ でない場合, (i) $A \cap B = \phi$ と (ii) $A \cap B \neq \phi$ の 2 通りの場合が考えられるけれど, それぞれにおいて, $A-(A-B)$ がどうなるか? 考えてみよう。

(i) $A \cap B = \phi$ の場合,

すなわち, A と B が互いに素であるとき,

$A-\underbrace{(A-B)}_{A}=A-A=\phi$ となる。

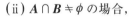

$\boxed{A とB は互いに素より, A から取り除かれる要素は存在しない。}$

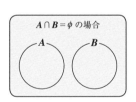

(ii) $A \cap B \neq \phi$ の場合,

すなわち, 共通部分が存在するので,

$A \ - \ (A-B) \ = \ A \cap B$

$\left[\ \bigcirc \ - \ \bigcirc \ = \ \bigcirc \ \right]$

となることが, ご理解頂けると思う。

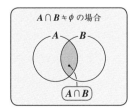

(II) では次，全体集合 U に関する A の補集合 A^c について解説しよう。

たとえば，有理数 Q のみについて考える
場合や，代数的数 A_l のみについて考える
場合… など，考察の対象となるものが予
め決まっている場合，その対象となる集
合を "**全体集合**" (*universal set*) U とおく。

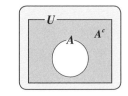

ここでは，右のベン図に示すように，全体集合 U とその部分集合 A が与えら
れているものとする。このとき，

U に属するが，A には属さない要素全体からなる集合を
"A の U に関する補集合" と呼び，これを A^c で表すんだね。

　それでは，A の U に関する補集合 A^c についての公式をまず下に示して
おこう。

A の U に関する補集合 A^c の公式

全体集合 U の部分集合 A が存在するとき，A の U に関する補集合 A^c
について，次の公式が成り立つ。

(i) $x \in U$ ならば，$x \in A$ または $x \in A^c$ である。

(ii) $x \in A$ ならば，$x \notin A^c$ である。(逆に，$x \notin A^c$ ならば，$x \in A$ である。)

(iii) $x \in A^c$ ならば，$x \notin A$ である。(逆に，$x \notin A$ ならば，$x \in A^c$ である。)

(iv) $U^c = \phi$，$\phi^c = U$ ……(*)

(v) $(A^c)^c = A^{cc} = A$ ……(*)′

　A は全体集合 U の部分集合より，$A \subseteqq U$ となる。よって，

$\begin{cases} U = A \cup A^c \cdots\cdots① \ であり， \\ A \cap A^c = \phi \cdots\cdots② \ である。\end{cases}$

つまり，U は A と A^c の和集合であり，(①)，A と A^c は互いに素である (②)。
これから，各公式が導かれる。

(i) $x \in U \Longrightarrow x \in A$ または $x \in A^c$ となるし，

(ii) $x \in A \Longrightarrow x \notin A^c$ となり，その逆 $x \notin A^c \Longrightarrow x \in A$ も成り立つ。

(iii) $x \in A^c \Longrightarrow x \notin A$ となり，その逆 $x \notin A \Longrightarrow x \in A^c$ も成り立つ。

(iv)・$A = U$ のとき，①，②は，

$$U = U \cup \underbrace{U^c}_{\phi} \cdots\cdots ① ', \quad U \cap \underbrace{U^c}_{\phi} = \phi \cdots\cdots ② ' \text{ となるので，}$$

∴ $U^c = \phi$ (空集合) となる。

・$A = \phi$ (空集合) のとき，①は，

$$U = \phi \cup \underbrace{\phi^c}_{U} \cdots\cdots ① '' \text{ となるので，}$$

∴ $\phi^c = U$ となる。

(v) A^c は，U の部分集合なので，$A^c \subseteqq U$ となる。

また，$U = A^c \cup A \cdots\cdots ①$，$A^c \cap A = \phi \cdots\cdots ②$ より，

A^c の U に関する補集合 $(A^c)^c$ は A になる。

∴ $(A^c)^c = A^{cc} = A$ となるんだね。大丈夫だった？

では，これから "**和集合**" と "**共通部分**" について，詳しく解説していこう。

● 和集合 $A \cup B$ について解説しよう！

2つの集合 A, B について，"**和集合**" (*sum set*) $A \cup B$ と，

"**共通部分**" (*intersection*) $A \cap B$ の定義は，下のようになるんだね。

■ 和集合と共通部分

2つの集合 A, B について，

(i) 和集合 $A \cup B$ ：A または B のいずれかに属する
要素全体の集合。

(ii) 共通部分 $A \cap B$ ：A と B に共通な要素全体
の集合。

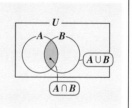

ベン図のイメージでは，和集合 $A \cup B$ は，横に寝かせたダルマさん $\boxed{\bigcirc\!\!\bigcirc}$ で

$\boxed{\text{このイメージは, } A \cap B \neq \phi}$

あり，共通部分 $A \cap B$ は，柿の種 $\boxed{()}$ で表される部分なんだね。

ここでは，和集合 $A \cup B$ について解説する。まず，和集合 $A \cup B$ には，次
のような公式がある。

和集合の公式（Ⅰ）

2つの集合 A, B の和集合 $A \cup B$ は，次のように表される。

$A \cup B = \{x \mid x \in A \text{ または } x \in B\}$ ……(*)

そして，和集合には，次のような公式がある。

(1) $A \cup B = B \cup A$ …………………………(*1) ← 交換法則

(2) $(A \cup B) \cup C = A \cup (B \cup C)$ ……………(*2) ← 結合法則

(3) $A \subseteqq A \cup B$, $B \subseteqq A \cup B$ ………………(*3)

(4) $A \subseteqq C$ かつ $B \subseteqq C$ ならば $A \cup B \subseteqq C$ である。……(*4)

(5) $B \subseteqq A$ ならば $A \cup B = A$ である。
　　　　　　　　　　　　　　　…………(*5)
　　逆に，$A \cup B = A$ ならば $B \subseteqq A$ である。

これらの公式について，証明しておこう。

(1) 和集合の定義より，$A \cup B = \{x \mid x \in A \text{ または } x \in B\}$ ……(*) である。

　　よって，$B \cup A = \{x \mid x \in B \text{ または } x \in A\} = A \cup B$ となる。

　　∴ $A \cup B = B \cup A$ ……(*1) は成り立つ。

　　この (*1) は "**交換法則**"（*commutative law*）というんだね。

(2) 右のベン図より，

　　・$A \cup B$ $\left[\begin{smallmatrix}A\\B\end{smallmatrix}\right]$ より，$(A \cup B) \cup C$ $\left[\begin{smallmatrix}A\\B \ C\end{smallmatrix}\right]$

　　となる。同様に，

　　・$B \cup C$ $\left[\begin{smallmatrix}\\B \ C\end{smallmatrix}\right]$ より，$A \cup (B \cup C)$ $\left[\begin{smallmatrix}A\\B \ C\end{smallmatrix}\right]$

　　となって，$(A \cup B) \cup C = A \cup (B \cup C)$ ……(*2) が成り立つことが分かる。

　　この (*2) は "**結合法則**"（*associative law*）ということも覚えておこう。

　　(*2) を，ベン図を使わずに証明すると，次のようになる。

　　・$A \cup B$ は，A の要素と B の要素をすべて併せてできる集合である。

　　よって，$(A \cup B) \cup C$ は，$A \cup B$ の要素と C の要素をすべて併せてできる
　　集合なので，$(A \cup B) \cup C = A \cup B \cup C$ ……① となる。

　　・同様に，$A \cup (B \cup C) = A \cup B \cup C$ …………② となる。

　　よって，①，②より，和集合の結合法則：$(A \cup B) \cup C = A \cup (B \cup C)$ ……(*2)
　　は成り立つと言えるんだね。

このように，和集合においては，結合の法則：

$(A \cup B) \cup C = A \cup (B \cup C) = A \cup B \cup C$ ……(∗2) が成り立つので，さらに多くの複数の集合の和集合においても，どこから先に求めても同じ結果になるんだね。よって，たとえば，

$A \cup B \cup C \cup D$ や $X_1 \cup X_2 \cup X_3 \cup X_4$ や $A_1 \cup A_2 \cup A_3 \cup \cdots \cup A_{10}$ などと表すことができる。さらに，より一般的には，

(i) $A_1 \cup A_2 \cup A_3 \cup \cdots \cup A_n$

   (A_1, A_2, A_3, $\cdots$, A_n のすべての要素を併せてできる集合)

   は，$\cup_{k=1}^{n} A_k = A_1 \cup A_2 \cup A_3 \cup \cdots \cup A_n$ と表すことができるし，また，

(ii) $A_1 \cup A_2 \cup A_3 \cup \cdots A_n \cup \cdots$ についても，同様に，

   $\cup_{k=1}^{\infty} A_k = A_1 \cup A_2 \cup A_3 \cup \cdots \cup A_n \cup \cdots$ と表すこともできる。

($ex1$) $A_1 = \{1\}$, $A_2 = \{1, 2\}$, $A_3 = \{1, 2, 3, 4\}$, $A_4 = \{1, 2, 3, 4, \cdots, 8\}$

   であるとき，$\cup_{k=1}^{4} A_k$ を求めると，

   $\cup_{k=1}^{4} A_k = A_1 \cup A_2 \cup A_3 \cup A_4 = \{1, 2, 3, 4, \cdots, 8\}$ となる。

(3)・$A \subseteqq A \cup B$ ……(∗3) を証明してみよう。

   $x \in A \Longrightarrow x \in A$ または $x \in B \Longrightarrow x \in A \cup B$

   真理集合の考え方により，範囲を広げることはできる。(ex：人間 $\Longrightarrow$ 動物)

   ∴ $A \subseteqq A \cup B$ ……(∗3) は成り立つ。

・$B \subseteqq A \cup B$ ……(∗3) も同様に証明できる。

   $x \in B \Longrightarrow x \in A$ または $x \in B \Longrightarrow x \in A \cup B$

   真理集合の考え方

   ∴ $B \subseteqq A \cup B$ ……(∗3) は成り立つ。

($ex2$) $A = \{1, 2\}$, $B = \{2, 3, 4\}$ のとき，$A \cup B = \{1, 2, 3, 4\}$

   ∴ $A \subseteqq A \cup B$ と $B \subseteqq A \cup B$ はいずれも成り立つ。

(4) $A \subseteqq C$ かつ $B \subseteqq C \Longrightarrow A \cup B \subseteqq C$ ……(∗4)

について，右図のベン図で考えれば，

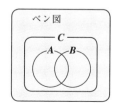

   $A \subseteqq C$ かつ $B \subseteqq C \Longrightarrow A \cup B \subseteqq C$ ……(∗4)

は成り立つことが分かると思う。

しかし，これについても論理式により証明しておこう。

$A \subseteqq C$ かつ $B \subseteqq C$（仮定）より，

$x \in A \Rightarrow x \in C$ ……① かつ $x \in B \Rightarrow x \in C$ ……② が成り立つ。このとき，

$x \in A \cup B \Rightarrow \underline{x \in A}$ または $\underline{x \in B} \Rightarrow x \in C$（①，②より）

$\boxed{x \in C\,(①より)}\ \boxed{x \in C\,(②より)}$

$\therefore x \in A \cup B \Rightarrow x \in C$ より，$A \cup B \subseteqq C$

$\therefore A \subseteqq C$ かつ $B \subseteqq C \Rightarrow A \cup B \subseteqq C$ ……(*4) は成り立つ。大丈夫だった？

$(ex\,3)\ A = \{1, 2\}$，$B = \{2, 3, 4\}$，$C = \{1, 2, 3, 4, 5\}$ のとき，

$A \subseteqq C$ かつ $B \subseteqq C$ であり，このとき，$A \cup B = \{1, 2, 3, 4\}$ より，

$A \cup B \subseteqq C$ が成り立つことが分かる。

(5) 右のベン図より，$B \subseteqq A$ と $A \cup B = A$

は同等（同値）であることが分かるので，

$B \subseteqq A \Rightarrow A \cup B = A$ ……(*5) が

成り立つことは，直感的には理解できる。

> ベン図
>
> (5) $B \subseteqq A \Rightarrow A \cup B = A$
> ……(*5)

でも，これについても，論理的に成り立つことを証明しておこう。

(ⅰ) $B \subseteqq A \Rightarrow A \cup B = A$ ……① をまず証明しよう。

(3)より，$A \subseteqq A \cup B$ ……(*3) は成り立つ。

> (3) $A \subseteqq A \cup B$
> $B \subseteqq A \cup B$ ……(*3)

よって，$A \cup B \subseteqq A$ を示せばよい。

$x \in A \cup B \Rightarrow x \in A$ または $\underline{x \in B} \Rightarrow x \in A$（仮定 $B \subseteqq A$ より）

$\boxed{x \in A\,(\because B \subseteqq A(仮定)より)}$

$\therefore x \in A \cup B \Rightarrow x \in A$ より，$A \cup B \subseteqq A$

よって，$A \subseteqq A \cup B$ ……(*3) と $A \cup B \subseteqq A$ より，$A \cup B = A$

$\therefore B \subseteqq A \Rightarrow A \cup B = A$ ……① は成り立つ。

(ⅱ) $A \cup B = A \Rightarrow B \subseteqq A$ ……② を証明しよう。

(3)より，$B \subseteqq A \cup B$ ……(*3) は成り立つ。

(*3)と②の仮定より，

$B \subseteqq A \cup B = A \Rightarrow B \subseteqq A$

$\boxed{(*3)より}\ \boxed{②の仮定より}$

$\therefore A \cup B = A \Rightarrow B \subseteqq A$ ……② は成り立つ。

以上 (i)(ii) の①，②より，

$B \subseteqq A \Longleftrightarrow A \cup B = A$ ……(*5) が成り立つことが証明できた。

つまり，$B \subseteqq A$ と $A \cup B = A$ は同等 (同値) であることが分かったんだね。

では次に，A と ϕ についての和集合の公式を示しておこう。

和集合の公式 (II)

(1) $A \cup A = A$ **(2)** $A \cup \phi = A$ **(3)** $\phi \cup \phi = \phi$

これら3つの公式については，自明であると考えていいだろうね。

● 共通部分 $A \cap B$ について解説しよう！

"共通部分" $A \cap B$ についても，和集合 $A \cup B$ のときと同様の公式が存在する。

共通部分 $A \cap B$ の公式 (I)

2つの集合 A，B の共通部分 $A \cap B$ は，次のように表される。

$A \cap B = \{x | x \in A$ かつ $x \in B\}$ ……(*)

そして，共通部分には，次のような公式がある。

(1) $A \cap B = B \cap A$ ………………………………(*1) ← 交換法則

(2) $(A \cap B) \cap C = A \cap (B \cap C)$ …………………(*2) ← 結合法則

(3) $A \cap B \subseteqq A$，$A \cap B \subseteqq B$ ………………(*3)

(4) $C \subseteqq A$ かつ $C \subseteqq B$ ならば $C \subseteqq A \cap B$ である。……(*4)

(5) $B \subseteqq A$ ならば $A \cap B = B$ である。

　　　 逆に，$A \cap B = B$ ならば $B \subseteqq A$ である。 …………(*5)

これら公式もベン図を使えば，自明と言えるんだけれど，ここでは論理的に証明しよう。

(1) $A \cap B = \{x | x \in A$ かつ $x \in B\}$，$B \cap A = \{x | x \in B$ かつ $x \in A\}$ より，

　　$A \cap B = B \cap A$ ……(*1) (交換法則) は成り立つ。

(2) $(A \cap B) \cap C$ は，$A \cap B$ と C に共通に属する要素全体からなる集合であり，

　　これは，A，B，C に共通に属する要素全体の集合のことなので，

　　$(A \cap B) \cap C = A \cap B \cap C$ である。

　　同様に，$A \cap (B \cap C) = A \cap B \cap C$ である。

　　∴ $(A \cap B) \cap C = A \cap (B \cap C) = A \cap B \cap C$ ……(*2) (結合法則) は成り立つ。

　　この (*2) から，複数の集合の共通部分は，どこから求めてもよいということなので，さらに多くの集合の共通部分についても，たとえば，

$A \cap B \cap C \cap D$ や $X_1 \cap X_2 \cap X_3 \cap X_4$ や $A_1 \cap A_2 \cap A_3 \cap \cdots \cap A_{10}$ などと表すことができる。さらに，より一般的には，

(ⅰ) $A_1 \cap A_2 \cap A_3 \cap \cdots \cap A_n$ (A_1, A_2, A_3, $\cdots$, A_n のすべてに共通な要素の集合)は，$\bigcap_{k=1}^{n} A_k = A_1 \cap A_2 \cap A_3 \cap \cdots \cap A_n$ と表すことができるし，また，

(ⅱ) $A_1 \cap A_2 \cap A_3 \cap \cdots \cap A_n \cap \cdots$ についても，同様
$\bigcap_{k=1}^{\infty} A_k = A_1 \cap A_2 \cap A_3 \cap \cdots \cap A_n \cap \cdots$ と表すことができるんだね。

(3) $x \in A \cap B \Rightarrow \underline{x \in A \text{ かつ } x \in B} \Rightarrow \underline{x \in A}$

| 真理集合の考え方により，範囲を広げた。 |

> (3) $A \cap B \subseteqq A$, $A \cap B \subseteqq B$ $\cdots(*3)$
> (4) $C \subseteqq A$ かつ $C \subseteqq B$
> $\qquad \Rightarrow C \subseteqq A \cap B$ $\cdots\cdots(*4)$
> (5) $B \subseteqq A \Rightarrow A \cap B = B$
> $\qquad A \cap B = B \Rightarrow B \subseteqq A$ $\cdots(*5)$

$\therefore A \cap B \subseteqq A$ ……$(*3)$ は成り立つ。
同様に，$A \cap B \subseteqq B$ ……$(*3)$ も成り立つことが分かるはずだ。

(4) $x \in C \Rightarrow \left. \begin{array}{l} C \subseteqq A \text{ かつ } C \subseteqq B \text{ (仮定)} \\ \text{より，} x \in A \text{ かつ } x \in B \end{array} \right\} \Rightarrow x \in A \cap B$

$\therefore C \subseteqq A \cap B$ ……$(*4)$ は成り立つ。

(5)・まず，$B \subseteqq A \Rightarrow A \cap B = B$ ……$(*5)'$ が成り立つことを示そう。
　　ここで，$A \cap B \subseteqq B$ ……$(*3)$ は成り立つので，$\underwave{B \subseteqq A \cap B}$ を示せれば
　　$A \cap B = B$ ……$(*5)'$ を示せるんだね。では，証明してみよう。
　　$B \subseteqq A$（仮定）かつ $\underline{B \subseteqq B} \Rightarrow B \subseteqq A \cap B$ となる。

| これは，一般に成り立つ。 |

　　$\therefore B \subseteqq A \Rightarrow A \cap B = B$ ……$(*5)'$ は成り立つ。
・次に，$A \cap B = B \Rightarrow B \subseteqq A$ ……$(*5)''$ が成り立つことを示そう。

$\left. \begin{array}{l} A \cap B \subseteqq A \quad \cdots\cdots(*3) \\ A \cap B = B \text{ (仮定)} \end{array} \right\} \Rightarrow B = A \cap B \subseteqq A \Rightarrow B \subseteqq A$

　　$\therefore A \cap B = B \Rightarrow B \subseteqq A$ ……$(*5)''$ は成り立つ。

以上より，$B \subseteqq A \Rightarrow A \cap B = B$ ……$(*5)'$ と $A \cap B = B \Rightarrow B \subseteqq A$ ……$(*5)''$
から，$B \subseteqq A \Leftrightarrow A \cap B = B$ となるので，$B \subseteqq A$ と $A \cap B = B$ は同値
(同等，必要十分条件)であることが分かったんだね。

　どう！これまで，かなりの量の論証を行ってきたので，集合論の論証のやり方にもずい分慣れてきたと思う。まだまだ論証問題は続くけれど頑張ろう！

参考

(I) $\bigcup_{k=1}^{n} A_k$ や $\bigcup_{k=1}^{\infty} A_k$ は，数列の Σ 計算と似ている。たとえば，

(ⅰ) $\displaystyle\sum_{k=1}^{n} a_k = a_1 + a_2 + a_3 + \cdots + a_n$ と

$\bigcup_{k=1}^{n} A_k = A_1 \cup A_2 \cup A_3 \cup \cdots \cup A_n$ を対比して覚えておけばいいし，

(ⅱ) $\displaystyle\sum_{k=1}^{n} a_k = a_1 + a_2 + a_3 + \cdots + a_n + \cdots$ と

$\bigcup_{k=1}^{\infty} A_k = A_1 \cup A_2 \cup A_3 \cup \cdots \cup A_n \cup \cdots$ を対比して覚えておこう。また，

(Ⅱ) $\bigcap_{k=1}^{n} A_k$ や $\bigcap_{k=1}^{\infty} A_k$ は，数列の Π 計算と似ている。たとえば，

(ⅰ) $\displaystyle\prod_{k=1}^{n} a_k = a_1 \times a_2 \times a_3 \times \cdots \times a_n$ と

$\bigcap_{k=1}^{n} A_k = A_1 \cap A_2 \cap A_3 \cap \cdots \cap A_n$ を対比して覚えればいいし，

(ⅱ) $\displaystyle\prod_{k=1}^{\infty} a_k = a_1 \times a_2 \times a_3 \times \cdots \times a_n \times \cdots$ と

$\bigcap_{k=1}^{\infty} A_k = A_1 \cap A_2 \cap A_3 \cap \cdots \cap A_n \cap \cdots$ を対比して覚えておけばいいんだね。

ただし，a_k はあくまで数値で，集合 A_k とは異なることに気を付けよう。

それでは，A と ϕ についての共通部分の公式を示しておこう。

共通部分の公式（Ⅱ）

(1) $A \cap A = A$　　　(2) $A \cap \phi = \phi$　　　(3) $\phi \cap \phi = \phi$

これらの公式は，自明と考えていいだろうね。(2)から，A と ϕ とは互いに素であり，また，(3)からは，形式的に，ϕ と ϕ は互いに素ということができるんだね。

● 複雑な集合の演算にもチャレンジしよう！

これまで，個別に，差集合 $A - B$，和集合 $A \cup B$，共通部分 $A \cap B$ について解説してきたけれど，これから，これらを組み合わせた，より複雑な集合の演算についても解説しよう。まず，集合の "**分配の法則**"（*distributive law*）と呼ばれる公式を次に示そう。

集合の分配の法則

3つの集合 A, B, C について，次の公式が成り立つ。

(1) $A \cap (B \cup C) = (A \cap B) \cup (A \cap C)$ ……(*1)

(2) $A \cup (B \cap C) = (A \cup B) \cap (A \cup C)$ ……(*2)

(1)，(2) の両辺は，共に，右上に示したベン図の網目部を表していることを確認しよう。(1) の公式 (*1) では，"$\cap$" (かつ) をかけ算 ($\times$)，"$\cup$" (または) をたし算 (+) と考えると，整式の展開公式 (分配の法則)：

$a \times (b+c) = a \times b + a \times c$ と同様の形になっているんだね。

(2) は，整式の展開で考えるとおかしなことになるけれど，集合の公式としては正しい。これら (1)，(2) についても論理的に証明していくけれど，今回は "$\Longleftrightarrow$"(同値，同等，または必要十分条件) を利用して証明する。これだと，"$\Longrightarrow$" と "$\Longleftarrow$" の 2 通りの変形を 1 回で終わらせることができて，証明が早くなるんだね。

(1) $x \in A \cap (B \cup C) \Longleftrightarrow x \in A$ かつ $(x \in B \cup C)$

$\Longleftrightarrow x \in A$ かつ $(x \in B$ または $x \in C)$

$\Longleftrightarrow (x \in A$ かつ $x \in B)$ または $(x \in A$ かつ $x \in C)$

$\Longleftrightarrow x \in A \cap B$ または $x \in A \cap C$

$\Longleftrightarrow x \in (A \cap B) \cup (A \cap C)$　　以上より，

> この 2 つの証明を一気に行った！

・$x \in A \cap (B \cup C) \Longrightarrow x \in (A \cap B) \cup (A \cap C)$ より，$A \cap (B \cup C) \subseteqq (A \cap B) \cup (A \cap C)$

・$x \in (A \cap B) \cup (A \cap C) \Longrightarrow x \in A \cap (B \cup C)$ より，$(A \cap B) \cup (A \cap C) \subseteqq A \cap (B \cup C)$

$\therefore A \cap (B \cup C) = (A \cap B) \cup (A \cap C)$ ……(*1) は成り立つ。

(2) $x \in A \cup (B \cap C) \Longleftrightarrow x \in A$ または $(x \in B \cap C)$

$\Longleftrightarrow x \in A$ または $(x \in B$ かつ $x \in C)$

$\Longleftrightarrow (x \in A$ または $x \in B)$ かつ $(x \in A$ または $x \in C)$

$\Longleftrightarrow x \in A \cup B$ かつ $x \in A \cup C$

$\Longleftrightarrow x \in (A \cup B) \cap (A \cup C)$

よって，$A \cup (B \cap C) \subseteqq (A \cup B) \cap (A \cup C)$ かつ $A \cup (B \cap C) \supseteqq (A \cup B) \cap (A \cup C)$ より，

$A \cup (B \cap C) = (A \cup B) \cap (A \cup C)$ ……(*2) が成り立つことも示せた。大丈夫？

それでは，この 2 つの公式 (*1) と (*2) が成り立つことを，次の例題で確認しておこう。

例題 19　3つの集合 $A = \{x \mid x$ は,$-1 \leq x < 3$ をみたす実数$\}$, $B = \{x \mid x$ は,$1 \leq x \leq 4$ をみたす実数$\}$, $C = \{x \mid x$ は,$-2 < x \leq 2$ をみたす実数$\}$ について,次の公式が成り立つことを確認せよ。
(1) $A \cap (B \cup C) = (A \cap B) \cup (A \cap C)$
(2) $A \cup (B \cap C) = (A \cup B) \cap (A \cup C)$

$A = \{x \mid -1 \leq x < 3\}$, $B = \{x \mid 1 \leq x \leq 4\}$, $C = \{x \mid -2 < x \leq 2\}$ と表すことにすると,

(1)・$A \cap (B \cup C) = \{x \mid -1 \leq x < 3\} \cap \{x \mid -2 < x \leq 4\}$
$\qquad\qquad\qquad = \{x \mid -1 \leq x < 3\}$

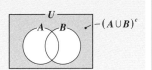

$\quad$・$(A \cap B) \cup (A \cap C) = \{x \mid 1 \leq x < 3\} \cup \{x \mid -1 \leq x \leq 2\}$
$\qquad\qquad\qquad\qquad = \{x \mid -1 \leq x < 3\}$

よって,分配の法則:$A \cap (B \cup C) = (A \cap B) \cup (A \cap C)$ が成り立つことが確認された。

(2)・$A \cup (B \cap C) = \{x \mid -1 \leq x < 3\} \cup \{x \mid 1 \leq x \leq 2\}$
$\qquad\qquad\qquad = \{x \mid -1 \leq x < 3\}$

$\quad$・$(A \cup B) \cap (A \cup C) = \{x \mid -1 \leq x \leq 4\} \cap \{x \mid -2 < x < 3\}$
$\qquad\qquad\qquad\qquad = \{x \mid -1 \leq x < 3\}$

よって,分配の法則:$A \cup (B \cap C) = (A \cup B) \cap (A \cup C)$ が成り立つことも確認できた。

それでは次に,"ド・モルガンの法則"(*De Morgan's law*)と,その証明をやってみよう。

ド・モルガンの法則

全体集合 U の 2 つの部分集合 A と B について,次のド・モルガンの法則が成り立つ。
(1) $(A \cup B)^c = A^c \cap B^c$ ……$(*3)$
(2) $(A \cap B)^c = A^c \cup B^c$ ……$(*4)$

"c" を付けて補集合にすることを,否定と考えると,
$(1)(*3)$ は,「A または B の否定は,A でなく,かつ B でない」という意味であり,また,
$(2)(*4)$ は,「A かつ B の否定は,A でないか,または B でない」という意味になる。
つまり,"または"の否定は "かつ" になり,そして,"かつ"の否定は "または" になるんだね。では,$(*3)$ と $(*4)$ の証明を,"$\Leftrightarrow$"(同値)による変形によって効率よく行ってみよう。

(1) $x \in (A \cup B)^c \Longleftrightarrow x \overline{\in} A \cup B$

$\qquad\qquad\quad \Longleftrightarrow x \overline{\in} A \overset{\text{\LARGE .}}{\text{かつ}} x \overline{\in} B$

$\qquad\qquad\quad \Longleftrightarrow x \in A^c \text{ かつ } x \in B^c$

$\qquad\qquad\quad \Longleftrightarrow x \in A^c \cap B^c$

よって, $(A \cup B)^c \subseteqq A^c \cap B^c$ かつ $(A \cup B)^c \supseteqq A^c \cap B^c$ となる。

$\therefore (A \cup B)^c = A^c \cap B^c$ ……(*3) は成り立つ。

(2) $x \in (A \cap B)^c \Longleftrightarrow x \overline{\in} A \cap B$

$\qquad\qquad\quad \Longleftrightarrow x \overline{\in} A \overset{\text{\LARGE .}}{\text{または}} x \overline{\in} B$

$\qquad\qquad\quad \Longleftrightarrow x \in A^c \text{ または } x \in B^c$

$\qquad\qquad\quad \Longleftrightarrow x \in A^c \cup B^c$

よって, $(A \cap B)^c \subseteqq A^c \cup B^c$ かつ $(A \cap B)^c \supseteqq A^c \cup B^c$ となる。

$\therefore (A \cap B)^c = A^c \cup B^c$ ……(*4) は成り立つ。どう? 簡単でしょう?

では次, 差集合と和集合や共通部分とを組み合わせた演算の公式も示そう。

差集合の演算

3つの集合 A, B, C について, 次の公式が成り立つ。

(1) $A - (B \cup C) = (A - B) \cap (A - C)$ ……(*5)

(2) $A - (B \cap C) = (A - B) \cup (A - C)$ ……(*6)

この2つの公式の両辺が表す集合を右上のベン図に示しておいた。

では, この2つの公式の証明をやっておこう。

(1) $x \in A - (B \cup C) \Longleftrightarrow x \in A \overset{\text{\LARGE .}}{\text{かつ}} \underline{x \overline{\in} B \cup C}$

$\qquad\qquad\qquad\quad \Longleftrightarrow x \in A \text{ かつ } \underline{(x \overline{\in} B \overset{\text{\LARGE .}}{\text{かつ}} x \overline{\in} C)}$

$\qquad\qquad\qquad\quad \Longleftrightarrow (x \in A \text{ かつ } x \overline{\in} B) \text{ かつ } (x \in A \text{ かつ } x \overline{\in} C)$

$\qquad\qquad\qquad\quad \Longleftrightarrow x \in A - B \text{ かつ } x \in A - C$

$\qquad\qquad\qquad\quad \Longleftrightarrow x \in (A - B) \cap (A - C)$

よって, $A - (B \cup C) \subseteqq (A - B) \cap (A - C)$ かつ $A - (B \cup C) \supseteqq (A - B) \cap (A - C)$ となる。

$\therefore A - (B \cup C) = (A - B) \cap (A - C)$ ……(*5) は成り立つんだね。

ン? (*5)の公式では, $A - (B \cup C)$ が, 分配の法則 $(A - B) \cup (A - C)$ の形に

なるのではなくて, 何故 $(A - B) \cap (A - C)$ の形になってしまうのか? つまり,

"∪"が"∩"に変わってしまうのか？ よく分からないって!?

良い質問だ！ 解説しておこう。

$A-(B \cup C)$ において，$B \cup C$ を"引く"という操作は，"除く"という操作のことなので，これは否定につながるんだね。すると，これから，ド・モルガンの法則：$(B \cup C)^c = B^c \cap C^c$（「BまたはCの否定は，Bでなく，かつCでない」）を利用することになるんだね。つまり，

$$x \in A-(B \cup C) \Longleftrightarrow x \in A \text{ かつ } x \in \underbrace{(B \cup C)^c}_{B^c \cap C^c \text{（ド・モルガンの法則）}}$$

$$\Longleftrightarrow x \in A \text{ かつ } (x \in B^c \text{ かつ } x \in C^c)$$

$$\Longleftrightarrow x \in (A \cap B^c) \text{ かつ } x \in (A \cap C^c)$$

$$\Longleftrightarrow x \in (A-B) \cap (A-C) \quad \text{ということになるんだね。}$$

これで，すべて納得いったでしょう？ では，(2)の計算もやっておこう。

(2) $x \in A-(B \cap C) \Longleftrightarrow x \in A \text{ かつ } x \not\in B \cap C$

$$\Longleftrightarrow x \in A \text{ かつ } (x \not\in B \text{ または } x \not\in C)$$

$$\Longleftrightarrow (x \in A \text{ かつ } x \not\in B) \text{ または } (x \in A \text{ かつ } x \not\in C)$$

$$\Longleftrightarrow x \in A-B \text{ または } x \in A-C$$

$$\Longleftrightarrow x \in (A-B) \cup (A-C) \quad \text{となる。}$$

よって，$A-(B \cap C) \subseteqq (A-B) \cup (A-C)$ かつ $A-(B \cap C) \supseteqq (A-B) \cup (A-C)$

∴ $A-(B \cap C) = (A-B) \cup (A-C)$ ……(*6) は成り立つんだね。

これも"∩"が"∪"に変化しているけれど，

$$x \in A-(B \cap C) \Longleftrightarrow x \in A \text{ かつ } x \in \underbrace{(B \cap C)^c}_{B^c \cup C^c \text{（ド・モルガンの法則）}}$$

$$\Longleftrightarrow x \in A \text{ かつ } (x \in B^c \text{ または } x \in C^c)$$

$$\Longleftrightarrow x \in (A \cap B^c) \text{ または } x \in (A \cap C^c)$$

$$\Longleftrightarrow x \in (A-B) \cup (A-C) \quad \text{ということから，ド・モルガン}$$

の法則が使われていることが，理由であることがご理解頂けると思う。

　理解が進むと，いろいろなことが結びついてくるので，面白くなってくるでしょう？

● 集合族とベキ集合 2^A についても教えよう！

では次に，"**集合族**"（*family of sets*）について，その定義と表し方を示そう。

集合族

属する要素がすべて集合であるような集合を "**集合族**" といい，これは一般の集合と区別するために，$\mathfrak{A}, \mathfrak{B}, \mathfrak{C}, \mathfrak{D}, \cdots$ などのドイツ文字の大文字で表す。

> 英語の $A, B, C, D, \cdots$ のこと。

集合族の例として，$\mathfrak{A} = \{\{1\}, \{1, 2\}, \{1, 2, 3\}\}$ や $\mathfrak{B} = \{\phi, \{a\}, \{a, b\}, \{a, b, d\}, \cdots\}, \cdots$ などがあり，空集合 ϕ を 1 つだけ要素にもつ集合族は $\{\phi\}$ と表される。ここで，ϕ と $\{\phi\}$ は異なることに気を付けよう。ϕ は要素を 1 つももたない空集合だけれど，$\{\phi\}$ は，ϕ という要素を 1 つだけもつ集合族になっているんだね。

では，この集合族の中で最も重要な "**ベキ集合**"（*power set*）について，解説しよう。

ベキ集合 2^A

1 つの集合 A の部分集合を要素とする集合族を "**ベキ集合**" と呼ぶ。このベキ集合は，一般に 2^A と表す。

ン？ ベキ集合を 2^A と表す!? なんで，集合 A が 2 の指数部にあるんだ!? …など，今は疑問だらけでしょうね。これから，分かりやすく解説しよう。まず，ベキ集合の例を示そう。

(*ex*1) $A = \{1, 2\}$ の部分集合には，ϕ と A 自身も含まれるので，A の部分集合をすべて列記すると，$\phi, \{1\}, \{2\}, \{1, 2\}$ の 4 つになる。

これらを要素ももつ集合族がベキ集合 2^A なので，

$2^A = \{\phi, \{1\}, \{2\}, \{1, 2\}\}$ となるんだね。では次に，

(*ex*2) $B = \{a, b, c\}$ の部分集合は，$\phi, \{a\}, \{b\}, \{c\}, \{a, b\}, \{a, c\}, \{b, c\}, \{a, b, c\}$ の 8 つなので，B のベキ集合 2^B は，

$2^B = \{\phi, \{a\}, \{b\}, \{c\}, \{a, b\}, \{a, c\}, \{b, c\}, \{a, b, c\}\}$ になるんだね。

ン？ 気付いたって!!…，そうだね。(*ex*1)の要素の個数 $\overline{\overline{A}} = 2$ の A のベキ集合 2^A の要素の個数は $\overline{\overline{2^A}} = 2^{\overline{\overline{A}}} = 2^2 = 4$ になっているし，(*ex*2)の要素の個数 $\overline{\overline{B}} = 3$ の B のベキ集合 2^B の要素の個数は $\overline{\overline{2^B}} = 2^{\overline{\overline{B}}} = 2^3 = 8$ になっているってことだね。

したがって，$\overline{\overline{C}} = 5$ の集合 C のベキ集合 2^C の有限濃度 (要素の個数) は $\overline{\overline{2^C}} =$ $2^{\overline{\overline{C}}} = 2^5 = 32$ となるし，一般に，要素の個数が n の集合 $X = \{x_1, x_2, x_3, \cdots, x_n\}$ のベキ集合 2^X の有限濃度 (要素の個数) は，$\overline{\overline{2^X}} = 2^{\overline{\overline{X}}} = 2^n$ になる。では，何故そうなるのか? 解説しておこう。

集合 X の各要素を x_k $(k = 1, 2, 3, \cdots, n)$ と おくと，右図に示すように，x_k が X のある部分 集合に選ばれる場合は **1** を，選ばれない場合は **0** を選択するものとしよう。

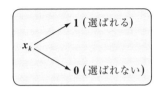

すると，x_k $(k = 1, 2, 3, \cdots, n)$ が，

(ⅰ) すべて **0** を選択する場合の部分集合は要素を **1** つも持たない空集合 ϕ になり，

(ⅱ) **1** つだけが **1** を選択し，他の要素はすべて **0** を選択する場合の部分集合は，

要素が **1** つだけの部分集合 $\{x_1\}, \{x_2\}, \{x_3\}, \cdots, \{x_n\}$ になり，また，

(ⅲ) **2** つだけが **1** を選択し，他の要素はすべて **0** を選択する場合の部分集合は，

要素が **2** つだけの部分集合 $\{x_1, x_2\}, \{x_1, x_3\}, \cdots, \{x_{n-1}, x_n\}$ になるんだね。

以下同様にして，……

(ⅳ) すべてが **1** を選択する場合は，X 自身となり，X も X の部分集合なので，

$X = \{x_1, x_2, x_3, \cdots, x_n\}$ となる。

以上により求められた X の部分集合 ϕ, $\{x_1\}, \{x_2\}, \cdots, \{x_1, x_2\}, \cdots,$ $\{x_1, x_2, \cdots, x_n\}$ の個数，すなわち X のベキ集合 2^X の有限濃度 (要素の個数) は，$x_1, x_2, \cdots, x_n$ の n 個の要素のすべてが，**0** または **1** の **2** 通りを選択した結果 なので，$\overline{\overline{2^X}} = 2^{\overline{\overline{X}}} = 2^n$ になるんだね。これですべてご理解頂けたと思う。

このベキ集合は，これまで解説した有限集合だけでなく，無限集合においても同様に定義される。したがって，
自然数 $N = \{1, 2, 3, \cdots\}$ の濃度は $\overline{\overline{N}} = \aleph_0$ でり，このベキ集合 2^N の濃度は，$\overline{\overline{2^N}} = 2^{\overline{\overline{N}}} = 2^{\aleph_0}$ となるんだね。そして，この $2^{\aleph_0}$ は実数全体の集合 R の濃度 $\overline{\overline{R}} = \aleph$ と一致する。つまり，重要公式:

$2^{\aleph_0} = \aleph$ となるんだね。少し，話が先走ってしまったけれど，これから詳しく解説していくことになるので，楽しみに待って頂きたい。

3つの集合 $X=\{x\,|\,x$ は，$-1\leqq x$ をみたす実数$\}$，$Y=\{x\,|\,x$ は，$x<5$ をみたす実数$\}$，$Z=\{x\,|\,x$ は，$-2<x\leqq 3$ をみたす実数$\}$ が与えられている。このとき，次の式で表される集合を求めよ。

(1) $X-(Y-Z)$ ……①，　**(2)** $(X-Y)-Z$ ……②，　**(3)** $Y-(Z-X)$ ……③

ヒント! 3つの集合 X,Y,Z の差集合の計算問題だ。前問と同様に，X,Y,Z の図を利用しながら，かつ $(\ )$ 内の計算を先に行うことにより，①，②，③の集合を求めていこう！

解答&解説

$X=\{x\,|\,x$ は，$-1\leqq x$ をみたす実数$\}$

$Y=\{x\,|\,x$ は，$x<5$ をみたす実数$\}$

$Z=\{x\,|\,x$ は，$-2<x\leqq 3$ をみたす実数$\}$ より，

X,Y,Z の集合を右図に示す。

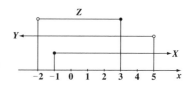

(1) ①の表す集合を求めると，

$$X-\underbrace{(Y-Z)}_{\substack{x<5\text{から，}-2<x\leqq 3\text{を}\\\text{除いて，}\\\{x\,|\,x\leqq -2,\ \text{または}\ 3<x<5\}}} = X-\underbrace{(Y-Z)}_{\substack{-1\leqq x\text{から，}3<x<5\text{を}\\\text{除いて，}\\\{x\,|\,-1\leqq x\leqq 3,\ \text{または}\ 5\leqq x\}}}$$

$=\{x\,|\,x$ は，$-1\leqq x\leqq 3$，または $5\leqq x$ をみたす実数$\}$ …(答)

(2) ②の表す集合を求めると，

$$\underbrace{(X-Y)}_{\substack{-1\leqq x\text{から，}x<5\text{を}\\\text{除いて，}\{x\,|\,5\leqq x\}}}-Z = \underbrace{(X-Y)-Z}_{\substack{\{x\,|\,5\leqq x\}\text{に}Z\text{は含まれな}\\\text{いので，除くものはない。}}}$$

$=\{x\,|\,x$ は，$5\leqq x$ をみたす実数$\}$ …………………(答)

(3) $Y-\underbrace{(Z-X)}_{\substack{-2<x\leqq 3\text{から，}-1\leqq x\text{を}\\\text{除いて，}\{x\,|\,-2<x<-1\}}} = Y-\underbrace{(Z-X)}_{\substack{x<5\text{から，}-2<x<-1\text{を}\\\text{除いて}\\\{x\,|\,x\leqq -2,\ \text{または}-1\leqq x<5\}}}$

$=\{x\,|\,x$ は，$x\leqq -2$，または $-1\leqq x<5$ をみたす実数$\}$ …(答)

106

演習問題 10　　● 差集合・和集合・共通部分の演算 ●

3つの集合 $A = \{x \mid x$ は，$1 < x \le 6$ をみたす実数$\}$，$B = \{x \mid x$ は，$0 \le x < 4$ をみたす実数$\}$，$C = \{x \mid x$ は，$-2 \le x < 2$ をみたす実数$\}$ について，次の2つの公式 $(*1)$，$(*2)$ が成り立つことを確認せよ。

(1) $A - (B \cup C) = (A - B) \cap (A - C)$ ……$(*1)$

(2) $A - (B \cap C) = (A - B) \cup (A - C)$ ……$(*2)$

ヒント！ x 軸上に，3つの集合 A, B, C を描いて，$(*1)$，$(*2)$ の各公式が成り立つことを示せばよい。

解答 & 解説

$A = \{x \mid 1 < x \le 6\}$，$B = \{x \mid 0 \le x < 4\}$，

$C = \{x \mid -2 \le x < 2\}$ などと表すことにする。

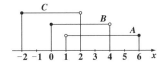

(1)・$A - (B \cup C) = \underbrace{\{x \mid 1 < x \le 6\}}_{A} - \underbrace{\{x \mid -2 \le x < 4\}}_{B \cup C}$

$\qquad\qquad = \{x \mid 4 \le x \le 6\}$ …………①

　・$(A - B) \cap (A - C) = \underbrace{\{x \mid 4 \le x \le 6\}}_{A - B} \cap \underbrace{\{x \mid 2 \le x \le 6\}}_{A - C}$

$\qquad\qquad\qquad = \{x \mid 4 \le x \le 6\}$ ……②

以上①，②より，公式：$A - (B \cup C) = (A - B) \cap (A - C)$ ……$(*1)$ が成り立つことが確認できた。…………………………………………(終)

(2)・$A - (B \cap C) = \underbrace{\{x \mid 1 < x \le 6\}}_{A} - \underbrace{\{x \mid 0 \le x < 2\}}_{B \cap C}$

$\qquad\qquad = \{x \mid 2 \le x \le 6\}$ …………③

　・$(A - B) \cup (A - C) = \underbrace{\{x \mid 4 \le x \le 6\}}_{A - B} \cup \underbrace{\{x \mid 2 \le x \le 6\}}_{A - C}$

$\qquad\qquad\qquad = \{x \mid 2 \le x \le 6\}$ ……④

以上③，④より，公式：$A - (B \cap C) = (A - B) \cup (A - C)$ ……$(*2)$ が成り立つことが確認できた。…………………………………………(終)

§3. 関数と直積

これまで，複数の集合同士の演算 (差集合，和集合，共通部分) について解説してきたんだね。そして，今回の講義では，2 つの集合に属する 1 つ 1 つの要素同士の対応関係を調べることにする。具体的には，2 つの集合の各要素同士の対応関係を決める "関数" (*function*) について解説しよう。ここで扱う関数は，(ⅰ) 上への関数と (ⅱ) 1 対 1 の関数と，そして，(ⅲ) 1 対 1 対応なんだね。特に，集合論において，この "1 対 1 対応" が重要な役割を演じることになる。この 1 対 1 対応と関連して，"合成関数" や "逆関数" についても教えよう。

さらに，集合の "直積"（*direct product*）と "順序対"（*ordered pair*）について解説し，これを基にグラフが定義されることも解説する。

今回も，重要なテーマが目白押しだけれど，また分かりやすく解説していこう。

● 関数の定義から解説しよう！

2 つの集合 A と B が与えられたとき，集合 A の各要素と集合 B の各要素との対応関係を "関数" (*function*) または "写像" (*mapping*) というんだね。この関数と写像は同じようなものなので，これからの解説では，関数に統一して話を進めていくことにしよう。ではまず，この関数の定義を下に示そう。

> **関数の定義**
>
> 2 つの集合 A, B が与えられた場合，
> 集合 A の任意の要素に対して，集合 B の要素を 1 つずつ対応させる規則を f とおくとき，この f を集合 A から集合 B への "関数" (*function*) と呼ぶ。
> そして，$f : A \longrightarrow B$，または $A \xrightarrow{f} B$ などと表す。

従って，右図に示すように，$\forall a \in A$ に対して，関数 f により，ただ 1 つの B の要素 b が決まるとき，$b = f(a)$，または $b = f_a$ などと表し，b を

    [像] [原像]

a の "像" (*image*) といい，a は b の

"原像" (*inverse image*) という。そして，関数 f

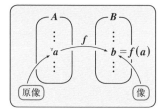

108

にとって，A を "**定義域**"（*domain*）といい，また，B の内，f によるすべて
の像の集合を "**値域**"（*range*）と呼ぶんだね。

　関数は一般には，f だけでなく，f, g, …, a, b, F, G, … やギリシャ
文字 φ, ψ, …, α, β, Φ, Ψ, … で表すことが多いことも覚えておこう。

　ここで，関数 f の条件として，定義域 A の
1 つの要素は，f によって B のただ 1 つの要
素に対応しなければならない。したがって，
右図に示すように，A の要素 a_1, a_2, a_3, … は，

$a_1 \longrightarrow b_1$ と b_2 の 2 つ

$a_2 \longrightarrow b_3$ の 1 つ

$a_3 \longrightarrow b_1$ と b_2 と b_4 の 3 つ

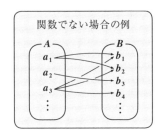

となって，a_1 と a_3 は B の 1 つの要素に対応していない。よって，このような
対応関係は，関数とは呼べないことに注意しよう。

● 関数には 3 つの種類がある！

　それでは，これから具体的な関数の解説に入ろう。まず，関数には次に示
すように，3 つの種類があることを頭に入れておこう。

関数の 3 つの種類

関数には，次の 3 種類がある。
（Ⅰ）"**上への関数**"（*function onto*）
（Ⅱ）"**1 対 1 の関数**"（*one-to-one function*）
（Ⅲ）"**1 対 1 対応**"（*one-to-one correspondence*）

　この 3 つの種類の関数について，これから 1 つずつ順に詳しく解説しよう。
（Ⅰ）まず，"**上への関数**" は，"**全射**"（*surjection*）と言うこともある。

[写像での表現]

　上への関数（全射）について，具体例を示そう。ここで，2 つの集合
$A = \{1, 2, 3, 4, 5, 6\}$, $B = \{3, 6, 9\}$ について，次の図 1 に示すような
対応関係，すなわち関数 f が存在するものとする。

つまり，$f(1)=f(3)=f(4)=3$,
$f(2)=f(6)=6$, $f(5)=9$ で
あるとき，集合 B のすべての要
素 3, 6, 9 には必ず 1 つ以上の
原像が存在する。このように値
域 B のすべての（任意の）要素が

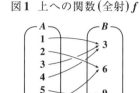

図1　上への関数（全射）f

1 つ以上の原像をもつような関数 f のことを，"**上への関数**"（全射）とい
うんだね。前述したように，"**1対多**"（***one-to-many***）の対応は関数とは
言わないが，今回の上への関数の例のように，"**多対1**"（***many-to-one***）
の対応関係は，関数としてあり得るんだね。では次，

(II) "**1対1の関数**"f について解説しよう。この "**1対1の関数**" は，"**単射**"
（***injection***）ともいう。今回も
例を使って解説しよう。

2 つの集合 $A=\{1, 2, 3, 4\}$ と
$B=\{a, b, c, d, e\}$ の要素の
間に，図2 に示すように，関数

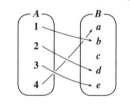

図2　1 対 1 の関数（単射）f

f による対応関係があるものとする。すなわち，
$f(1)=b$, $f(2)=d$, $f(3)=e$, $f(4)=a$ とする。このとき，定義域 A の
異なる要素は，それぞれ B の異なる要素に "**1対1**"（***one-to-one***）に対応
していることが分かるね。このような関数のことを "**1対1の関数**"（単射）
というんだね。

しかし，この場合，集合 B の要素の中で，c は原像をもっていない。
よって，これは "**上への関数**"（全射）ではないんだね。では次，

(III) "**1対1対応**"f について解説しよう。
この "**1対1対応**" は "**全単射**"
（***bijection***）と呼ぶこともある。
では，これも具体例を示そう。

2 つの集合 $A=\{1, 2, 3, 4\}$ と
$B=\{3, 6, 9, 12\}$ があり，これ

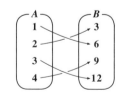

図3　1 対 1 対応（全単射）f

らの各要素に，図3 に示すような関数 f による対応関係，すなわち，

$f(1) = 6$, $f(2) = 3$, $f(3) = 12$, $f(4) = 9$ があるものとする。このとき,

(i) B のすべての要素 3, 6, 9, 12 に, 原像が存在する。よって,
f は上への関数 (全射) であり, さらに,

(ii) A の異なる要素は, それぞれ B の異なる要素に対応している。よって,
f は 1 対 1 の関数 (単射) である。

このように "**上への 1 対 1 の関数**" のことを "**1 対 1 対応**" (または, "**全単射**") という。そして, このように 2 つの集合 A と B の要素の間に, この 1 対 1 対応が存在するとき, A と B は "**対等**" (*equivalent*) であるといい, これを $A \sim B$ で表すんだね。

ここで, 1 対 1 対応 f の定義を下にまとめて示しておこう。

1 対 1 対応 f

関数 $f : A \longrightarrow B$ について, a, a_1, $a_2 \in A$, $b \in B$ とするとき,

(i) B の任意の要素 b に対して, $b = f(a)$ となる原像 a が存在し, かつ,

(ii) $a_1 \neq a_2$ ならば, $f(a_1) \neq f(a_2)$ が成り立つとき,

関数 $b = f(a)$ を 1 対 1 対応という。

(i) まず, B のすべての要素 b が原像 a をもつので, f は "**上への関数**" (全射) であり, かつ,

(ii) 次に, 「$\underline{a_1 \neq a_2 \Rightarrow f(a_1) \neq f(a_2)}$」が成り立つとき, f は "**1 対 1 の関数**"

> 1 対 1 の関数 f の定義として, 命題「$f(a_1) = f(a_2) \Rightarrow a_1 = a_2$」が成り立つことと, 示されることが多いが, 実際の証明では, この対偶「$a_1 \neq a_2 \Rightarrow f(a_1) \neq f(a_2)$」を使うことが多く, また, 分かりやすいので, この対偶を 1 対 1 の関数の定義としたんだね。

(単射) である。

よって, 以上 (i)(ii) より, f は "**1 対 1 対応**" (全単射) になるんだね。納得いった?

2 つの有限集合 A, B にある 1 対 1 対応 f が存在するとき, すなわち $A \sim B$ (対等) であるとき, A と B に属する要素の個数 (有限濃度) は当然等しい。よって, $\overline{\overline{A}} = \overline{\overline{B}}$ が成り立つんだね。

しかし, この 1 対 1 対応を無限集合に適用すると, 不思議な現象が起こることになるんだね。たとえば, 自然数全体の集合 N と正の奇数全体の集合 O は,
$N = \{1, 2, 3, 4, \cdots\} = \{n \mid n = 1, 2, 3, 4, \cdots\}$,
$O = \{1, 3, 5, 7, \cdots\} = \{n \mid n = 2k - 1 \ (k = 1, 2, 3, 4, \cdots)\}$ となるので,

当然 O は，N の真部分集合 $O \subset N$ であるが，N と O の間には，1 対 1 対応：$f(k) = 2k - 1$ $(k = 1, 2, 3, \cdots)$ が存在するので，$N \sim O$ となる。よって，O と N は対等であるので，これらの濃度は等しい。ゆえに，$\overline{\overline{N}} = \overline{\overline{O}} = \aleph_0$ が成り立つんだね。

同様に，N の真部分集合であるにも関わらず，N と対等な集合はいくらでも，その例を挙げることができる。たとえば，

$P_2 = \underline{\{2^1, 2^2, 2^3, 2^4, \cdots\}} = \{n \mid n = 2^k \ (k = 1, 2, 3, 4, \cdots)\}$ や

$P_2 = \{2, 4, 8, 16, \cdots\}$ より，$P_2 \subset N$ である。しかし，N と P_2 には，1 対 1 対応 $f(k) = 2^k$ $(k = 1, 2, 3, 4, \cdots)$ が存在するので，$P_2 \sim N$ $\therefore \overline{\overline{N}} = \overline{\overline{P_2}} = \aleph_0$

$B = \underline{\{3, 6, 9, 12, \cdots\}} = \{n \mid 3k \ (k = 1, 2, 3, 4, \cdots)\}, \cdots\cdots$

$B = \{3, 6, 9, 12, \cdots\}$ より，$B \subset N$ である。しかし，N と B の間には，1 対 1 対応 $f(k) = 3k$ $(k = 1, 2, 3, 4, \cdots)$ が存在するので，$B \sim N$ $\therefore \overline{\overline{N}} = \overline{\overline{B}} = \aleph_0$

などが，その例だね。つまり，「部分は全体より小さいとは限らない」ってことだね。

このように，無限集合論を学ぶ上で，"1 対 1 対応" が非常に重要であることがご理解頂けたと思う。

それでは，ここで例題を解いておこう。

例題 20　次の各関数 f が，上への関数か，1 対 1 の関数か，1 対 1 対応かを調べよ。(ただし，R は実数全体の集合を表す。)

(1) $f : R \longrightarrow R$ 　　$x \longrightarrow f(x) = -2x + 2$

(2) $f : R \longrightarrow R$ 　　$x \longrightarrow f(x) = x^2 + 1$

---

(1) 関数 $y = f(x) = -2x + 2$ $(x : \text{実数})$ について，右のグラフより，

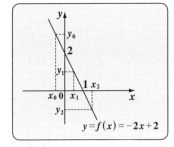

(ⅰ) 値域における任意の実数 $y_0 (\in R)$ に対して，$y_0 = -2x_0 + 2$ より，原像 $x_0 = \dfrac{2 - y_0}{2}$ が存在する。

(ⅱ) 定義域における異なる実数 x_1, x_2 $(\in R)$ について，

$x_1 \neq x_2 \Longrightarrow -2x_1 + 2 \neq -2x_2 + 2 \Longrightarrow f(x_1) \neq f(x_2)$ となる。

以上 (ⅰ) より，f は "上への関数" であり，(ⅱ) より，f は "1 対 1 の関数" となるので，$\therefore f$ は "1 対 1 対応" である。

112

(2) 関数 $y = f(x) = x^2 + 1$ $(x \in R, \ y \in R)$
について，右のグラフより，

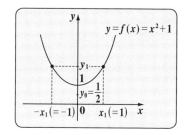

(i) 値域において，$y = \dfrac{1}{2}$ のとき，これに
対応する原像は存在しない。

$(\because y \geqq 1)$

(ii) 定義域において，$x_1 = 1$, $(-x_1 = -1)$
とおくと，

$$1 \neq -1 \Longrightarrow 1^2 + 1 = (-1)^2 + 1$$
$$\Longrightarrow f(1) = f(-1)$$

以上(i)より，f は "上への関数" ではないし，また，(ii)より，f は "1 対 1
の関数" でもない。

$\therefore f$ は "上への関数" でも "1 対 1 の関数" でもない。

参考

(2)の関数 $y = f(x) = x^2 + 1$ についても，

$$\begin{cases} \text{定義域を } R_{[0, \infty)} = \{x \mid x \text{ は, } x \geqq 0 \text{ をみたす実数}\} \\ \text{値域を } R_{[1, 0)} = \{y \mid y \text{ は, } y \geqq 1 \text{ をみたす実数}\} \end{cases}$$

とすると，$f : R_{[0, \infty)} \longrightarrow R_{[1, 0)}$ となって，

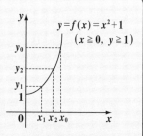

関数 $y = f(x) = x^2 + 1$ $(x \geqq 0, \ y \geqq 1)$ のグラフは，
右のようになる。よって，

(i) 値域 $(1 \leqq y)$ における任意の実数 $y_0 (\geqq 1)$
に対して，$y_0 = x_0^2 + 1$ $x_0^2 = y_0 - 1$ より，
原像 $x_0 = \sqrt{y_0 - 1}$ $(x_0 \geqq 0)$ が存在する。

(ii) 定義域 $(0 \leqq x)$ における異なる x_1, x_2 $(\in R)$ について，

$x_1 \neq x_2 \Longrightarrow x_1^2 + 1 \neq x_2^2 + 1 \Longrightarrow f(x_1) \neq f(x_2)$ となる。

以上(i)より，f は "上への関数" であり，(ii)より，f は "1 対 1 の関数" でもある。

$\therefore f$ は "1 対 1 対応" になるんだね。

このように定義域や値域の条件を変えることにより，"1 対 1 対応" ではな
かった関数を "1 対 1 対応" に変化させることもできるんだね。大丈夫？

● $f=g$ となるための条件を押さえよう！

では次に，2つの関数 f と g が等しくなるための条件を下に示そう。

$f=g$ となるための条件

2つの関数 f と g が，$f:A \longrightarrow B$，$g:A \longrightarrow B$ と与えられているとき，定義域 A に属する任意の要素 $a\,(\in A)$ に対して，$f(a)=g(a)$ となるとき，f と g は "**等しい**" といい，$f=g$（または $g=f$）と表す。
また，$f=g$ でないとき，f と g は "**異なる**" といい，$f \neq g$（または $g \neq f$）と表す。

ここで，2つの関数 $f(x)=2x+1$ と $g(x)=2x+1$ が与えられたとき，この2つの関数は等しいと言えるかな？ ン？ どう見ても等しいって!?…，実は，それでは注意力が足りないんだね。$f=g$ となるための条件で，最初は，$f:A \longrightarrow B$，$g:A \longrightarrow B$ となっているでしょう。ということは，$f(x)$ と $g(x)$ が同じ形の式であっても，定義域が次のように，$f(x)=2x+1\,\underbrace{(x \in R)}$ と

$\boxed{-\infty < x < \infty \text{のこと}}$

$g(x)=2x+1\,(0 \leqq x)$ で違っていれば，これらは等しいとは言えない。よって，$f \neq g$ となるんだね。

さらに，定義域が $0 \leqq x$ で等しくても，値域が異なれば，この場合も，$f \neq g$ となる例を下に示そう。

$\begin{cases} f: \underbrace{R_{[0,\infty)}}_{} \longrightarrow \underline{R} & \boxed{-\infty < y < \infty \text{のこと}} \\ g: \underbrace{R_{[0,\infty)}}_{} \longrightarrow \underline{R_{[1,\infty)}} \end{cases}$

$\boxed{0 \leqq x \text{のこと}}$ $\boxed{1 \leqq y \text{のこと}}$

$y=f(x)=2x+1$
$y=g(x)=2x+1$
$(y \geqq 1)$

この場合，$y=g(x)=2x+1\,(x \geqq 0,\ y \geqq 1)$ より，$y=g(x)$ は "上への関数" であるんだけれど，$y=f(x)=2x+1\,(x \geqq 0,\ -\infty < y < \infty)$ では，$y=0$ のとき，これに対応する原像は存在しないので，$y=f(x)$ は "上への関数" ではないんだね。よって，この場合も，$f \neq g$ となる。

数学って，結構細かいことにも気を付けないといけないことが分かったでしょう！

(ex) 2つの関数 $\overset{\text{ファイ}}{\varphi}:A \longrightarrow B$，$\overset{\text{プサイ}}{\psi}:A \longrightarrow B'$

$A=\{1,\ 2,\ 3,\ 4\}$，$B=\{5,\ 10\}$，$B'=\{5,\ 10,\ 15\}$ のとき，

$\varphi(1)=\varphi(2)=5,\ \varphi(3)=\varphi(4)=10$

$\psi(1)=\psi(2)=5,\ \psi(3)=\psi(4)=10$　であったとしても，

φ と ψ は等しくならないのは，もう大丈夫だね。関数 $\varphi : A \longrightarrow B$ の方は "上への関数" だけれど，関数 $\psi : A \longrightarrow B'$ の方は，B' の要素 **15** の原像が存在しないため，"上への関数" ではないからなんだね。よって，$\varphi \neq \psi$ となる。

● さらに，関数を深めてみよう！

一般に，関数 $f : A \longrightarrow B$，$b = f(a)$ $(a \in A$，$b \in B)$ のことを，

原像 | 定義域 | 像

> これは，値域になるとは限らない。f が "上への関数" ならば，値域となる。

$b = f_a$ と表すこともある。したがって，ここで，たとえば，**5** 個の要素からなる集合 C が，$C = \{c_1, c_2, c_3, c_4, c_5\} = \{\sqrt{3}, 2\sqrt{3}, 3\sqrt{3}, 4\sqrt{3}, 5\sqrt{3}\}$ と与えられているとき，

c_k $(k = 1, 2, 3, 4, 5)$ に着目すると，この c を新たな **1** つの関数と考えて，

> $f(a)$ を f_a と表せるといったので，逆にこれは，$c(k)$ と表せるんだね。

関数 $c : \{1, 2, 3, 4, 5\} \longrightarrow R$ とし，$c(k) = k\sqrt{3}$ $(k = 1, 2, \cdots, 5)$，すなわち，$c(1) = \sqrt{3}$，$c(2) = 2\sqrt{3}$，$c(3) = 3\sqrt{3}$，$c(4) = 4\sqrt{3}$，$c(5) = 5\sqrt{3}$ とすることもできるんだね。

同様に，n 個の自然数を要素にもつ集合 A を，$A = \{a_1, a_2, a_3, \cdots, a_n\}$ とおくと，a を新たな関数と考えて，

関数 $a : \{1, 2, 3, \cdots, n\} \longrightarrow N$（自然数の集合）と表すことができるんだね。

> a は，"上への関数" ではないので，$\{1, 2, 3, \cdots, n\}$ がすべての自然数と対応するわけではないよ。

さらに，有理数を要素とする

無限集合 $X : \{x_1, x_2, x_3, \cdots, x_n, \cdots\}$

についても，x を新たな関数と考えて，

関数 $x : \{1, 2, 3, \cdots, n, \cdots\} \longrightarrow Q$（有理数の集合）と表すこともできる。

どう？これで，関数についての理解がさらに深まったでしょう？

それでは，この後，"**合成関数**" や "**逆関数**" について解説しよう。

● 合成関数について，解説しよう！

では，これから，"**合成関数**"（*composite function*）$g \circ f(a) = g(f(a))$ について，その定義を下に示そう。

▌ 合成関数 $g \circ f(a)$

3つの集合 A, B, C について，2つの関数 f と g が，次のように与えられている。

$$\begin{cases} f : A \longrightarrow B, \ b = f(a) \cdots ① \ (a \in A, \ b \in B) \\ g : B \longrightarrow C, \ c = g(b) \cdots ② \ (b \in B, \ c \in C) \end{cases}$$

このとき，右図に示すように，A の任意の要素 a に対して，C の要素 c を直接対応させる関数を "**合成関数**" といい，これを $g \circ f$ と表す。

具体的には，①を②に代入して，$\underset{\text{合成関数の像}}{c} = g(\underset{\text{原像}}{f(a)}) = \underset{\text{合成関数}}{g \circ f(a)}$ となる。

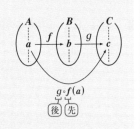

合成関数 $g \circ f(a)$ について，a にまず先に f が作用し，その後で g が作用する，つまり，f が先で，g が後になっているんだね。よって，合成関数 $f \circ g(a)$ の場合，a に先に g が作用して，その後に f が作用するので，$\underset{後\ 先}{g \circ f(a)}$ と $\underset{後\ 先}{f \circ g(a)}$ とは，まったく異なる合成関数であることに，気を付けよう。

例題 21 次の各問いに答えよ。

(1) 2つの関数 f, g は共に，$R \longrightarrow R$ の関数で，$f(x) = -x + 1$ $g(x) = 3x - 2$ である。このとき，合成関数 $g \circ f(x)$ と $f \circ g(x)$ を求めよ。

(2) 3つの集合 A, B, C が $A = B = C = \{1, 2, 3\}$ と与えられている。そして，2つの関数 $\varphi : A \longrightarrow B$ と $\psi : B \longrightarrow C$ が，次のように与えられている。

$$\begin{cases} \varphi(1) = 3, \ \varphi(2) = 1, \ \varphi(3) = 2 \\ \psi(1) = 2, \ \psi(2) = 3, \ \psi(3) = 1 \end{cases}$$

このとき，合成関数の値 $\psi \circ \varphi(1)$，$\varphi \circ \psi(1)$，$\psi \circ \varphi(3)$ を求めよ。

---

(1) f, g は共に $R \longrightarrow R$ の関数であり,

$f(x) = -x+1$ ……①, $g(x) = 3x-2$ ……② である。このとき,

(i) 合成関数 $g{\circ}f(x) = g(f(x)) = g(-x+1)$
$= 3(-x+1)-2 = -3x+1$ であり,

(ii) 合成関数 $f{\circ}g(x) = f(g(x)) = f(3x-2)$
$= -(3x-2)+1 = -3x+3$ である。

(2) φ, ψ は, $\varphi: A \longrightarrow B$, $\psi: B \longrightarrow C$ の関数である。このとき, 与えられた φ と ψ の値から, 各合成関数の値を求めると,

(i) $\psi{\circ}\varphi(1) = \psi(\underset{③}{\varphi(1)}) = \psi(3) = 1$ であり,

(ii) $\varphi{\circ}\psi(1) = \varphi(\underset{②}{\psi(1)}) = \varphi(2) = 1$ であり,

(iii) $\psi{\circ}\varphi(3) = \psi(\underset{②}{\varphi(3)}) = \psi(2) = 3$ である。

では次に, 2つの関数 $f: A \longrightarrow B$, $g: B \longrightarrow C$ が共に 1 対 1 対応であるとき, 合成関数 $g{\circ}f$ も 1 対 1 対応であることを示しておこう。

$g{\circ}f: A \xrightarrow{f} B \xrightarrow{g} C$ で, f と g が共に 1 対 1 対応であるので,

(i) $^{\forall}c \in C$ の原像 b が存在し,
$^{\forall}b \in B$ の原像 a も存在する。よって,

これから, $g{\circ}f$ は "上への関数"

$c = g{\circ}f(a)$ より, C の任意の要素 c に対して, 原像 a が存在する。

(ii) f は, 1 対 1 対応より, A の要素 a_1, a_2 について,
$a_1 \neq a_2 \Rightarrow f(a_1) \neq f(a_2) \Rightarrow b_1 \neq b_2$
g も, 1 対 1 対応より, B の要素 b_1, b_2 について,
$b_1 \neq b_2 \Rightarrow g(b_1) \neq g(b_2) \Rightarrow g(f(a_1)) \neq g(f(a_2))$
$\Rightarrow g{\circ}f(a_1) \neq g{\circ}f(a_2)$ となる。
$\therefore a_1 \neq a_2 \Rightarrow g{\circ}f(a_1) \neq g{\circ}f(a_2)$ となる。

これから, $g{\circ}f$ は "1 対 1 の関数"

以上 (i)(ii) より, f と g が共に "1 対 1 対応" であるとき, 合成関数 $g{\circ}f$ も "1 対 1 対応" になることが示された。

117

● 1対1対応 f には，逆関数 f^{-1} が存在する！

関数 f が，1対1対応のときのみ，その "逆関数"（*inverse function*）f^{-1} が存在することになる。これから解説しよう。

■ 逆関数 f^{-1}

1対1対応 $f : A \longrightarrow B$, $b = f(a)$ $(a \in A,\ b \in B)$ は，右図に示すように，

逆関数 $f^{-1} : B \longrightarrow A$, $\underset{\text{(像)}}{a} = f^{-1}(\underset{\text{(原像)}}{b})$ $(b \in B,\ a \in A)$ が存在する。

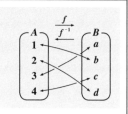

(ⅰ) f が，"上への関数" で，"1対1の関数" でない場合，"多対1" も有り得る。従って，この逆関数 f^{-1} をとろうとすると，逆に "1対多" となって，これは関数ではない場合も生じ得る。また，

(ⅱ) f が，"1対1の関数" で，"上への関数" でない場合，集合 B の要素として，原像をもたない要素 b も存在し得る。従って，この逆関数 f^{-1} をとろうとしても，この b に対応する A の要素は存在しないので，とることができない場合も生じ得るんだね。

以上 (ⅰ)(ⅱ) より，関数 f が逆関数 f^{-1} をもち得るのは，f が "上への1対1の関数"，すなわち "1対1対応" のときのみであることが分かるんだね。

それでは，逆関数 f^{-1} も "1対1対応" であることを証明しておこう。

$f^{-1} : B \longrightarrow A$, $b \xrightarrow{f^{-1}} a$ より，$a = f^{-1}(b)$ であり，a が像，b が原像である。

(ⅰ) A の任意の要素 (像) a に対して，f は1対1対応なので，原像 b が存在する。

(ⅱ) $b_1 \neq b_2$ $(b_1,\ b_2 \in B)$ のとき，$f^{-1}(b_1) = f^{-1}(b_2)$ と仮定すると，この両辺に f を作用させて，合成関数にすると，

$$\underbrace{f \circ f^{-1}(b_1)}_{(b_1)} = \underbrace{f \circ f^{-1}(b_2)}_{(b_2)} \qquad b_1 = b_2 \text{ となって，矛盾する。}$$

> 背理法

> $f \circ f^{-1}$ は，"行って来い" で元に戻るだけの恒等関数 i になる。よって，$f \circ f^{-1}(b) = i(b) = b$

$\therefore b_1 \neq b_2 \Rightarrow f^{-1}(b_1) \neq f^{-1}(b_2)$ となる。

以上 (ⅰ)(ⅱ) より，逆関数 f^{-1} も "1対1対応" であることが示された。

● 順序対は直積で表される！

図 **4** に示すように，xy 座標平面上の
点の座標 (a, b) のように，**2** つの数値 a
と b の対を ( ) でくくって示したものを
"順序対" (*ordered pair*) という。
ここで，順序対 (a, b) と集合 $\{a, b\}$ と
は区別しないといけない。順序を考慮に
入れない集合では，$\{a, b\}$ と $\{b, a\}$ は

図 **4** 順序対

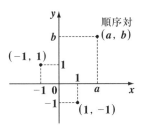

同じ集合を表す。しかし，順序対では，a と b の順序を入れ替えたものは別
の順序対として扱うんだね。それは，図 **4** に示した点 $(1, -1)$ と点 $(-1, 1)$
とがまったく異なることと同様に，順序対では，$(1, -1) \neq (-1, 1)$ となる。

従って，**2** つの順序対 (a, b) と (c, d) が等しくなるための条件は，

$$(a, b) = (c, d) \Longleftrightarrow a = c \text{ かつ } b = d \quad \text{となるんだね。}$$

そして，この順序対を基にして，次のように "直積" (*direct product*) を定
義することができる。

> ### ■ 順序対と直積
>
> 順序対 (a, b) の a と b が，それぞれ **2** つの集合 A と B の要素であるとき，
> すなわち，$a \in A$，$b \in B$ であるとき，この (a, b) の全体は "**直積**" と呼
> ばれ，$A \times B$ で表される。

(ex) $A = \{a_1, a_2, a_3, a_4\}$，$B = \{b_1, b_2\}$ であるとき，

(ⅰ) 直積 $A \times B$ は次の，次の 4×2 個の順序対から構成される。

$$(a_1, b_1), \ (a_2, b_1), \ (a_3, b_1), \ (a_4, b_1),$$
$$(a_1, b_2), \ (a_2, b_2), \ (a_3, b_2), \ (a_4, b_2)$$

← $b_k(k=1, 2)$ を固定して，$a_j(j=1, 2, 3, 4)$ を変化させる。

(ⅱ) 直積 $B \times A$ は次の，次の 2×4 個の順序対から構成される。

$$(b_1, a_1), \ (b_2, a_1),$$
$$(b_1, a_2), \ (b_2, a_2),$$
$$(b_1, a_3), \ (b_2, a_3),$$
$$(b_1, a_4), \ (b_2, a_4)$$

← $a_k(k=1, 2, 3, 4)$ を固定して，$b_j(j=1, 2)$ を変化させる。

もちろん，直積における集合は無限集合でもよく，たとえば，自然数の集合 N による直積 $N \times N$ は次のようになる。

$(1, 1)$，$(2, 1)$，$(3, 1)$，$(4, 1)$，$\cdots$

$(1, 2)$，$(2, 2)$，$(3, 2)$，$(4, 2)$，$\cdots$

$(1, 3)$，$(2, 3)$，$(3, 3)$，$(4, 3)$，$\cdots$

$\qquad \vdots \qquad\quad \vdots \qquad\quad \vdots \qquad\quad \vdots \qquad \ddots$

さらに，実数の集合 R による直積 $R \times R$ は，xy 平面上のすべての点を表すことになるんだね。

さらに，この順序対を拡張して，たとえば，$(a, b, c)\,(a \in A, \, b \in B, \, c \in C)$ とすると，これは直積 $A \times B \times C$ を表すことになる。したがって，A, B, C がいずれも実数全体の集合 R とすると，これは $R \times R \times R$ となって，3 次元空間上のすべての点を表すことになるんだね。

そして，これをさらに拡張して，$(a_1, a_2, a_3, \cdots, a_n)\,(a_1 \in A_1,\, a_2 \in A_2,$ $a_3 \in A_3, \cdots, a_n \in A_n)$ とおくと，これは n 個の集合 A_1, A_2, A_3, $\cdots$, A_n の直積 $A_1 \times A_2 \times A_3 \times \cdots \times A_n$ を表すことになるんだね。

それでは，直積と和集合や共通部分との演算の公式を下に示そう。

■ 直積と和集合・共通部分の演算

3 つの集合 A, B, C について，次の公式が成り立つ。

(1) $A \times (B \cup C) = (A \times B) \cup (A \times C)$ ……($*1$)

(2) $A \times (B \cap C) = (A \times B) \cap (A \times C)$ ……($*2$)

(3) $(A \cup B) \times C = (A \times C) \cup (B \times C)$ ……($*3$)

(4) $(A \cap B) \times C = (A \times C) \cap (B \times C)$ ……($*4$)

これらの公式は，直積の "$\times$" の "**分配の法則**" の形になっている。たとえば，

(1) $A \times (B \cup C) = (A \times B) \cup (A \times C)$ ……($*1$)

(2) $A \times (B \cap C) = (A \times B) \cap (A \times C)$ ……($*2$) のような形の演算なので，公式として覚えやすいと思う。(3), (4) も同様だね。

それでは，(1) の ($*1$) の公式の証明を，"$\Longleftrightarrow$"（同値，必要十分条件）を用いて，

行ってみよう。

(1) $A \times (B \cup C) = (A \times B) \cup (A \times C)$ ……(*1) について，

　直積 $A \times (B \cup C)$ の要素を，順序対 (a, y) とおくことにすると，

$$(a, y) \in A \times (B \cup C) \Longleftrightarrow a \in A, \ y \in B \cup C$$

$$\Longleftrightarrow a \in A, \ (y \in B \ \text{または} \ y \in C)$$

$$\Longleftrightarrow (a \in A, \ y \in B) \ \text{または} \ (a \in A, \ y \in C)$$

$$\Longleftrightarrow ((a, y) \in A \times B) \ \text{または} \ ((a, y) \in A \times C)$$

$$\Longleftrightarrow (a, y) \in (A \times B) \cup (A \times C) \quad \text{となって，}$$

　$A \times (B \cup C) \subseteqq (A \times B) \cup (A \times C)$ かつ $A \times (B \cup C) \supseteqq (A \times B) \cup (A \times C)$ となる。

　$\therefore A \times (B \cup C) = (A \times B) \cup (A \times C)$ ……(*1) は成り立つ。

他の (2), (3), (4) についても同様に証明できる。(2)(3) の (*2)(*3) については，演習問題 **12**(**P125**) で，その証明をやってみよう。

(ex) $A = \{1, 2\}$, $B = \{2, 3\}$, $C = \{3, 4\}$ のとき，(*1) が成り立つことを確認しよう。

　(ⅰ)

　　$\underbrace{A}_{\{1, 2\}} \times \underbrace{(B \cup C)}_{\{2, 3, 4\}}$ を構成する順序対は，$\begin{cases} (1, 2), \ (2, 2), \\ (1, 3), \ (2, 3), \ \cdots\cdots① \ \text{である。} \\ (1, 4), \ (2, 4) \end{cases}$

　(ⅱ)

　　$\cdot \underbrace{A}_{\{1, 2\}} \times \underbrace{B}_{\{2, 3\}}$ を構成する順序対は，$\begin{cases} (1, 2), \ (2, 2), \\ \underline{\underline{(1, 3)}}, \ \underline{\underline{(2, 3)}}, \end{cases} \cdots\cdots② \ \text{である。}$

　　　　　　　　　　　　　　　　　　　　　　　　　　[共通部分]

　　$\cdot \underbrace{A}_{\{1, 2\}} \times \underbrace{C}_{\{3, 4\}}$ を構成する順序対は，$\begin{cases} \underline{\underline{(1, 3)}}, \ \underline{\underline{(2, 3)}}, \\ (1, 4), \ (2, 4) \end{cases} \cdots\cdots③ \ \text{である。}$

　　$\therefore (A \times B) \cup (A \times C)$ を構成する順序対は，$\begin{cases} (1, 2), \ (2, 2), \\ (1, 3), \ (2, 3), \ \cdots\cdots④ \ \text{となる。} \\ (1, 4), \ (2, 4) \quad (②, ③ \text{より}) \end{cases}$

以上 (ⅰ)(ⅱ) の①，④より，

公式 $A \times (B \cup C) = (A \times B) \cup (A \times C)$ ……(*1) が成り立つことが確認できたんだね。大丈夫だった？

では次に，直積と関数のグラフの関係について，解説しよう！

● 直積と関数のグラフの関係を解説しよう！

これから，直積と "**関数のグラフ**（*graph of function*）" の関係を解説しよう。
関数 f が，$f : \boldsymbol{R} \longrightarrow \boldsymbol{R}$（$\boldsymbol{R}$：実数全体の集合）で，
任意の $a \in \boldsymbol{R}$ について，$b = f(a)$（$b \in \boldsymbol{R}$）であるとき，順序対 $(a, f(a))$ を
すべて集めたものを "**関数 f のグラフ**" G_f というんだね。そして，この G_f を
xy 平面上に描いたものが，関数のグラフ G_f の図形になる。例を示そう。

($ex\,1$) $f(a) = 2a + 1$ のとき，

　　a を $(-\infty, \infty)$ の区間を変化させて，

　　順序対 $\underbrace{(a, f(a))}_{\boxed{2a+1}}$ を xy 平面上に

　　図示すると，右図に示すように，

　　関数 f のグラフの図形が描けるんだね。

　　これから，$(a, f(a))$ の全体は，直積 $\underbrace{\boldsymbol{R} \times \boldsymbol{R}}_{\boxed{xy\,\text{平面}}}$ の

部分集合になることが分かる。

　もちろん，関数 f は，$f : \boldsymbol{R} \longrightarrow \boldsymbol{R}$ 以外の場合でもよく，一般に 2 つの集合
A，B について，関数 $f : A \longrightarrow B$ であり，任意の $a \in A$ に対して，$b = f(a)$
（$b \in B$）となるとき，順序対 $(a, f(a))$ の全体が，"**関数 f のグラフ**" となり，
そして，これは直積 $A \times B$ の部分集合となるんだね。例を挙げておこう。

($ex\,2$) 2 つの集合 $A = \{-2, -1, 0, 1, 2\}$，$B = \{1, 3, -1, 2, 4\}$ について，

　　関数 f が，$f(-2) = 1$，$f(-1) = 3$，$f(0) = -1$，$f(1) = 2$，$f(2) = 4$ により，

　　定義されているものとする。このと

　　き "関数 f のグラフ" G_f は，$\forall a \in A$，

　　$b = f(a)$（$b \in \boldsymbol{R}$）により，$(a, f(a))$

　　の集合として，定義されるので，

　　$G_f = \{(-2, 1), (-1, 3), (0, -1),$

　　　　　$(1, 2), (2, 4)\}$ となる。

　　そして，これらを，xy 平面上に

　　図示すると，右図のようになるんだね。

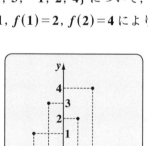

$(ex2)$ の例のように，一般の"関数のグラフ"G_f は，順序対 $(a, f(a))$ $(\forall a \in A,\ b = f(a) \in B)$ の集合のことなので，これを xy 座標平面上に表示しても，ボク達が高校時代に見慣れている連続で微分可能な滑らかな曲線が得られるとは限らない。$(ex2)$ のような xy 平面上の離散的な点の集合が G_f となる場合もあるんだね。これは，関数 f が，$f : R \longrightarrow R$ の場合でも同様で，関数 f のグラフ G_f の図形が，連続な直線や滑らかな曲線になるとは限らないことに注意しよう。

それでは最後に，この"**関数 f のグラフ**"G_f の基本事項を，下に示しておくので，頭に入れておこう。

関数 f のグラフ G_f

2つの集合 A, B に対して，関数 f が，

$f : A \longrightarrow B$，任意の $a \in A$ について，$b = f(a)$ $(b \in B)$ で与えられているとき，順序対 $(a, f(a))$ の全体の集合を"**関数 f のグラフ**"G_f という。

G_f は，直積 $A \times B$ の部分集合であり，次の定理が成り立つ。

(i) $A \longrightarrow B$ の2つの異なる関数 f, g について，$f \neq g$ より，そのグラフも $G_f \neq G_g$ となる。

(ii) f が "1対1対応" であるとき，その逆関数 $a = f^{-1}(b)$ のグラフを $G_{f^{-1}}$ とおくと，$G_{f^{-1}}$ は，順序対 $(b, a) = (b, f^{-1}(b))$ の全体の集合である。

(i) $A = \{0, 1, 2\}$, $B = \{2, 4, 6\}$ のとき，$A \longrightarrow B$ の異なる2つの関数 f と g が，

$f(0) = 2$, $f(1) = 4$, $f(2) = 6$; $g(0) = 6$, $g(1) = 4$, $g(2) = 2$ であるとき，

$f \neq g$ であり，それぞれのグラフも，$G_f = \{(0, 2), (1, 4), (2, 6)\}$,

$G_g = \{(0, 6), (1, 4), (2, 2)\}$ となって，$G_f \neq G_g$ となる。

(ii) 関数 $f : A \longrightarrow B$ が "1対1対応" であるとき，その逆関数 $f^{-1} : B \longrightarrow A$ が存在する。よって，$b = f(a)$ $(\forall a \in A,\ b \in B)$ に対して，

$a = f^{-1}(b)$ $(\forall b \in B,\ a \in A)$ となる。

これから，順序対 $(b, a) = (b, f^{-1}(b))$ の全体の集合が，逆関数 f^{-1} のグラフ $G_{f^{-1}}$ になるんだね。

2つの集合 $A = \{1, 2, 3, 4\}$, $B = \{5, 10, 15, 20\}$ について,
関数 $f : A \longrightarrow B$ が定義されている。このとき,
(1) 関数 f は何通り存在するか。
(2) 関数 f が "1対1対応" であるとき,関数 f は何通り存在するか。

ヒント! (1)では,関数 f により,A の各要素 k $(k = 1, 2, 3, 4)$ は,B の各要素 5,
10, 15, 20 のいずれかに対応する。(2)では,f は "1対1対応" であることに気
を付けよう。

解答 & 解説

(1) 関数 $f : A \longrightarrow B$ について,右図に示す
ように,1 $(\in A)$ の像は,$f(1) = 5$ ま
たは 10 または 15 または 20 の 4 通
り存在する。ここで,関数 f は "上へ
の関数" である必要はないので,A の

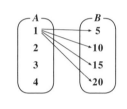

他の要素 2, 3, 4 についても,同様にその像は 4 通りずつ存在する。
よって,関数 f は,$4^4 = \underline{2^8 = 256}$ 通り存在する。・・・・・・・・・・・・・・・・・・・・(答)

$2^5 = 32$, $2^{10} = 1024$ は覚えておこう。すると,$2^6 = 64$, $2^7 = 128$, $2^8 = 256$ と計算できる。

(2) 1対1対応 $f : A \longrightarrow B$ について,右図
に示すように,A の要素 1 は,B の要
素 5, 10, 15, 20 のいずれかを像にも
ち得るので,$f(1)$ は 4 通り存在する。
次に,A の要素 2 の像 $f(2)$ は,$f(1)$

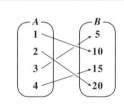

以外の 3 通り存在する。同様に,A の要素 3 の像 $f(3)$ は,$f(1)$, $f(2)$ 以
外の 2 通り存在し,最後に,A の要素 4 の像 $f(4)$ は,$f(1)$, $f(2)$, $f(3)$
以外の 1 通りに決定される。
以上より,f が "1対1対応"(上への 1対1 の関数)であるとき,関数 f は,
$4 \times 3 \times 2 \times 1 = 24$ 通り存在する。・・(答)

演習問題 12　　● 直積と和集合・共通部分の演算 ●

次の公式が成り立つことを示せ。

(1) $A \times (B \cap C) = (A \times B) \cap (A \times C)$ ……(*2)

(2) $(A \cup B) \times C = (A \times C) \cup (B \times C)$ ……(*3)

ヒント！ (1)では, $(a, y) \in A \times (B \cap C) \Longleftrightarrow (a, y) \in (A \times B) \cap (A \times C)$ となることを示せばいいし, (2)では, $(x, c) \in (A \cup B) \times C \Longleftrightarrow (x, c) \in (A \times C) \cup (B \times C)$ となることを示せばいいんだね。よく分からない方は, **P120** の (*1) の公式の証明を参考にするといいよ。

解答 & 解説

(1) $A \times (B \cap C) = (A \times B) \cap (A \times C)$ ……(*2) について,

　直積 $A \times (B \cap C)$ の要素を順序対 (a, y) とおくことにすると,

　$(a, y) \in A \times (B \cap C) \Longleftrightarrow a \in A, \ y \in B \cap C$

　　　　　　　　　　$\Longleftrightarrow a \in A, \ (y \in B \ かつ \ y \in C)$

　　　　　　　　　　$\Longleftrightarrow (a \in A, \ y \in B) \ かつ \ (a \in A, \ y \in C)$

　　　　　　　　　　$\Longleftrightarrow ((a, y) \in A \times B) \ かつ \ ((a, y) \in A \times C)$

　　　　　　　　　　$\Longleftrightarrow (a, y) \in (A \times B) \cap (A \times C)$　となって,

　$A \times (B \cap C) \subseteqq (A \times B) \cap (A \times C)$ かつ $A \times (B \cap C) \supseteqq (A \times B) \cap (A \times C)$ となる。

　$\therefore A \times (B \cap C) = (A \times B) \cap (A \times C)$ ……(*2) は成り立つ。…………(終)

(2) $(A \cup B) \times C = (A \times C) \cup (B \times C)$ ……(*3) について,

　直積 $(A \cup B) \times C$ の要素を順序対 (x, c) とおくことにすると,

　$(x, c) \in (A \cup B) \times C \Longleftrightarrow x \in A \cup B, \ c \in C$

　　　　　　　　　　$\Longleftrightarrow (x \in A \ または \ x \in B), \ c \in C$

　　　　　　　　　　$\Longleftrightarrow (x \in A, \ c \in C) \ または \ (x \in B, \ c \in C)$

　　　　　　　　　　$\Longleftrightarrow ((x, c) \in A \times C) \ または \ ((x, c) \in B \times C)$

　　　　　　　　　　$\Longleftrightarrow (x, c) \in (A \times C) \cup (B \times C)$　となって,

　$(A \cup B) \times C \subseteqq (A \times C) \cup (B \times C)$ かつ $(A \cup B) \times C \supseteqq (A \times C) \cup (B \times C)$ となる。

　$\therefore (A \cup B) \times C = (A \times C) \cup (B \times C)$ ……(*3) は成り立つ。…………(終)

P120 の (4) の (*4) の公式についても, 同様に証明できるので, 各自取り組んで頂きたい。

講義 3 ●集合の演算　公式エッセンス

1. 集合の定義

ある一定の客観的で明確な条件をみたすものの集まりを一まとめにしたもの。

2. 実数の分類

(Ⅰ) 実数 R $\begin{cases} \text{有理数 } Q \\ \text{無理数 } I_r \end{cases}$　　　(Ⅱ) 実数 R $\begin{cases} \text{代数的数 } A_l \\ \text{超越数 } T_r \end{cases}$

3. 集合の包含関係

(1) $^{\forall}x \in A \Rightarrow x \in B$ となるとき，$A \subseteqq B$　(A は B の部分集合)

(2) $A \subseteqq B$ かつ $B \subseteqq A \Rightarrow A = B$　(A と B は等しい)

(3) $A \subseteqq B$ かつ $A \neq B \Rightarrow A \subset B$　(A は B の真部分集合)

4. 差集合

差集合 $A - B = \{x \mid x \in A$ かつ $x \notin B\}$

5. 補集合

(1) $B \subseteqq A$ のとき，$A - B$ を B の A に関する補集合という。

(2) 全体集合 U に関する A の補集合を A^c とおく。

6. 和集合と共通部分

(1) 和集合 $A \cup B = \{x \mid x \in A$ または $x \in B\}$

(2) 共通部分 $A \cap B = \{x \mid x \in A$ かつ $x \in B\}$

(3) 分配の法則：$A \cap (B \cup C) = (A \cap B) \cup (A \cap C)$ など

(4) ド・モルガンの法則 (ⅰ) $(A \cup B)^c = A^c \cap B^c$, (ⅱ) $(A \cap B)^c = A^c \cup B^c$

7. 集合族

(1) その要素がすべて集合であるような集合のことを集合族という。

(2) ベキ集合 2^A：集合 A のすべての部分集合を要素とする集合族のこと。

8. 関数 f の種類

(ⅰ) 上への関数，(ⅱ) 1 対 1 の関数，(ⅲ) 1 対 1 対応の 3 種類がある。

1 対 1 対応 f については，逆関数 f^{-1} が存在する。

9. 直積とグラフ

(1) 直積 $A \times B = \{(a, b) \mid a \in A,\ b \in B\}$

(2) $f : A \longrightarrow B$, $b = f(a)$ $(a \in A,\ b \in B)$ のとき，順序対 $(a, f(a))$ の全体の集合を関数 f のグラフ G_f という。

講　　義
Lecture

集合の濃度

▶ 可付番集合の濃度
$\left(\aleph_0 = \overline{\overline{N}} = \overline{\overline{Q^+}} = \overline{\overline{Q}} = \overline{\overline{A_l}} \right)$

▶ 実数全体の集合の濃度
$\left(\aleph = 2^{\aleph_0} = \overline{\overline{R}} = \overline{\overline{I_r}} = \overline{\overline{T_r}} \right)$

▶ 関数全体の集合の濃度
$\left(\mathfrak{f} = \aleph^{\aleph} = 2^{\aleph} \right)$

▶ $\aleph_0$ と $\aleph$ と $\mathfrak{f}$ の公式
$\left(\aleph^{\aleph_0} = \aleph, \; \mathfrak{f} = \aleph_0^{\aleph} \; など \right)$

§1. 無限集合の濃度の基本

さァ，これから集合論の中で最も重要なテーマ，無限集合の "**濃度**" (*potency* または *power*) について，解説講義を始めよう。この無限集合の濃度については，"無限集合のプロローグ" (**P51〜**) の中で，簡単にその概略を説明したけれど，これから本格的に解説していくことにしよう。

プロローグで，自然数全体の集合 N の濃度を $\overline{\overline{N}} = \aleph_0$ とおいたとき，N の真部分集合であっても，N と同じ濃度 $\aleph_0$ をもつものについて紹介したけれど，ここでは，N を真部分集合とする整数全体の集合 Z や有理数全体の集合 Q の濃度も N と同じ $\aleph_0$ となること，さらに，代数的数全体の集合 A_l の濃度も同じく $\aleph_0$ となることも示すつもりだ。

そして次に，実数全体の集合 R の濃度を $\overline{\overline{R}} = \aleph$ と表すことは，プロローグで紹介したけれど，これが $\aleph_0$ よりも 1 段大きな無限濃度であることを，有名なカントールの "**対角線論法**" により証明しよう。さらに，$f : R \longrightarrow R$ で定義される関数 f 全体の集合 F の濃度を $\overline{\overline{F}} = \daleth$ とおくと，この $\daleth$ は $\aleph$ よりもさらに 1 段大きな無限濃度であることも明らかにするつもりだ。

このように，無限集合論においては，無限濃度がある階層構造になっていることが明らかになってくるので，非常に興味深いんだね。

数学的には，"1 対 1 対応" や "背理法" などを駆使しながら，様々な定理や公式を証明していくことになるけれど，分かりやすく丁寧に解説していくので，すべて理解して頂けると思う。それでは，早速講義を始めよう。

● "1 対 1 対応" と "対等" の関係を押さえよう！

まず，2 つの有限集合 A, B が与えられて，

1 対 1 対応 $f : A \longrightarrow B$ の関数関係があるとき，A と B の有限濃度 (要素の個数)

> f は 1 対 1 対応なので，当然，その逆関数 $f^{-1} : B \longrightarrow A$ の関係も成り立つ。

は等しいといい，$\overline{\overline{A}} = \overline{\overline{B}}$ と表す。

(ex) $A = \{1, 2, 3, 4\}$，$B = \{5, 10, 15, 20\}$ について，たとえば，

$f(1) = 10$，$f(2) = 20$，$f(3) = 5$，$f(4) = 15$ になるような 1 対 1 対応 f が存在するので，$\overline{\overline{A}} = \overline{\overline{B}} = 4$ (有限濃度) となるんだね。

それでは，この "1 対 1 対応" の関数関係を有限集合から無限集合にまで拡張し，さらに "対等"（*equipotent*）との関係についても，以下に示そう。

■ 1 対 1 対応と対等

2 つの集合 A, B について，

1 対 1 対応 $f : A \longrightarrow B$ が，少なくとも 1 つ存在するとき，

A と B は "対等"（*equipotent*）であるといい，

$A \sim B$ ……(*) と表す。

そして，2 つの集合 A, B が，対等 $A \sim B$ であるとき，

2 つの集合の濃度 $\overline{\overline{A}}$ と $\overline{\overline{B}}$ は等しいといい，

$\overline{\overline{A}} = \overline{\overline{B}}$ ……(*)′ と表す。

つまり，「1 対 1 対応 $f : A \longrightarrow B$ が存在する $\Longrightarrow A \sim B \Longrightarrow \overline{\overline{A}} = \overline{\overline{B}}$」の関係が成り立つといっているんだね。

(ex) $\begin{cases} \text{自然数全体の集合} \quad N = \{1,\ 2,\ 3,\ \cdots,\ n,\ \cdots\} \\ \text{正の偶数全体の集合 } E = \{2,\ 4,\ 6,\ \cdots,\ 2n,\ \cdots\} \end{cases}$ について，

1 対 1 対応 $f : N \longrightarrow E \quad f(n) = 2n \ (\forall n \in N)$ が存在する。

よって，$N \sim E$（N と E は対等）であり，$\overline{\overline{N}} = \overline{\overline{E}} = \aleph_0$ となるんだね。大丈夫？

ここで，濃度というのは集合をグループ分けするための 1 つの "**標識**" と考えることができる。たとえば，

$(ex\,1)$ 集合 A の濃度が，$\overline{\overline{A}} = 4$ と与えられたとき，

この集合 A として，$A = \{1,\ 2,\ 3,\ 4\}$ や $\{a,\ b,\ c,\ d\}$ や $\{\sqrt{2},\ -\sqrt{2},$

$2\sqrt{2},\ -2\sqrt{2}\}$ や $\left\{\dfrac{1}{3},\ \dfrac{2}{3},\ \dfrac{4}{3},\ \dfrac{5}{3}\right\}$，$\cdots$ などなど，様々な集合が考えられる。従って，$\overline{\overline{A}} = 4$ は，要素の個数 (有限濃度) が 4 個の集合のグループの 1 つの標識 (ラベル) になっていると考えられるんだね。

$(ex\,2)$ 自然数の集合 $N = \{1,\ 2,\ 3,\ \cdots\}$ の濃度が，$\overline{\overline{N}} = \aleph_0$ で与えられているときも，この $\aleph_0$ は，N と対等な集合 $\{2,\ 6,\ \cdots,\ 2n,\ \cdots\}$ や $\{1,\ 3,\ 5,$

$\cdots,\ 2n-1,\ \cdots\}$ や $\{3,\ 6,\ 9,\ \cdots,\ 3n,\ \cdots\}$ や $\{2^1,\ 2^2,\ 2^3,\ \cdots,\ 2^n,\ \cdots\}$，

$\cdots$ などの集合のグループの 1 つの標識と考えればいいんだね。

それでは，"対等"（～）について，基本公式を下に示しておこう。

対等の基本公式

3つの集合 A, B, C について，以下の公式が成り立つ。
(i) $A \sim A$ ……………………………………(*1)
(ii) $A \sim B$ ならば，$B \sim A$ である。……………(*2) ← 交換法則
(iii) $A \sim B$ かつ $B \sim C$ ならば，$A \sim C$ である。……(*3) ← 推移律

(i) $f : A \longrightarrow A$ の "1対1対応" f として，恒等関数 $i_a : a \longrightarrow a$ $(\forall a \in A)$ が
存在する。

> 同じものを同じものに対応させる "1対1対応" のこと

よって，$A \sim A$ ……(*1) は成り立つ。

(ii) 1対1対応 $f : A \longrightarrow B$ が存在するとき，その逆関数 f^{-1} が存在して，こ
れも1対1対応である。すなわち，1対1対応 $f^{-1} : B \longrightarrow A$ が存在する。
よって，「$A \sim B \Longrightarrow B \sim A$」……(*2) は成り立つんだね。

> これは，"対等"（～）についての "交換法則"（*commutative law*）という。

(iii) 2つの1対1対応 $f : A \longrightarrow B$, $g : B \longrightarrow C$ が存在するとき，合成関数
$g \circ f : A \longrightarrow C$ が存在し，この $g \circ f$ も1対1対応である。(**P117** 参照)
よって，「$A \sim B$ かつ $B \sim C \Longrightarrow A \sim C$」……(*3) は成り立つ。

> これは，"対等"（～）についての "推移律"（*transitive law*）という。

ここで，集合 A, B, C, D, $\cdots$, X, Y, Z などの濃度を表すのに，$\overline{\overline{A}}$, $\overline{\overline{B}}$,
$\cdots$, $\overline{\overline{Z}}$ の代わりに，ドイツ文字の小文字 $\mathfrak{a}$, $\mathfrak{b}$, $\mathfrak{c}$, $\mathfrak{d}$, $\cdots$, $\mathfrak{x}$, $\mathfrak{y}$, $\mathfrak{z}$ などを用

> a, b, c, d, $\cdots$, x, y, z のドイツ文字の小文字

いることが多い。従って，$\overline{\overline{A}} = \mathfrak{a}$, $\overline{\overline{B}} = \mathfrak{b}$, $\overline{\overline{C}} = \mathfrak{c}$ とおくと，
上記の基本公式から，ドイツ文字の小文字による濃度の公式が，次のよ
うに導けるんだね。

(i)「$A \sim A$ ……(*1)」$\Longrightarrow$「$\mathfrak{a} = \mathfrak{a}$ ……(*1)´」 ← 濃度の交換法則

(ii)「$A \sim B \Longrightarrow B \sim A$ ……(*2)」$\Longrightarrow$「$\mathfrak{a} = \mathfrak{b} \Longrightarrow \mathfrak{b} = \mathfrak{a}$ ……(*2)´」

(iii)「$A \sim B$ かつ $B \sim C \Longrightarrow A \sim C$ ……(*3)」

$\Longrightarrow$「$\mathfrak{a} = \mathfrak{b}$ かつ $\mathfrak{b} = \mathfrak{c} \Longrightarrow \mathfrak{a} = \mathfrak{c}$ ……(*3)´」 ← 濃度の推移律

● 可付番集合の濃度 $\aleph_0$ について解説しよう！

集合には，(ⅰ) 空集合 $\phi = \{\ \}$，(ⅱ) 有限集合，(ⅲ) 無限集合の **3** 種類があるんだったね。そして，この (ⅲ) 無限集合の中でも，最も基本的な集合として，自然数全体の集合 $N = \{1,\ 2,\ 3,\ \cdots,\ n,\ \cdots\}$ について，これから解説していこう。

この集合 N のように，"イチ，ニ，サン，…" と数え上げたり，または，"イチ，ニ，サン，…" と番号を付けることができる無限集合のことを特に，"**可付番集合**"（*enumerable set*）または "**可算集合**"（*countable set*）という。

そして，この可付番集合の **1** つとして，自然数全体の集合の濃度 $\overline{\overline{N}}$ を，

$\overline{\overline{N}} = \aleph_0$ ……$(*)$ とおく。

したがって，この $\aleph_0$ は "**可付番濃度**" や "**可算濃度**" と呼んでも構わない。そして，無限濃度 $\aleph_0$ は，自然数全体の集合 N の濃度であると同時に，**1** つの標識としての役目をもち，$A = \{a_1,\ a_2,\ a_3,\ \cdots,\ a_n,\ \cdots\}$ の形で表される無限集合の濃度は，すべて $\aleph_0$ になるんだね。何故なら，$a_n = a(n)$ とみなせば，a は **1** 対 **1** 対応：$a : n \longrightarrow a_n$ $(\forall n \in N)$ となるので，$N \sim A$（対等）となり，$\overline{\overline{N}} = \overline{\overline{A}} = \aleph_0$ となるからなんだね。よって，

$$E = \{\underset{\textstyle a_1}{2},\ \underset{\textstyle a_2}{4},\ \underset{\textstyle a_3}{6},\ \cdots,\ \underset{\textstyle a_n}{2n},\ \cdots\} \text{ や } O = \{\underset{\textstyle b_1}{1},\ \underset{\textstyle b_2}{3},\ \underset{\textstyle b_3}{5},\ \cdots,\ \underset{\textstyle b_n}{2n-1},\ \cdots\},$$

$$P_2 = \{\underset{\textstyle 2^1 = c_1}{2},\ \underset{\textstyle 2^2 = c_2}{4},\ \underset{\textstyle 2^3 = c_3}{8},\ \cdots,\ \underset{\textstyle c_n}{2^n},\ \cdots\} \text{ や } D = \{\underset{\textstyle 3\cdot1 = d_1}{3},\ \underset{\textstyle 3\cdot2 = d_2}{6},\ \underset{\textstyle 3\cdot3 = d_3}{9},\ \cdots,\ \underset{\textstyle d_n}{3n},\ \cdots\},$$

… などは，いずれも，$E \subset N$，$O \subset N$，$P_2 \subset N$，$D \subset N$，… ではあるが，N との間に **1** 対 **1** 対応：$a, b, c, d,$ … が存在するので，N と対等である。よって，$\overline{\overline{N}} = \overline{\overline{E}} = \overline{\overline{O}} = \overline{\overline{P_2}} = \overline{\overline{D}} = \cdots = \aleph_0$ が成り立つ。つまり，しかも，同じ濃度をもつ無限集合のグループの標識が可付番濃度 $\aleph_0$ であると，考えることもできるんだね。

それでは，この可付番濃度 $\aleph_0$ が，どのような不等式や等式で表されるのか考えてみよう。

(ⅰ) 自然数の集合 $\{1,\ 2,\ 3,\ \cdots,\ n,\ \cdots\}$ の濃度が $\aleph_0$ より，不等式

　　 $1 < 2 < 3 < \cdots < n < \cdots < \aleph_0$ ……$(*1)$ が成り立つ。

(ⅱ) このように，$\aleph_0$ は，"イチ，ニ，サン，…" と数え上げていく果ての果て
　　 … の数と考えることができるので，

$$\aleph_0 = 1+1+1+ \cdots +1+ \cdots \quad \cdots\cdots(*2)$$ と表すこともできる。

イチ
ニ
サン
・・・・・・・・・・・・
エヌ

n 番目

以上をまとめて，$\aleph_0$ の表し方の公式として下に示そう。

$\aleph_0$ の表し方

可付番濃度 $\aleph_0$ には，次の公式が成り立つ。

(ⅰ) $1 < 2 < 3 < \cdots < n < \cdots < \aleph_0$ $\cdots\cdots(*1)$

(ⅱ) $\aleph_0 = 1+1+1+ \cdots +1+ \cdots$ $\cdots\cdots(*2)$

● 有理数 Q などの濃度も調べてみよう！

これまで，N の真部分集合で，N と対等な無限集合について解説してきたけれど，ここでは，逆に N を真部分集合とするもので，N と対等な無限集合について解説しよう。

ン？ そんな無限集合が存在するのかって？ 実数 R の分類法である右の表を見てくれ。これから，整数全体の集合 Z，有理数全体の集合 Q，および代数的数 A_l は，すべて自然数の集合 N を真部分集合にもつが，N と対等であり，

実数の分類

(Ⅰ) 実数 R $\begin{cases} \text{有理数 } Q \text{ (整数 } Z, \text{ 自然数 } N) \\ \text{無理数 } I_r \end{cases}$

(Ⅱ) 実数 R $\begin{cases} \text{代数的数 } A_l \\ \text{超越数 } T_r \end{cases}$

その濃度が，N の濃度と等しい可付番濃度 $\aleph_0$ となることをこれから示そう。

ン？ 整数の集合 Z や有理数 Q が，$Z \supset N$，$Q \supset N$ となることは分かるけれど，代数的数 A_l も本当に $A_l \supset N$ となるのかって？ 代数的数とは，整数係数の n 次方程式の実数解のことだから，x の 1 次方程式：

$x - k = 0$ $(k = 1, 2, 3, \cdots, n, \cdots)$ の解，すなわち $x = k$ $(k \in N)$ となって，自然数 N は代数的数 A_l の部分集合，すなわち $A_l \supseteqq N$ となる。そして，

$2x - 1 = 0$，すなわち $x = \dfrac{1}{2}$ $(\not\in N)$ も代数的数 A_l なので，$A_l \neq N$ より，

$A_l \supset N$ となるんだね。大丈夫？

さァ，それでは，(Ⅰ) 整数全体の集合 Z，(Ⅱ) 有理数全体の集合 Q，(Ⅲ) 代数的数全体の集合 A_l が，自然数全体の集合 N と対等であることを，順に示していこう。

(Ⅰ) 整数全体の集合 $Z = \{\cdots, -2, -1, 0, 1, 2, 3, \cdots\}$ について，

Z の要素を並べ替えて，

$Z = \{0, 1, -1, 2, -2, 3, -3, \cdots\}$ としても構わない。このとき，この Z と自然数 $N = \{1, 2, 3, \cdots\}$ との間に，1 対 1 対応の関数が存在することを示せばいいんだね。すなわち，Z を，

$Z = \{a_1, a_2, a_3, a_4, a_5, a_6, \cdots, a_n, \cdots\}$ と表すことができればいいんだね。…，アイデアは浮かんだ？ そうだね。偶数項と奇数項に分けると，

・$a_2 = 1$，$a_4 = 2$，$a_6 = 3$，$\cdots$ より，$n = 2, 4, 6, \cdots$ のとき，$a_n = \dfrac{n}{2}$ とし，

・$a_1 = 0$，$a_3 = -1$，$a_5 = -2$，$a_7 = -3$，$\cdots$ より，

$n = 1, 3, 5, 7, \cdots$ のとき，$a_n = \dfrac{1-n}{2}$ とすればいい。

つまり，$a_n = \begin{cases} \dfrac{1-n}{2} & \{n = 1, 3, 5, 7, \cdots \text{のとき}\} \\[2mm] \dfrac{n}{2} & \{n = 2, 4, 6, 8, \cdots \text{のとき}\} \end{cases}$ とおけるので，

$a_n = a(n)$ と考えて，a を，$a : N \longrightarrow Z$ の関数と考えれば，a は "1 対 1 対応" だね。よって，$Z \sim N$ (対等) となり，$\overline{\overline{Z}} = \overline{\overline{N}} = \aleph_0$ が導かれるんだね。大丈夫？

(Ⅱ) 有理数全体の集合 Q について，
有理数 Q は整数または分数 (有限小数，循環小数) からなる数で，右図に示すように，$[0, 1]$ の範囲内だけでも，有理数は無

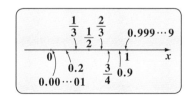

限に存在する。よって，有理数全体の集合 Q の濃度は $\aleph_0$ よりずっと大きいと感覚的には思えるんだけれど，実は，Q と自然数の集合 N とは対等 $Q \sim N$ であり，その濃度も $\overline{\overline{Q}} = \overline{\overline{N}} = \aleph_0$ となるんだね。

これから解説しよう。有理数 Q には 0 と正と負の有理数が存在するわけだけれど、ここでは、まず、正の有理数に着目して、この正の有理数全体の集合を Q^+ とおいて、この Q^+ について調べてみよう。

図1に示すように、1行目は自然数 (分母が 1 の正の分数) 1, 2, 3, 4, … を、2行目には分母が 2 の分数 $\dfrac{1}{2}$, $\dfrac{2}{2}$, $\dfrac{3}{2}$, $\dfrac{4}{2}$, … を、3行目には分母が 3 の分数 $\dfrac{1}{3}$, $\dfrac{2}{3}$, $\dfrac{3}{3}$, $\dfrac{4}{3}$, … を、以下同様に並べる。これで、すべての正の有理数が表示できることが分かると思う。

図1 Q^+ について

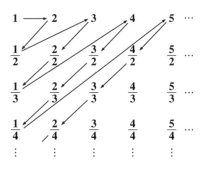

ここで、図1に示した矢線に従って、正の有理数 Q^+ の要素を並べていくことにする。ただし、$1 = \dfrac{2}{2} = \dfrac{3}{3} = \dfrac{4}{4} = \cdots$ や $2 = \dfrac{4}{2} = \dfrac{6}{3} = \cdots$、および $\dfrac{1}{2} = \dfrac{2}{4} = \dfrac{3}{6} = \cdots$ のように、1度出てきたものと同じものは除くことにすると、

$$Q^+ = \left\{ 1,\ 2,\ \frac{1}{2},\ 3,\ \frac{\cancel{2}}{\cancel{2}},\ \frac{1}{3},\ 4,\ \frac{3}{2},\ \frac{2}{3},\ \frac{1}{4},\ 5,\ \frac{\cancel{4}}{\cancel{2}},\ \frac{\cancel{3}}{\cancel{3}},\ \frac{\cancel{2}}{\cancel{4}},\ \cdots \right\}$$ より、

$$Q^+ = \left\{ 1,\ 2,\ \frac{1}{2},\ 3,\ \frac{1}{3},\ 4,\ \frac{3}{2},\ \frac{2}{3},\ \frac{1}{4},\ 5,\ \cdots \right\}$$ となる。よって、これを

$Q^+ = \{a_1,\ a_2,\ a_3,\ a_4,\ a_5,\ \cdots\}$ のように、1番目の要素から順に "イチ、ニ、サン、…" と数え上げることができるので、Q^+ は可付番集合であり、$Q^+ \sim N$ より、$\overline{\overline{Q^+}} = \overline{\overline{N}} = \aleph_0$ となるんだね。ここまでは、大丈夫?

それでは、0 や負の有理数も含めた、有理数全体の集合 Q の濃度はどうなるのか? $Q^+ = \{a_1,\ a_2,\ a_3,\ a_4,\ a_5,\ \cdots\}$ を基に調べてみよう。

$$Q = \{\underbrace{0}_{b_1},\ \underbrace{a_1}_{b_2},\ \underbrace{-a_1}_{b_3},\ \underbrace{a_2}_{b_4},\ \underbrace{-a_2}_{b_5},\ \underbrace{a_3}_{b_6},\ \underbrace{-a_3}_{b_7},\ \underbrace{a_4}_{b_8},\ \underbrace{-a_4}_{b_9},\ \underset{\cdots}{\cdots} \}$$ として、これを1番目から順に、

$b_k\ (k=1,\ 2,\ 3,\ \cdots)$ に置き換えて，

$Q=\{b_1,\ b_2,\ b_3,\ b_4,\ b_5,\ b_6,\ b_7,\ b_8,\ b_9,\ \cdots\}$ ←

とおくと，有理数全体の集合 Q も可付番集合であり，$Q\sim N$ となり，$\overline{\overline{Q}}=\overline{\overline{N}}=\aleph_0$ が導かれるんだね。エッ！信じられないって!? 正直言って，ボクも同様だ！それでは，次に行こう。

> 1対1対応：
> $b_1=0$
> $b_n=\begin{cases} a_{\frac{n}{2}} & (n=2,\ 4,\ 6,\ \cdots) \\ -a_{\frac{n-1}{2}} & (n=3,\ 5,\ 7,\ \cdots) \end{cases}$

(Ⅲ) 代数的数全体の集合 A_l について，

ここで扱う代数的数とは，係数が整数である代数方程式の実数解になり

> 定義では，係数が有理数としているものもあると思うが，各係数の分母の最小公倍数を両辺にかければ，係数はすべて整数にできるからね。
> $\left((ex)-\frac{1}{3}x^2+\frac{1}{2}x+\frac{5}{6}=0\right.$ の両辺に -6 をかけて $2x^2-3x-5=0$ とできる。)

得る数のことなんだね。ではまず，整数係数の代数方程式の集合を

$a_0x^n+a_1x^{n-1}+a_2x^{n-2}+\cdots+a_{n-1}x+a_n=0\ \cdots\cdots(*)\ (a_0>0,\ n=1,\ 2,\ 3,\ \cdots)$

で表す。

> a_0 が負のとき，両辺に -1 をかけても一般性を失わない。

そして，この n 次方程式の高さ h を

$h=n+a_0+|a_1|+|a_2|+\cdots+|a_n|\ \cdots①$ で定義すると，$h\geqq 2$ となるのは大丈夫？

（a_0：⊕）

高さ h が最小となる n 次方程式は，$1\cdot x=0$ で，最小値 $h=n+a_0=1+1=2$ となるからだ。

> $n=1$ 次方程式

> $a_0=1$

上記の 2 次方程式：$2x^2-3x-5=0$ の高さ h は，$h=2+2+|-3|+|-5|=12$ となる。

では，$h=2,\ 3,\ 4,\ \cdots$ のときの代数方程式の実数解，すなわち代数的数を具体的に求めてみよう。

> n 次方程式のこと

> 一般には，虚数解も A_l の要素とするが，ここでは，実数解のみを対象としているからね。

(ⅰ) $h=2$ のとき，$\cdot\ x=0$
　↓ $x=0$

(ⅱ) $h=3$ のとき，$\cdot\ 2x=0$，$x+1=0$，$x-1=0$，$x^2=0$
　↓ ~~$x=0$~~，$x=-1$，$x=1$，~~$x=0$~~

(ⅲ) $h=4$ のとき，$\cdot\ 3x=0$，$2x+1=0$，$2x-1=0$，$x+2=0$，$x-2=0$，
　↓ ~~$x=0$~~，$x=-\frac{1}{2}$，$x=\frac{1}{2}$，$x=-2$，$x=2$

$2x^2=0$，$x^2+x=0$，$x^2-x=0$，$x^2+1=0$，$x^2-1=0$，$x^3=0$
　↓ ~~$x=0$~~，~~$x=0,\ -1$~~，~~$x=0,\ 1$~~，解なし，~~$x=\pm 1$~~，~~$x=0$~~

(iv) $h=5$ のとき，$\cdot \underset{x=0}{\cancel{4x=0}}$, $\underset{x=-\frac{1}{3}}{\cancel{3x+1=0}}$, $\underset{x=\frac{1}{3}}{\cancel{3x-1=0}}$, $\underset{x=-1}{\cancel{2x+2=0}}$, $\underset{x=1}{\cancel{2x-2=0}}$,

$\underset{x=-3}{\cancel{x+3=0}}$, $\underset{x=3}{\cancel{x-3=0}}$, $\underset{x=0}{\cancel{3x^2=0}}$, $\underset{x=0,\,-\frac{1}{2}}{\cancel{2x^2+x=0}}$, $\underset{x=0,\,\frac{1}{2}}{\cancel{2x^2-x=0}}$,

$\underset{\text{解なし}}{2x^2+1=0}$, $\underset{x=\pm\frac{1}{\sqrt{2}}}{2x^2-1=0}$, $\underset{x=0,\,-2}{\cancel{x^2+2x=0}}$, $\underset{x=0,\,2}{\cancel{x^2-2x=0}}$, $\underset{\text{解なし}}{x^2+2=0}$,

$\cdots\cdots\cdots\cdots\cdots\cdots\cdots\cdots\cdots\cdots\cdots\cdots\cdots$, $\underset{x=0}{\cancel{x^4=0}}$

(v) $h=6$ のとき，$\cdots\cdots\cdots$ と，代数的数を求めることができるんだね。

これらの実数解の内，重複するものは除いて，前に詰めながら表すと，代数的数全体の集合 A_l は，

$$A_l=\left\{0,\,-1,\,1,\,-\frac{1}{2},\,\frac{1}{2},\,-2,\,2,\,-\frac{1}{3},\,\frac{1}{3},\,-3,\,3,\,-\frac{1}{\sqrt{2}},\,\frac{1}{\sqrt{2}},\,\cdots\right\}$$

となるので，集合 A_l は，$A_l=\{a_1,\,a_2,\,a_3,\,\cdots\}$ と表される。よって，$A_l\sim N$ より，A_l の濃度 $\overline{\overline{A_l}}$ も $\overline{\overline{A_l}}=\overline{\overline{N}}=\aleph_0$ となるんだね。納得いった？

● "高々可付番" について解説しよう！

では次，"可付番集合" の定理と，"高々可付番"（*at most countable*）について，下にまとめて示そう。

可付番集合の定理
可付番集合について，次の定理が成り立つ。 (i) 可付番無限集合 A の無限部分集合 B は可付番である。 (ii) 有限集合と可付番集合を併せて "高々可付番" な集合という。

まず，(i) の証明をしておこう。

可付番無限集合を $A=\{a_1,\,a_2,\,a_3,\,\cdots\}$ とおき，この要素の内，この無限部分集合 B に属さない要素をすべて取り去り，残った要素を前に詰めて，$B=\{b_1,\,b_2,\,b_3,\,\cdots\}$ とおくことができるので，この B も可付番無限集合になる。

次，（ⅱ）について，"<ruby>高々可付番<rt>たかだか か ふ ばん</rt></ruby>"とは，最大限大きく見積もっても可付番集合，つまり有限集合か可付番集合という意味で，これから，無限集合の濃度では，可付番より大きなものが存在することを暗示している用語でもあるんだね。では，（ⅱ）について，集合 A, B を使って，場合分けして考えよう。

・A と B が共に有限集合である場合，

$A \cup B$ は有限集合となるので，高々可付番な集合と言える。

> A と B は互いに素である。そうでないときは，重複している要素を除けばいいんだね。

・A が有限集合，B が可付番集合である場合，

$A = \{a_1, a_2, \cdots, a_l\}, B = \{b_1, b_2, \cdots, b_m, \cdots\}$ とおき，$A \cap B = \phi$ とすると，

$A \cup B = \{a_1, a_2, \cdots, a_l, b_1, b_2, \cdots, b_m, \cdots\}$
$= \{c_1, c_2, c_3, \cdots, c_n, \cdots\}$ と表すことができる。

よって，$A \cup B$ は可付番集合となるので，高々可付番な集合と言える。

・A と B が共に可付番集合である場合，

$A = \{a_1, a_2, \cdots, a_n, \cdots\}, B = \{b_1, b_2, \cdots, b_n, \cdots\}$ とおき，$A \cap B = \phi$ とすると，

$A \cup B = \{a_1, b_1, a_2, b_2, \cdots, a_n, b_n, \cdots\}$
$= \{c_1, c_2, c_3, c_4, \cdots, c_{2n-1}, c_{2n}, \cdots\}$ となる。

$$c_n = \begin{cases} a_{\frac{n+1}{2}} & (n=1, 3, 5, \cdots) \\ b_{\frac{n}{2}} & (n=2, 4, 6, \cdots) \end{cases}$$

よって，$A \cup B$ は可付番集合となるので，高々可付番な集合と言える。

したがって，複数の有限集合の和は高々可付番なので，互いに素な有限集合 $A_1, A_2, A_3, \cdots$ の濃度が $\overline{\overline{A_1}} = m_1, \overline{\overline{A_2}} = m_2, \overline{\overline{A_3}} = m_3, \cdots$ であるとき，これらの和集合の濃度は，無限集合の濃度ではあるけれど，

$\overline{\overline{A_1 \cup A_2 \cup A_3 \cup \cdots}} = m_1 + m_2 + m_3 + \cdots = \aleph_0$（可付番濃度）となる。よって，これも高々可付番ということができる。この結果は，$1 + 1 + 1 + \cdots = \aleph_0$ よりもさらに $\aleph_0$ の世界を広げていくことになるんだね。

● 連続体濃度 <ruby>$\aleph$<rt>アレフ</rt></ruby> について解説しよう！

これまでの解説で，整数 Z，有理数 Q，代数的数 A_l が可付番集合で，いずれの濃度も $\aleph_0$ であることを解説した。

$$実数 R \begin{cases} 有理数 Q（整数 Z, 自然数 N） \\ 無理数 I_r \end{cases}$$
$$実数 R \begin{cases} 代数的数 A_l \\ 超越数 T_r \end{cases}$$

それでは，まだ調べていない実数全体の集合 R の濃度が，$\aleph_0$ より一段大きな <ruby>$\aleph$<rt>アレフ</rt></ruby> であることを示そう。そして，まだ調べていない無理数 I_r や超越数 T_r の濃度についても，ここで類推してみよう。

"無限集合のプロローグ" で概説したように，R と $R_{(0,1)} = \{x \mid 0 < x < 1\}$ との間には，右図に示すような **1 対 1 対応**の f，つまり

$$y = f(x) = \frac{2x-1}{4(x-x^2)}, \quad f : R_{(0,1)} \longrightarrow R$$

が存在するんだね。よって，R と $R_{(0,1)}$ は対等で，$R \sim R_{(0,1)}$ であり，その濃度も等しくなって，$\overline{\overline{R}} = \overline{\overline{R_{(0,1)}}}$ となる。従って，

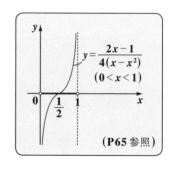

$$y = \frac{2x-1}{4(x-x^2)}$$
$$(0 < x < 1)$$

(P65 参照)

ここでは，$0 < x < 1$ の範囲の実数の集合 $R_{(0,1)}$ について，この濃度が $\aleph_0$ よりも **1 段大きな濃度**であることを，"**背理法**" と "**対角線論法**"（*diagonal process*）を用いて調べてみよう。

まず，$R_{(0,1)}$ の任意の要素は，無限小数 $0.a_1 a_2 a_3 \cdots a_n \cdots$ で表すことができるので，$R_{(0,1)}$ が可付番集合であると仮定する。←〔背理法〕
すると，$R_{(0,1)}$ の要素は，次のように $\alpha_1, \alpha_2, \alpha_3, \cdots, \alpha_n, \cdots$ と表すことができる。

$\alpha_1 = 0.\,a_{11}\,a_{12}\,a_{13} \cdots a_{1n} \cdots$

$\alpha_2 = 0.\,a_{21}\,a_{22}\,a_{23} \cdots a_{2n} \cdots$

$\alpha_3 = 0.\,a_{31}\,a_{32}\,a_{33} \cdots a_{3n} \cdots$

....

$\alpha_n = 0.\,a_{n1}\,a_{n2}\,a_{n3} \cdots a_{nn} \cdots$

....

ここで，上記の対角線上に存在する値 $a_{11}, a_{22}, a_{33}, \cdots, a_{nn}, \cdots$ に着目して，小数 $\beta = 0.b_1 b_2 b_3 \cdots b_n \cdots$ を，

$\begin{cases} a_{nn} = 0 \text{ ならば，} b_n = 1 \\ a_{nn} \neq 0 \text{ ならば，} b_n = 0 \ (n = 1, 2, 3, \cdots) \end{cases}$ と，定義することにしよう。すると，

β は，$0 < \beta < 1$ の数なので，当然 $\beta \in R_{(0,1)}$ だね。よって，β は，$\alpha_1, \alpha_2, \alpha_3, \cdots, \alpha_n, \cdots$ のいずれかと等しくならないといけない。しかし，α_1 とは小数第 **1** 位が異なり，α_2 とは小数第 **2** 位が異なり，α_3 とは小数第 **3** 位が異なり，$\cdots, \alpha_n$ とは小数第 n 位が異なるため，いずれの α_k ($k = 1, 2, 3, \cdots, n, \cdots$) とも等しくない。よって，$\beta \not\in R_{(0,1)}$ となって，$\beta \in R_{(0,1)}$ であることと矛盾する。以上より，無限集合 $R_{(0,1)}$ は可付番集合ではないことが，背理法により証明できたんだね。

138

したがって，$R_{(0,1)} \sim R$ の濃度は，$\aleph_0$ よりも大きな標識として $\aleph$（アレフ）を用いて，$\overline{\overline{R}} = \overline{\overline{R_{(0,1)}}} = \aleph$ とおくことにする。$\aleph$ は "**連続体濃度**"（*potency of continuum*）とも呼ばれることがあるので，これも覚えておくといいよ。

ン？でも，反例として，可付番集合に属していない $\beta = 0.b_1 b_2 b_3 \cdots b_n \cdots$ が，ただ 1 つだけ見つかったに過ぎないのに，$\aleph$ が $\aleph_0$ より大きな無限濃度と言えるのか，分からないって？…，その疑問に答えておこう。

実は，α_k の対角要素 a_{kk} は，0 から 9 までの 10 個の数の内のいずれかだから，b_k を $b_k \neq a_{kk}$（$k = 1, 2, 3, \cdots$）とすれば，b_k は a_{kk} 以外の 9 通りの数を取り得るんだね。よって，α_k（$k = 1, 2, 3, \cdots$）で表すことのできない β の数は，ただ 1 つではなくて，$9^{\aleph_0}$ という膨大な数になってしまう。よって，$\aleph$ は $\aleph_0$ よりも 1 段大きな無限濃度であることが，ご理解頂けたと思う。これら $\aleph$ と $\aleph_0$ の関係を表す公式としては，$2^{\aleph_0} = \aleph$ ……(*) があるが，これについては，後にまた詳しく解説しよう。（例題 **31**(2)（P191）参照）

ここで，さらに，(ⅰ) 無理数全体の集合 I_r と (ⅱ) 超越数全体の集合 T_r の濃度についても考えてみよう。

(ⅰ) 無理数全体の集合 I_r について，

$R = Q \cup I_r$，$Q \cap I_r = \phi$　（R：実数，Q：有理数）より，

$\underset{\aleph}{\overline{\overline{R}}} = \underset{\aleph_0}{\overline{\overline{Q}}} + \overline{\overline{I_r}}$ ……① となる。ここで，$\overline{\overline{R}} = \aleph$，$\overline{\overline{Q}} = \aleph_0$ より，ここでもし，$\overline{\overline{I_r}} = \aleph_0$ であると仮定すると，①の右辺は高々可付番となって，①の左辺の $\overline{\overline{R}} = \aleph$ に矛盾する。よって，$I_r \sim R$，すなわち $\overline{\overline{I_r}} = \overline{\overline{R}} = \aleph$ であると類推される。これについては，後でまた解説しよう。（P156 参照）

(ⅱ) 超越数全体の集合 T_r についても同様に，

$R = A_l \cup T_r$，$A_l \cap T_r = \phi$　（R：実数，A_l：代数的数）より，

$\underset{\aleph}{\overline{\overline{R}}} = \underset{\aleph_0}{\overline{\overline{A_l}}} + \overline{\overline{T_r}}$ ……② となる。ここで，$\overline{\overline{R}} = \aleph$，$\overline{\overline{A_l}} = \aleph_0$ より，$\overline{\overline{T_r}} = \aleph_0$ であると仮定すると，②の右辺は高々可付番となって，②の左辺の $\overline{\overline{R}} = \aleph$ と矛盾する。よって，$T_r \sim R$，すなわち $\overline{\overline{T_r}} = \overline{\overline{R}} = \aleph$ であると類推されるんだね。これについても，この類推が正しいことを，この後で証明するので，楽しみにお待ち頂きたい。（P156 参照）

● 関数 *f* の集合 *F* の濃度 ╎について解説しよう！

xy 平面上の関数 *y* = *f*(*x*) 全体の集合を *F* とおこう。関数 *f* は，
f : *R* ⟶ *R*, *y* = *f*(*x*) (∀*x* ∈ *R*, *y* ∈ *R*) であり，この関数 *f* 全体の集合 *F* の
濃度を $\overline{\overline{F}}$ = ╎ とおくと，この関数の濃度 ╎ は，$\aleph_0$ や $\aleph$ よりもさらに **1** 段大き
な無限集合の濃度であることを，これから解説しよう。

ここで，関数 *y* = *f*(*x*) (−∞ < *x* < ∞, −∞ < *y* < ∞) について，高校時代に学
んだような，*f*(*x*) = *x*² + 1 や *f*(*x*) = sin2*x* や *f*(*x*) = −2*eˣ*, … などの *xy* 平面
上で連続で微分可能な滑らかな何かある曲線を連想してはいけない。ここで
いう関数 *y* = *f*(*x*) とは，*x* 軸上の無限に存在する **1** 点，**1** 点，… の *x* に対して
関数 *f* によってある *y* の値が決定されていればいいわけで，*f* は当然 "上への
関数" や "**1** 対 **1** の関数" や "**1** 対 **1** 対応"
である必要さえないんだね。この関数 *y*
= *f*(*x*) がどのようなものであるのかを示
すのは難しいんだけれど，この *y* = *f*(*x*)
のイメージを強いて示せば，図 **2** のよう
に，点 (順序対) (*x*, *f*(*x*)) の集合体とい
うことになるんだね。

図 **2** 関数 *y* = *f*(*x*) のイメージ

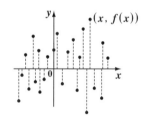

では，関数 *f* : *R* ⟶ *R* の全体の集合 *F*
の濃度 ╎ を調べる前に，**2** つの有限集合 *A* = {**1, 2, 3, 4**}, *B* = {**5, 10, 15**}
についての関数 *φ* を，*φ* : *A* ⟶ *B*, *b* = *φ*(*a*)
(∀*a* ∈ *A*, *b* ∈ *B*) と定義して，*φ* の集合の
有限濃度がどうなるか調べてみよう。

図 **3** *φ* : *A* ⟶ *B*

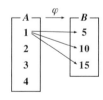

図 **3** に示すように，*φ* について，**1**(∈ *A*)
の像は，*φ*(**1**) = **5** または **10** または **15** の
3 通り存在する。関数 *φ* は "上への関数"
である必要はないので，*A* の他の要素 **2**,
3, **4** についても同様にその後は **3** 通りずつ存在する。

よって，関数 *φ* の集合を *Φ* とおくと，この濃度は，
$\overline{\overline{\Phi}}$ = 3⁴ = 81 となるんだね。(同様の問題は，**P124** で解いた。) 大丈夫？

では，ここで，xy 平面上の関数 $f:R \longrightarrow R$，$y=f(x)$ $(\forall x \in R,\ y \in R)$ に話を戻そう。$f:R \longrightarrow R$ の関数で，定義域における 1 つの要素 (数値) $x_1(\in R)$ の像 $f(x_1)$ は，$y_1,\ y_2,\ y_3,\ \cdots$ なども含め，$\forall y(\in R)$，つまり $-\infty < y < \infty$ のいずれかの y の値であるため，$\overline{\overline{R}}=\aleph$ 通り存在する。

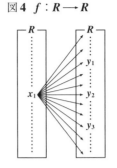

図4 $f:R \longrightarrow R$

関数 f は，"上への関数"である必要がないので，R のその他のすべての要素 $\forall x(\in R)$ についても，その像は $\aleph$ 通りずつ存在する。

よって，関数 f の集合 F の濃度 $\mathfrak{f}$ は，$\overline{\overline{F}}=\mathfrak{f}=\aleph^{\aleph}$ ということになり，この $\mathfrak{f}$ は $\aleph$ よりも 1 段大きな無限集合の濃度になる。この $\mathfrak{f}$ と $\aleph$ の関係を表す公式は，$\mathfrak{f}=2^{\aleph}$ ……(*) と表されるんだけれど，これらの公式については，また後で解説しよう (**P192** 参照)。

以上より，まだ公式などの証明をしてはいないので，確定した形ではないけれど，有限集合と無限集合の濃度の大小関係を示す不等式を示しておこう。

$$\overset{\boxed{\text{有限濃度}}}{\longleftarrow} \qquad \overset{\boxed{\text{無限濃度}}}{\longrightarrow}$$

$$1 < 2 < 3 < \cdots < n < \cdots\ <\ \underset{\boxed{2^{\aleph_0}}}{\aleph_0} < \underset{\boxed{2^{\aleph}}}{\aleph} < \mathfrak{f}\ \cdots\cdots(*)$$

この不等式から分かるように，有限集合の濃度だけでなく，無限集合の濃度においても，$\aleph_0,\ \aleph,\ \mathfrak{f}$ というように大小関係が存在し，無限集合の中にある種の階層構造があることが見えてきたんだね。

これから，さらに面白く，かつ不可思議な公式や定理が次々と登場してくることになる。創始者のカントール自身も，戸惑いながら，この集合論を作り上げていったんだね。これから，さらに本格的な集合論について解説していくので，楽しみながら学んでいって頂きたい。

§2. ベルンシュタインの定理

前回の講義では，「1対1対応 $f: A \longrightarrow B \Rightarrow A \sim B$(対等)$\Rightarrow \mathfrak{a} = \mathfrak{b}$」という形式で，2つの集合 A と B の濃度 $\overline{\overline{A}} = \mathfrak{a}$ と $\overline{\overline{B}} = \mathfrak{b}$ が等しくなることを示したんだね。

今回の講義では，まず，この2つの濃度の不等式 $\mathfrak{a} \leqq \mathfrak{b}$ の成立条件について解説しよう。この不等式の成立条件として，「$A \sim B_0$, $B_0 \subseteqq B \Rightarrow \mathfrak{a} \leqq \mathfrak{b}$」の公式を利用して，様々な無限集合の大小関係を明らかにしていくつもりだ。

そして，次に，"ベルンシュタイン"(*Bernstein*)の定理について解説する。この定理は，「$\mathfrak{a} \leqq \mathfrak{b}$ かつ $\mathfrak{b} \leqq \mathfrak{a} \Rightarrow \mathfrak{a} = \mathfrak{b}$」で，一見自明な定理に思えるかも知れない。しかし，不思議な無限集合の世界では，これを自明とみなすことはできないので，この証明についても詳しく解説するつもりだ。

ベルンシュタインは，カントールのゼミを聴講して，この定理の証明を思いついたと言われている。そして，このベルンシュタインの定理を利用できるようになると，"はさみ打ちの原理"「$\mathfrak{b} \leqq \mathfrak{a} \leqq \mathfrak{b} \Rightarrow \mathfrak{a} = \mathfrak{b}$」を用いることができるようになるので，無限集合の濃度の構造ををさらに解明しやすくなるんだね。

今回も，盛り沢山の内容になるけれど，また分かりやすく親切に教えていくので，すべてご理解頂けると思う。では，早速講義を始めよう！

● 濃度の不等式 $\mathfrak{a} \leqq \mathfrak{b}$ の成立条件から始めよう！

2つの集合 A, B の濃度を $\overline{\overline{A}} = \mathfrak{a}$, $\overline{\overline{B}} = \mathfrak{b}$ とおく。このとき，不等式 $\mathfrak{a} \leqq \mathfrak{b}$ や $\mathfrak{a} < \mathfrak{b}$ が成立するための条件について，

$\begin{cases} (\mathrm{I}) A \text{ が有限集合，} B \text{ が無限集合であるとき，} \\ (\mathrm{II}) A, B \text{ が共に有限集合であるとき，} \\ (\mathrm{III}) A, B \text{ が共に無限集合であるとき，} \end{cases}$

の3つの場合に分類して，その基本事項を示した後，それぞれの例を具体的に紹介しよう。

不等式 $\mathfrak{a} < \mathfrak{b}$, $\mathfrak{a} \leqq \mathfrak{b}$ の成立条件

2 つの集合 A, B の濃度を $\overline{\overline{A}} = \mathfrak{a}$, $\overline{\overline{B}} = \mathfrak{b}$ とおく。

(Ⅰ) A が有限集合, B が無限集合であるとき,
　明らかに $\mathfrak{a} < \mathfrak{b}$ となる。……………………(*1)

(Ⅱ) A, B が共に有限集合であるとき,
　$\mathfrak{a}$, $\mathfrak{b}$ は共に有限濃度であり,
　$A \sim B_0$ かつ $B_0 \subset B$ ならば $\mathfrak{a} < \mathfrak{b}$ となる。……(*2)

(Ⅲ) A, B が共に無限集合であるとき,
　$\mathfrak{a}$, $\mathfrak{b}$ は共に無限濃度であり,
　$A \sim B_0$ かつ $B_0 \subseteqq B$ ならば $\mathfrak{a} \leqq \mathfrak{b}$ である。……(*3)

> この (*3) は, 逆も成り立つ。(P146)

　さらに, $A \nsim B$ つまり A と B が対等でないとき, $\mathfrak{a} \neq \mathfrak{b}$ より,
　$\mathfrak{a} < \mathfrak{b}$ となる。

(Ⅰ) 有限集合 $A = \{1, 2, 3, \cdots, k\}$, 自然数全体の集合 $N = \{1, 2, 3, \cdots, n, \cdots\}$ のとき, $\overline{\overline{A}} = k$, $\overline{\overline{N}} = \aleph_0$ より, $k < \aleph_0$ となる。ここで, k は任意の有限な自然数なので, $k = 1, 2, 3, \cdots, n, \cdots$ と変化させると, 濃度の不等式:
$1 < 2 < 3 < \cdots < n < \cdots < \aleph_0 \cdots$ ……① が導かれるんだね。

(Ⅱ) 2 つの集合 $A = \{1, 2, 3, 4\}$, $B = \{2, 4, 6, 8, 10, 12\}$ とすると, $\overline{\overline{A}} = 4$, $\overline{\overline{B}} = 6$ より, $\underline{A = \{1, 2, 3, 4\} \sim B_0 = \{2, 4, 6, 8\}}$ かつ $B_0 \subset B$ となる。

> たとえば, $f(1) = 2$, $f(2) = 4$, $f(3) = 6$, $f(4) = 8$ の 1 対 1 対応 f が存在する。

　よって, $\overline{\overline{A}} < \overline{\overline{B}}$ $(4 < 6)$ が成り立つ。

(Ⅲ) 2 つの無限集合 A, B について,
　$A \sim B_0$ かつ $B_0 \subset B$ であったとしても, $\mathfrak{a} < \mathfrak{b}$ が成り立つとは限らない。
　$\mathfrak{a} = \mathfrak{b}$ となる場合があるからだ。したがって, この場合,
　「$A \sim B_0$ かつ $B_0 \subset B \Rightarrow \mathfrak{a} \leqq \mathfrak{b}$」としなければならない。もちろん,

> 等号を付ける

　「$A \sim B_0$ かつ $B_0 \subseteqq B \Rightarrow \mathfrak{a} \leqq \mathfrak{b}$」となる。

(ex1) $O = \{1, 3, 5, \cdots, 2n-1, \cdots\}$ と $N = \{1, 2, 3, \cdots, n, \cdots\}$ のとき, $O \sim N_0$ かつ $N_0 \subset N$ であるけれど, $O \sim N$ が成り立つので, $\overline{\overline{O}} = \overline{\overline{N}} = \aleph_0$

> たとえば, $N_0 = \{2, 4, 6, \cdots, 2n, \cdots\}$ でも, O そのものでも構わない。

　となって, $\overline{\overline{O}} < \overline{\overline{N}}$ とはならない。

ここで，(Ⅲ)「$A \sim B_0$, $B_0 \subseteq B \Longrightarrow \mathfrak{a} \leqq \mathfrak{b}$」について，$B_0$ を A とおくと，

「$\underset{\uparrow}{A \sim A}$, $A \subseteq B \Longrightarrow \mathfrak{a} \leqq \mathfrak{b}$」となることから，公式：

> これは，1 対 1 対応として，恒等関数 i_A が存在するので，当然成り立つ。

「$A \subseteq B \Longrightarrow \mathfrak{a} \leqq \mathfrak{b}$」……(*4) が成り立つ。これも頭に入れておこう。

($ex\,2$) 自然数全体の集合 N と実数全体の集合 R について，

$N \sim R_0$ かつ $R_0 \subset R$ となるので，$\overline{\overline{N}} \leqq \overline{\overline{R}}$ $\quad \therefore \aleph_0 \leqq \aleph$

> $\{1, 2, 3, \cdots, n, \cdots\}$ としてよい。 $\boxed{\aleph_0}$ $\boxed{\aleph}$

P138 参照

ここで，$N \sim R$ と仮定すると，矛盾が生じる。

$\therefore N \nsim R$ より，$\aleph_0 < \aleph$ ……② が導かれる。

($ex\,3$) 実数全体の集合 R と関数全体の集合 F について，

$R \sim F_0$ かつ $F_0 \subset F$ となるので，$\overline{\overline{R}} \leqq \overline{\overline{F}}$ $\quad \therefore \aleph \leqq \mathfrak{f}$

> これは定数関数の集合と考えればいい。 $\boxed{\aleph}$ $\boxed{\mathfrak{f}}$

> この矛盾について，本書では解説していないが，興味のある方は，「**集合論キャンパス・ゼミ**」(マセマ) で学習することを勧める。

ここで，$R \sim F$ と仮定すると，矛盾が生じる。

$\therefore R \nsim F$ より，$\aleph < \mathfrak{f}$ ……③ が導かれる。

以上 $1 < 2 < 3 < \cdots < n < \cdots < \aleph_0$ ……① と

②，③より，有限濃度と無限濃度の不等式：

$1 < 2 < 3 < \cdots < n < \cdots < \aleph_0 < \aleph < \mathfrak{f}$ ……(*) が導かれるんだね。大丈夫？

$\longleftarrow$ 有限濃度 $\qquad$ 無限濃度 $\longrightarrow$

　では，この (*) の不等式から，無限濃度で可付番濃度 $\aleph_0$ が最小と言えるのだろうか？ この証明もやっておこう。

　無限濃度 $\mathfrak{a}$ の任意の無限集合 A について，まず，この集合 A から，$b_1 \in A$ を 1 つ選び出す。次に，差集合 $A - \{b_1\}$ から，要素 b_2 を選び出す。次に，差集合 $A - \{b_1, b_2\}$ から要素 b_3 を選び出す。$\cdots$，A は無限集合なので，この操作を無限に続けることができるんだね。これから，A から可付番無限集合 $B = \{b_1, b_2, b_3, \cdots, b_n, \cdots\}$ を作り出すことができて，B は A の部分集合である。ここで，A の無限濃度を $\overline{\overline{A}} = \mathfrak{a}$ とおくと，B は可付番集合なので，その濃度は当然 $\overline{\overline{B}} = \aleph_0$ となる。

よって，$B \subseteq A \Longrightarrow \overline{\overline{B}} \leqq \overline{\overline{A}}$，すなわち $\longleftarrow$ $\boxed{A \subseteq B \Longrightarrow \mathfrak{a} \leqq \mathfrak{b} \text{……}(*4) \\ \text{より}}$

$\aleph_0 \leqq \mathfrak{a}$ ……④ となる。

ここで，A は任意の無限集合より，$\mathfrak{a}$ は任意の無限集合の濃度である。

従って，④より，可付番濃度 $\aleph_0$ は，無限濃度の中で最小であることが示された。

144

それでは次，無限濃度について，基本定理を下に示そう。

無限濃度の基本定理

無限集合 A, B, C, D の無限濃度が順に $\mathfrak{a}$, $\mathfrak{b}$, $\mathfrak{c}$, $\mathfrak{d}$ であるとする。
このとき，次の定理が成り立つ。
(I) $\mathfrak{a}=\mathfrak{c}$, $\mathfrak{b}=\mathfrak{d}$ であり，かつ，$A \sim B_1$, $B_1 \subseteqq B$ をみたす B_1 が存在する
　　ならば，$C \sim D_1$, $D_1 \subseteqq D$ をみたす D_1 が存在する。…………(*)
(II) $\mathfrak{a} \leqq \mathfrak{b}$ かつ $\mathfrak{b} \leqq \mathfrak{c}$ ならば $\mathfrak{a} \leqq \mathfrak{c}$ となる。………………………(*)′

(I)(II) についても証明しておこう。

(I) では，$\mathfrak{a}=\mathfrak{c}$, $\mathfrak{b}=\mathfrak{d}$ ならば，

　　「$A \sim B_1$, $B_1 \subseteqq B$」と同様の関係が

　　C と D の間にも成り立つことを示そう。

> 「1対1対応 $f: A \longrightarrow B \Rightarrow A \sim B \Rightarrow \mathfrak{a}=\mathfrak{b}$」
> は，実は逆も成り立つので，これらは
> 同値な変形なんだね。よって，次の
> ようになる。
> 「1対1対応 $f: A \longrightarrow B \Leftrightarrow A \sim B \Leftrightarrow \mathfrak{a}=\mathfrak{b}$」

　　$\mathfrak{b}=\mathfrak{d}$ より $B \sim D$。よって，1対1対応 $f: B \longrightarrow D$ が存在する。

　　ここで，B の部分集合 B_1 の f による像を $B_1{}^f$ とおくと，$f: B_1 \longrightarrow B_1{}^f$ となる

　　ので，$B_1{}^f \subseteqq D$ かつ $B_1 \sim B_1{}^f$ となる。

　　ここで，$B_1{}^f=D_1$ とおくと，$D_1 \subseteqq D$ かつ $\underline{C \sim A \sim B_1 \sim B_1{}^f=D_1}$ となる。

$$\mathfrak{c}=\mathfrak{a}$$

　　∴ $C \sim D_1$, $D_1 \subseteqq D$ をみたす D_1 が存在することが証明された。

(II)「$\mathfrak{a} \leqq \mathfrak{b}$ かつ $\mathfrak{b} \leqq \mathfrak{c} \Rightarrow \mathfrak{a} \leqq \mathfrak{c}$」……(*)′ は，濃度の不等式の "**推移律**" の公式

　　なんだね。これも証明しよう。

　　$\overline{\overline{A}}=\mathfrak{a}$, $\overline{\overline{B}}=\mathfrak{b}$, $\overline{\overline{C}}=\mathfrak{c}$ である3つの集合

　　A, B, C について，

　　$\mathfrak{a} \leqq \mathfrak{b}$ かつ $\mathfrak{b} \leqq \mathfrak{c}$ より，右図のように，

　　$A \sim B_1$, $B_1 \subseteqq B$, $B \sim C_1$, $C_1 \subseteqq C$

　　となる B_1 と C_1 が存在する。

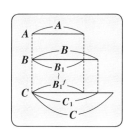

　　ここで，1対1対応 $f: B \longrightarrow C_1$ を使って，

　　$f: B_1 \longrightarrow B_1{}^f$ とすると，$A \sim B_1 \sim B_1{}^f \subseteqq C_1 \subseteqq C$ より，

　　$A \sim B_1{}^f$, $B_1{}^f \subseteqq C$ より，$\overline{\overline{A}} \leqq \overline{\overline{C}}$　∴ $\mathfrak{a} \leqq \mathfrak{c}$

　　以上より，推移律「$\mathfrak{a} \leqq \mathfrak{b}$ かつ $\mathfrak{b} \leqq \mathfrak{c} \Rightarrow \mathfrak{a} \leqq \mathfrak{c}$」……(*)′ は成り立つ。

● ベルンシュタインの定理を証明しよう！

さァ，無限集合の濃度について，最も重要な "ベルンシュタインの定理" の解説に入ろう。まず，この "ベルンシュタインの定理" を下に示そう。

ベルンシュタインの定理

2 つの集合 A, B の濃度が $\overline{\overline{A}}=\mathfrak{a}$, $\overline{\overline{B}}=\mathfrak{b}$ であるとき，

「$\mathfrak{a}\leqq\mathfrak{b}$ かつ $\mathfrak{b}\leqq\mathfrak{a}$ ならば，$\mathfrak{a}=\mathfrak{b}$ である。」……$(*)$ が成り立つ。

ン？ この定理を初めて見た人の感想は，「これって自明な定理でしょう！」だと思う。確かに，2 つの集合 A, B の濃度 $\mathfrak{a}$, $\mathfrak{b}$ が，

(i) $\mathfrak{a}=\mathfrak{b}$ または (ii) $\mathfrak{a}<\mathfrak{b}$ または (iii) $\mathfrak{a}>\mathfrak{b}$ の 3 通りの内，いずれか 1 つだけ成り立つという条件が満たされるのであれば，$(*)$ の定理は自明だし，また，対偶「$\mathfrak{a}\neq\mathfrak{b}\Longrightarrow\mathfrak{a}>\mathfrak{b}$ または $\mathfrak{b}>\mathfrak{a}$」……$(*)'$ も当然成り立つ。

しかし，ガリレイ先生が "新科学対話" の中で「大きいとか，小さいとか，あるいは等しいとかという言葉は，無限なものに対しては通用しない。」と述べておられるように，ひょっとしたら，「$\mathfrak{a}>\mathfrak{b}$ かつ $\mathfrak{a}<\mathfrak{b}$」や「$\mathfrak{a}=\mathfrak{b}$ かつ $\mathfrak{a}\neq\mathfrak{b}$」などが，無限集合濃度の世界では存在するんではないか？ という不安は拭えなかったんだね。

これに対して，$(*)$ の定理は間違いなく成り立つことを証明したのが，ベルンシュタイン $(S.Bernstein)$ だったので，この定理はベルンシュタインの定理と呼ばれるんだね。

それでは，この $(*)$ の定理をどのように証明していくのか，その考え方の一連の大きな流れを示しておこう。

まず，$\mathfrak{a}\leqq\mathfrak{b}$ かつ $\mathfrak{b}\leqq\mathfrak{a}$ より，

$$\begin{cases} A\sim B_1 \text{ かつ } B_1\subseteqq B \\ \text{かつ} \\ B\sim A_1 \text{ かつ } A_1\subseteqq A \end{cases}$$

となる A_1 と B_1 が存在する。その様子を右の図 (i) に示す。

> 「$A\sim B_0$ かつ $B_0\subseteqq B\Longrightarrow\mathfrak{a}\leqq\mathfrak{b}$」は，実は逆も成り立つので，これらは同値な変形なんだね。よって，「$A\sim B_0$ かつ $B_0\subseteqq B\Longleftrightarrow\mathfrak{a}\leqq\mathfrak{b}$」となる。

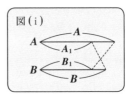

図 (i)

次に，図(ii)に示すように，$B \sim A_1$ より，
1対1対応 $f : B \longrightarrow A_1$ となる f が存在する
ので，これを用いて，
$f : B_1 \longrightarrow B_1{}^f$ とし，$B_1{}^f = A_2$ とおく。
すると，$A \sim B_1 \sim A_2$ より，
$A_2 \subseteqq A_1 \subseteqq A$ かつ $A_2 \sim A$ となるんだね。
よって，$\underline{A \sim A_1}$ ……① を示すことが

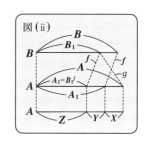

図(ii)

できれば，$B \sim A_1 \sim A$，すなわち $A \sim B$ となるので，$\overline{\overline{A}} = \overline{\overline{B}}$ より，$\mathfrak{a} = \mathfrak{b}$ となることが証明できるんだね。これで，証明の大きな流れがつかめたでしょう。

それでは，ベルンシュタ
インの定理の証明のため
には，図1に示すように，
3つの集合 A，A_1，A_2 に
ついて，
「$A_2 \subseteqq A_1 \subseteqq A$ かつ $A \sim A_2$
ならば，$A \sim A_1$ ……① と
なる。」を示せばいいんだ
ね。ここで，
$X = A - A_1$，$Y = A_1 - A_2$，
$Z = A_2$ とおくと，X，Y，Z
はそれぞれ互いに素で，
かつ，
$A = X \cup Y \cup Z$ となる。

図1 ベルンシュタインの定理の証明

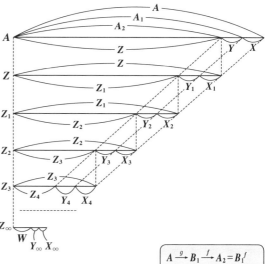

次に，1対1対応 $\varphi : A \longrightarrow Z \,(= A_2)$ とおく。$(\because A \sim A_2)$
この φ を用いて，$X \xrightarrow{\varphi} X_1$，$Y \xrightarrow{\varphi} Y_1$，$Z \xrightarrow{\varphi} Z_1$ とすると，
φ は1対1対応より，X_1，Y_1，Z_1 もそれぞれ互いに素と
なるので，$Z = X_1 \cup Y_1 \cup Z_1$ となる。
同様に，$X_1 \xrightarrow{\varphi} X_2$，$Y_1 \xrightarrow{\varphi} Y_2$，$Z_1 \xrightarrow{\varphi} Z_2$ とおくと，
$Z_1 = X_2 \cup Y_2 \cup Z_2$　さらに同様に，図1に示すように，

$A \xrightarrow{g} B_1 \xrightarrow{f} A_2 = B_1{}^f$
とおくと，$f \circ g : A \longrightarrow A_2$
よって，$\varphi = f \circ g$ であり，
f と g は1対1対応より，
$\varphi = f \circ g$ も1対1対応に
なる。(図(ii)を参照)

$Z_2 = X_3 \cup Y_3 \cup Z_3$

$Z_3 = X_4 \cup Y_4 \cup Z_4$

$\cdots\cdots\cdots\cdots\cdots\cdots$

$Z_n = X_{n+1} \cup Y_{n+1} \cup Z_{n+1}$　となる。

> P147の図1をよく見て, これらの式が成り立つことを確認しよう!

ここで, φ は **1対1対応**より, 明らかに

$X \sim X_1 \sim X_2 \sim X_3 \sim \cdots \sim X_n \sim \cdots$

$Y \sim Y_1 \sim Y_2 \sim Y_3 \sim \cdots \sim Y_n \sim \cdots$

$Z \sim Z_1 \sim Z_2 \sim Z_3 \sim \cdots \sim Z_n \sim \cdots$　であり,

$Z \supseteqq Z_1 \supseteqq Z_2 \supseteqq Z_3 \supseteqq \cdots \supseteqq Z_n \supseteqq \cdots$　が成り立つ。

ここで, $\underline{Z_1 \cap Z_2 \cap Z_3 \cap \cdots \cap Z_n \cap \cdots} = W$ とおく。以上より, A と A_1 を

表してみると,　これは, $\cap_{k=1}^{\infty} Z_k$ と表してもよい。

(i) $A = W \cup (A-W) = W \cup \underbrace{(A-Z)}_{X \cup Y} \cup \underbrace{(Z-Z_1)}_{X_1 \cup Y_1} \cup \underbrace{(Z_1-Z_2)}_{X_2 \cup Y_2} \cup \underbrace{(Z_2-Z_3)}_{X_3 \cup Y_3} \cup \cdots$

$\qquad = W \cup X \cup Y \cup X_1 \cup Y_1 \cup X_2 \cup Y_2 \cup X_3 \cup Y_3 \cup \cdots$ ……② となる。

(ii) $A_1 = W \cup (A_1-W) = W \cup \underbrace{(A_1-Z)}_{Y} \cup \underbrace{(Z-Z_1)}_{X_1 \cup Y_1} \cup \underbrace{(Z_1-Z_2)}_{X_2 \cup Y_2} \cup \underbrace{(Z_2-Z_3)}_{X_3 \cup Y_3} \cup \cdots$

$\qquad = W \cup Y \cup X_1 \cup Y_1 \cup X_2 \cup Y_2 \cup X_3 \cup Y_3 \cup \cdots$ ………③ となる。

以上(i)(ii)より, ②, ③を列記すると,

$$\begin{cases} A = W \cup X \cup Y \cup X_1 \cup Y_1 \cup X_2 \cup Y_2 \cup X_3 \cup Y_3 \cup \cdots & \text{……②} \\ \quad\ \ \wr \quad\ \ \wr \quad\ \ \wr \quad\ \ \wr \quad\ \ \wr \quad\ \ \wr \quad\ \ \wr \quad\ \ \wr \quad\ \ \wr \\ A_1 = W \cup X_1 \cup Y \cup X_2 \cup Y_1 \cup X_3 \cup Y_2 \cup X_4 \cup Y_3 \cup \cdots & \text{……③} \end{cases}$$ となる。

ここで, $W \sim W$, $Y \sim Y$, かつ $Y_k \sim Y_k$ $(k = 1, 2, 3, \cdots)$ であり, ←恒等関数により, 対等

かつ, **1対1対応** φ により, $X \sim X_1$, $X_k \sim X_{k+1}$ $(k = 1, 2, 3, \cdots)$ である。

ゆえに②, ③より, $A \sim A_1$ ……① は成り立つ。

以上より, ベルンシュタインの定理「$\mathfrak{a} \leqq \mathfrak{b}$ かつ $\mathfrak{b} \leqq \mathfrak{a} \Longrightarrow \mathfrak{a} = \mathfrak{b}$」……(*) が成り立つことが示せたんだね。フ〜, 疲れたって? いいよ, 何度も見返してマスターするといい。

　このベルンシュタインの定理 (*) は, 「$\mathfrak{b} \leqq \mathfrak{a} \leqq \mathfrak{b} \Longrightarrow \mathfrak{a} = \mathfrak{b}$」と表すこともできるので, "**はさみ打ちの原理**" を用いて, 様々な無限集合の濃度の公式を導いていくことも可能となったんだね。

　それでは, 早速この "**はさみ打ちの原理**" を用いて, 次の例題を解いてみよう。

例題 22 $\overline{\overline{R}} = \overline{\overline{R_{(0,1)}}} = \aleph$ であることを用いて，次の 2 つの集合の濃度を求めよ。（ただし，R：実数全体の集合，$R_{(0,1)} = \{x \mid 0 < x < 1\}$ とする。）
(i) $R_{[0,1]} = \{x \mid 0 \leqq x \leqq 1\}$　　(ii) $R_{[a,b]} = \{x \mid a \leqq x \leqq b\}$　$(a < b)$

閉集合 $R_{[0,1]} = \{x \mid 0 \leqq x \leqq 1\}$ は，開集合 $R_{(0,1)} = \{x \mid 0 < x < 1\}$ と比べて，$x = 0$ と 1 を含むか否かの違いだけだから，当然 $\overline{\overline{R_{(0,1)}}} = \aleph$ ならば，$\overline{\overline{R_{[0,1]}}} = \aleph$ となることは，容易に想像できる。

しかし，これをキチンと証明することは意外と難しかったんだね。しかし，今は "はさみ打ちの原理" が利用できるので，これをフルに利用していこう！

(i) $R_{(0,1)} \subseteqq R_{[0,1]} \subseteqq R$ より，$\underset{\Large\aleph}{\underline{\overline{\overline{R_{(0,1)}}}}} \leqq \overline{\overline{R_{[0,1]}}} \leqq \underset{\Large\aleph}{\underline{\overline{\overline{R}}}}$

公式：
$A \subseteqq B \Rightarrow \overline{\overline{A}} \leqq \overline{\overline{B}}$
$\quad\quad\quad (\mathfrak{a} \leqq \mathfrak{b})$

はさみ打ちの原理
$\mathfrak{b} \leqq \mathfrak{a} \leqq \mathfrak{b} \Rightarrow \mathfrak{a} = \mathfrak{b}$

ここで，$\overline{\overline{R_{(0,1)}}} = \overline{\overline{R}} = \aleph$ より，はさみ打ちの原理を用いて，$\overline{\overline{R_{[0,1]}}} = \aleph$ である。

(ii) 1 対 1 対応 $f : R_{[0,1]} \longrightarrow R_{[a,b]}$,
$\quad y = f(x) = (b-a)x + a \ (x \in R_{[0,1]}, \ y \in R_{[a,b]})$
$\quad$ が存在するので，$R_{[0,1]} \sim R_{[a,b]}$ （対等）
$\quad \therefore \overline{\overline{R_{[a,b]}}} = \overline{\overline{R_{(0,1)}}} = \aleph$ である。

$\quad$ 同様に，$\overline{\overline{R_{[0,1)}}} = \overline{\overline{R_{[a,b)}}} = \aleph$ も，$\overline{\overline{R_{(0,1]}}} = \overline{\overline{R_{(a,b]}}} = \aleph$ も成り立つんだね。
（ただし，$R_{[0,1)} = \{x \mid 0 \leqq x < 1\}$，$R_{[a,b)} = \{x \mid a \leqq x < b\}$，
$\quad\quad R_{(0,1]} = \{x \mid 0 < x \leqq 1\}$，$R_{(a,b]} = \{x \mid a < x \leqq b\}$）
これらについても，各自確認しておくといい。

● ベキ集合 2^A の濃度の不等式も押さえよう！

$\quad$ 集合 A のベキ集合 2^A とは，集合 A のすべての部分集合を要素とする集合族のことだったんだね。この集合 A とベキ集合 2^A の濃度の公式を下に示そう。

A とベキ集合 2^A の濃度の公式

集合 A とそのベキ集合 2^A には，次の公式が成り立つ。
$\overline{\overline{A}} < \overline{\overline{2^A}}$ ……(*)

$\quad$ (*) の不等式は，（ I ）A が有限集合のとき，（ II ）A が無限集合のときのいずれの場合でも成り立つ不等式なんだね。

(Ⅰ) A が有限集合の場合

$\overline{\overline{A}} = n$(有限濃度)とすると，$\overline{\overline{A}} < \overline{\overline{2^A}}$ は，$n < 2^n$ ……① $(n = 1, 2, 3, \cdots)$

となって，成り立つ。この①は，"**数学的帰納法**"(*mathematical induction*)により，証明できる。次の例題でやっておこう。

例題 23　$n = 1, 2, 3, \cdots$ のとき，

　　　　　$n < 2^n$ ……① が成り立つことを，数学的帰納法により示せ。

(ⅰ) $n = 1$ のとき，

　　(①の左辺) $= 1$，(①の右辺) $= 2^1 = 2$　$\therefore$ ①は成り立つ。

(ⅱ) $n = k$ $(k = 1, 2, 3, \cdots)$ のとき，

　　$k < 2^k$ ……①′ が成り立つと仮定して，$n = k+1$ のときについて調べる。

　　①′ の両辺に 2 をかけて，

　　$2^{k+1} > 2k = k + k \geqq k + 1$ $(\because k \geqq 1)$

　　よって，$k + 1 < 2^{k+1}$ となって，$n = k+1$ のときも，①は成り立つ。

以上 (ⅰ)(ⅱ) より，数学的帰納法を用いて，

$n = 1, 2, 3, \cdots$ のとき，$n < 2^n$ ……① は成り立つ。

(Ⅱ) A が無限集合の場合

$A = \{a, b, c, \cdots\}$ とおくと，A のベキ集合 2^A は，

$2^A = \{\phi, \underbrace{\{a\}, \{b\}, \{c\}, \cdots}_{\boxed{\text{これを } A_1 \text{とおく}}}, \{a, b\}, \{a, c\}, \cdots, \{a, b, c\}, \cdots\}$ となる。

ここで，A の任意の要素 x に対して，ベキ集合 2^A の部分集合 $A_1 = \{\{a\},$ $\{b\}, \{c\}, \cdots, \{x\}, \cdots\}$ の要素 $\{x\}$ を対応させると，これは **1 対 1 対応**となる。よって，

1 対 1 対応 $f : A \longrightarrow A_1$，$A \sim A_1$，$A_1 \subseteqq 2^A$ より，

$\overline{\overline{A}} \leqq \overline{\overline{2^A}}$ ……② が成り立つ。

よって，$\overline{\overline{A}} \neq \overline{\overline{2^A}}$ を示すことができればよい。ここで，背理法を用いて，

$\overline{\overline{A}} = \overline{\overline{2^A}}$，すなわち $A \sim 2^A$ より，1 対 1 対応 $g : A \longrightarrow 2^A$ が存在するものとして，矛盾を導けばいいんだね。

ここで，$\forall a \in A$ について，要素 a の g による像を g_a，すなわち

$g_a = g(a)$ とおくと，g_a は A の 1 つの部分集合である。

この部分集合 g_a には a 自身を含むものと含まないものが存在する。

ここで，g_a が a 自身を含まないような a をすべて集めて，集合 B を作る

> たとえば，$a \xrightarrow{g} \underbrace{\{c, e\}}_{g_a}$，$c \xrightarrow{g} \underbrace{\{c, d\}}_{g_c}$，$d \xrightarrow{g} \underbrace{\{a, d\}}_{g_d}$，$e \xrightarrow{g} \underbrace{\{h, i\}}_{g_e}$，…
>
> のとき，$B = \{a, e, \cdots\}$ となる。◄— g_c には c が，g_d には d が含まれているから。

ことができる。

すると，この B も A の部分集合であるので，$B \in 2^A$ となる。よって，この部分集合 B は，A のある要素 b の像であるので，1 対 1 対応 g により，$B (= g_b) = g(b)$ と表せる。すると，

$\begin{cases} \text{(i) } b \in g_b \text{ とすると，} b \in B \text{ となり，} B \text{ の定義から，} b \text{ は自分の像 } g_b \text{ には} \\ \quad \text{含まれないし，} \\ \text{(ii) } b \notin g_b \text{ とすると，} b \text{ は自分の像 } g_b \text{ に含まれないので，} b \in B \text{，つまり } b \\ \quad \text{は } g_b \text{ に含まれる} \end{cases}$

ことになって，いずれにしても矛盾する。

よって，背理法により，1 対 1 対応 $g : A \longrightarrow 2^A$ は存在しないので，$A \not\sim 2^A$ より，$\overline{\overline{A}} \neq \overline{\overline{2^A}}$ となる。よって，② より，$\overline{\overline{A}} < \overline{\overline{2^A}}$ ……(*) は成り立つ。少し複雑だったけど，大丈夫？

最後に，2^A と $\{0, 1\}^A$ が対等であることを示しておこう。ここでは，$\overline{\overline{A}} = \aleph_0$ として解説しよう。無限集合 $A = \{x_1, x_2, \cdots, x_k, \cdots\}$ と $B = \{0, 1\}$ とおき，関数 φ を，$\varphi : A \longrightarrow B$ とおくと，

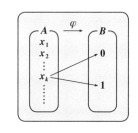

$\varphi(x_k) = \begin{cases} 1 \\ 0 \end{cases}$ $(k = 1, 2, 3, \cdots)$ となり，さらに，

$\Phi = \{\varphi(x_1), \varphi(x_2), \cdots, \varphi(x_k), \cdots\}$ とおいて，これを $\{0, 1\}^A$ とおくと，

$A \longrightarrow \{0, 1\}$ の関数の集合

2^A と $\{0, 1\}^A$ には，1 対 1 対応 $f : \{0, 1\}^A \longrightarrow 2^A$ が存在する。

> たとえば，$\Phi = \{1, 0, 1, 1, 0, 1, \cdots\}$ が，A の部分集合 $\{x_1, x_3, x_4, x_6, \cdots\} (\in 2^A)$ に対応するものとすると，
> (i) 任意の 2^A の部分集合 A_1 に対して，$\{0, 1\}^A$ のある要素 Φ_1 が存在し，
> (ii) $\{0, 1\}^A$ の異なる要素 Φ_1，Φ_2 には，異なる A の部分集合 A_1，A_2 が対応するので，
> $\Phi_1 \neq \Phi_2 \Longrightarrow A_1 \neq A_2$ となる。

よって，$2^A \sim \{0, 1\}^A$ より，$\overline{\overline{2^A}} = \overline{\overline{\{0, 1\}^A}}$ ……(**) が成り立つ。この (**) の公式は，この A が有限集合でも，また，その濃度が $\aleph_0$ 以外の無限集合の場合でも成り立つ。

151

§3. 集合の濃度の演算 (和)

さァ,これから,"**集合の濃度の演算**"の解説に入ろう。具体的に,集合の濃度の演算には,"**和**"(*sum*),"**積**"(*product*),"**ベキ乗**"(*power*)の3つがあり,ここではまず,集合の濃度の和について詳しく解説していこう。

集合の濃度の和は,2つの互いに素な集合 A, B について,$\overline{\overline{A \cup B}} = \overline{\overline{A}} + \overline{\overline{B}}$ を基に,様々な公式を導くことができるんだね。具体的な公式としては,$\aleph_0$ や $\aleph$ の n 個の和 $\aleph_0 + \aleph_0 + \cdots + \aleph_0 = \aleph_0$ や $\aleph + \aleph + \cdots + \aleph = \aleph$ を導くことができるし,さらに,これを拡張した公式:

$\aleph_0 + \aleph_0 + \cdots + \aleph_0 + \cdots = \aleph_0$ や $\aleph + \aleph + \cdots + \aleph + \cdots = \aleph$ を導くこともできる。これらの導出には,前回解説した "ベルンシュタインの定理" による "はさみ打ちの原理" も利用することになるんだね。

今回の講義から,様々な具体的で,しかも不可思議な公式が次々と導かれていくことになるので,無限集合の面白さをさらに堪能して頂けると思う。

それでは早速講義を始めよう!

● 濃度の和の定義から解説しよう!

2つの互いに素な有限集合 A, B ($A \cap B = \phi$) があり,それぞれの濃度を $\overline{\overline{A}} = m$, $\overline{\overline{B}} = n$ とする。このとき,和集合 $A \cup B$ は,"**直和**"(*direct sum*)の形,すなわち $A \cup B = A \sqcup B = A + B$ と表すこともできる。よって,次のような濃度の式が導ける。 (AとBの直和を示す記号)

$\overline{\overline{A \cup B}} = \overline{\overline{A \sqcup B}} = \overline{\overline{A + B}} = \overline{\overline{A}} + \overline{\overline{B}} = m + n$ (ただし,$A \cap B = \phi$)

これを,無限集合にまで拡張して,2つの集合の濃度の和を次のように定義する。

▌集合の濃度の和の定義

2つの集合 A, B について,$\overline{\overline{A}} = \mathfrak{a}$,$\overline{\overline{B}} = \mathfrak{b}$ とし,$A \cap B = \phi$ (A と B は互いに素)のとき,A と B との和集合(直和)の濃度は,次式で表される。
$\overline{\overline{A \cup B}} = \overline{\overline{A \sqcup B}} = \overline{\overline{A + B}} = \overline{\overline{A}} + \overline{\overline{B}} = \mathfrak{a} + \mathfrak{b}$ ……(*)

(*ex*1) $A = \{1, 2, 3\}$, $B = \{4, 5, 6, 7, 8, \cdots\}$ のとき,$A \cap B \neq \phi$ で,$\overline{\overline{A}} = 3$, $\overline{\overline{B}} = \aleph_0$ より,$A \cup B$ の濃度は,$\overline{\overline{A \cup B}} = \overline{\overline{A \sqcup B}} = \overline{\overline{A + B}} = \overline{\overline{A}} + \overline{\overline{B}} = 3 + \aleph_0$ となる。

$(ex\,2)\,R_{[0,\,1)}=\{x\,|\,x$ は，$0\le x<1$ をみたす実数$\}$，$R_{[1,\,2)}=\{x\,|\,x$ は，$1\le x<2$ をみたす実数$\}$のとき，$R_{[0,\,1)}\cup R_{[1,\,2)}$ の濃度を求めると，$R_{[0,\,1)}\cap R_{[1,\,2)}=\phi$ であり，$\overline{\overline{R_{[0,\,1)}}}=\overline{\overline{R_{[1,\,2)}}}=\overline{\overline{R}}=\aleph$ より，

$$\overline{\overline{R_{[0,\,1)}\cup R_{[1,\,2)}}}=\overline{\overline{R_{[0,\,1)}+R_{[1,\,2)}}}=\overline{\overline{R_{[0,\,1)}}}+\overline{\overline{R_{[1,\,2)}}}=\aleph+\aleph$$ となるんだね。

ここで，濃度の和について，次の公式があるので示そう。

濃度の和の公式

$\overline{\overline{\phi}}=0$，$\overline{\overline{A}}=\mathfrak{a}$，$\overline{\overline{B}}=\mathfrak{b}$，$\overline{\overline{C}}=\mathfrak{c}$ で，A，B，C がそれぞれ互いに素のとき，次の公式が成り立つ。

(1) $\mathfrak{a}+0=0+\mathfrak{a}=\mathfrak{a}$ ……………………………(*1)

(2) $\mathfrak{a}+\mathfrak{b}=\mathfrak{b}+\mathfrak{a}$ ………………………(*2) ← 濃度の和の交換法則

(3) $(\mathfrak{a}+\mathfrak{b})+\mathfrak{c}=\mathfrak{a}+(\mathfrak{b}+\mathfrak{c})$ …………………(*3) ← 濃度の和の結合法則

(4) $\mathfrak{a}\le\mathfrak{b}$ ならば $\mathfrak{a}+\mathfrak{c}\le\mathfrak{b}+\mathfrak{c}$ である。……(*4)

では，上の 4 つの公式を証明しておこう。

(1) $A\cap\phi=\phi$ であり，A と ϕ は互いに素だから，$A\cup\phi=\phi\cup A=A$ より，

$\overline{\overline{A\cup\phi}}=\overline{\overline{\phi\cup A}}=\overline{\overline{A}}$ $\overline{\overline{A}}+\overline{\overline{\phi}}=\overline{\overline{\phi}}+\overline{\overline{A}}=\overline{\overline{A}}$ より，公式：

$$\underset{\textstyle\text{ⓐ}}{} \quad \underset{\textstyle\text{ⓐ}}{} + \underset{\textstyle\text{⓪}}{} = \underset{\textstyle\text{⓪}}{} + \underset{\textstyle\text{ⓐ}}{} = \underset{\textstyle\text{ⓐ}}{}$$

$\mathfrak{a}+0=0+\mathfrak{a}=\mathfrak{a}$ ……(*1) は成り立つ。

(2) $A\cap B=\phi$ より，$A\cup B=B\cup A$ は，$A\cup B=B\cup A$，$A+B=B+A$ となる。よって，この両辺の集合の濃度は，

$\overline{\overline{A+B}}=\overline{\overline{B+A}}$，$\overline{\overline{A}}+\overline{\overline{B}}=\overline{\overline{B}}+\overline{\overline{A}}$ $\quad\therefore\,\mathfrak{a}+\mathfrak{b}=\mathfrak{b}+\mathfrak{a}$ ……(*2) は成り立つ。

(3) A，B，C は互いに素な集合であり，また，集合の演算 (**P94**) より，

$(A\cup B)\cup C=A\cup(B\cup C)=A\cup B\cup C$ よって，この濃度は，

$\overline{\overline{(A\cup B)\cup C}}=\overline{\overline{A\cup(B\cup C)}}=\overline{\overline{A\cup B\cup C}}$ より，

$(\overline{\overline{A}}+\overline{\overline{B}})+\overline{\overline{C}}=\overline{\overline{A}}+(\overline{\overline{B}}+\overline{\overline{C}})=\overline{\overline{A}}+\overline{\overline{B}}+\overline{\overline{C}}$

$\therefore\,(\mathfrak{a}+\mathfrak{b})+\mathfrak{c}=\mathfrak{a}+(\mathfrak{b}+\mathfrak{c})=\mathfrak{a}+\mathfrak{b}+\mathfrak{c}$ ……(*3) は成り立つ。

(*3) より，濃度の和の計算は，どの 2 つの和から始めても構わない。

一般に，$A_k\cap A_j=\phi\ (k\ne j)$ で，$\overline{\overline{A_k}}=\mathfrak{a}_k\ (k=1,\,2,\,3,\,\cdots)$ のとき，濃度の和は次のように，$\cup_{k=1}^{n}A_k$ や $\cup_{k=1}^{\infty}A_k$ を用いて，表すことができる。

(i) $\overline{\overline{\bigcup_{k=1}^{n} A_k}} = \overline{\overline{A_1}} + \overline{\overline{A_2}} + \overline{\overline{A_3}} + \cdots + \overline{\overline{A_n}} = \mathfrak{a}_1 + \mathfrak{a}_2 + \mathfrak{a}_3 + \cdots + \mathfrak{a}_n$

(ii) $\overline{\overline{\bigcup_{k=1}^{\infty} A_k}} = \overline{\overline{A_1}} + \overline{\overline{A_2}} + \overline{\overline{A_3}} + \cdots + \overline{\overline{A_n}} + \cdots = \mathfrak{a}_1 + \mathfrak{a}_2 + \mathfrak{a}_3 + \cdots + \mathfrak{a}_n + \cdots$

(4) $\mathfrak{a} \leqq \mathfrak{b}$ より, $A \sim B_0$ かつ $B_0 \subseteqq B$ となる集合 B_0 が存在する。すると,

$B \cap C = \phi$ かつ $B_0 \cap C = \phi$ より, $B_0 + C \subseteqq B + C$ $\quad \therefore \overline{\overline{B_0 + C}} \leqq \overline{\overline{B + C}}$ ……①

ここで, $A \sim B_0$ かつ $A \cap C = \phi$ より, $\overline{\overline{A + C}} = \overline{\overline{B_0 + C}}$ ……②

②を①に代入して,

$\overline{\overline{A + C}} \leqq \overline{\overline{B + C}}$, $\overline{\overline{A}} + \overline{\overline{C}} \leqq \overline{\overline{B}} + \overline{\overline{C}}$ $\quad \therefore \mathfrak{a} + \mathfrak{c} \leqq \mathfrak{b} + \mathfrak{c}$ ……(*4) は成り立つ。

● **濃度の和の例題を解いてみよう！**

これまで学んだ濃度の和の公式を使って, 様々な例題を解いてみよう。

例題 24　次の濃度の等式が成り立つことを示せ。(ただし, m は自然数)

(1) $m + \aleph_0 = \aleph_0$ ……(*1)　　　(2) $\aleph_0 + \aleph_0 = \aleph_0$ ……(*2)

(3) $\aleph + \aleph = \aleph$ ………(*3)

---

(1) 有限集合 $A = \{1, 2, \cdots, m\}$, 無限集合 $B = \{m+1, m+2, \cdots, m+n, \cdots\}$

について, $A \cap B = \phi$ であり, $\overline{\overline{A}} = m$, $B \sim N$ (自然数の集合) より, $\overline{\overline{B}} = \overline{\overline{N}} = \aleph_0$

また, $A \cup B = A \sqcup B = A + B = N = \{1, 2, \cdots, m, m+1, m+2, \cdots, m+n,$

$\cdots\}$ より, $\underset{\overline{\overline{A+B}}}{\overline{\overline{A \cup B}}} = \overline{\overline{N}}$, $\underset{m}{\overline{\overline{A}}} + \underset{\aleph_0}{\overline{\overline{B}}} = \underset{\aleph_0}{\overline{\overline{N}}}$ $\quad \therefore m + \aleph_0 = \aleph_0$ ……(*1) は成り立つ。

(2) 2つの無限集合 $O = \{1, 3, 5, \cdots, 2n-1, \cdots\}$, $E = \{2, 4, 6, \cdots, 2n, \cdots\}$

について, $O \cap E = \phi$ であり, $O \sim N$ (自然数の集合) かつ $E \sim N$ より,

$\overline{\overline{O}} = \overline{\overline{E}} = \overline{\overline{N}} = \aleph_0$ である。また,

$O \cup E = \{1, 2, 3, 4, \cdots, 2n-1, 2n, \cdots, m+n, \cdots\} = N$ より,

$\underset{\overline{\overline{O+E}}}{\overline{\overline{O \cup E}}} = \overline{\overline{N}}$, $\underset{\aleph_0}{\overline{\overline{O}}} + \underset{\aleph_0}{\overline{\overline{E}}} = \underset{\aleph_0}{\overline{\overline{N}}}$ $\quad \therefore \aleph_0 + \aleph_0 = \aleph_0$ ……(*2) は成り立つ。

(3) 2つの集合 $R_{(0,1)} = \{x \mid x$ は, $0 < x < 1$ をみたす実数$\}$ と,

$R_{(1,2)} = \{x \mid x$ は, $1 < x < 2$ をみたす実数$\}$ について,

$\overline{\overline{R_{(0,1)}}} = \overline{\overline{R_{(1,2)}}} = \overline{\overline{R}} = \aleph$ である。(ただし, $R = \{x \mid x$ は実数$\}$)

ここで, $R_{(0,1)} \subseteqq R_{(0,1)} \cup R_{(1,2)} \subseteqq R$ ……① が成り立つ。

ここで，$R_{(0,1)} \cap R_{(1,2)} = \phi$ より，$R_{(0,1)}$ と $R_{(1,2)}$ は互いに素な集合である。

よって，$R_{(0,1)} \cup R_{(1,2)} = R_{(0,1)} \sqcup R_{(1,2)} = R_{(0,1)} + R_{(1,2)}$ ……②

②を①に代入して，各辺の濃度をとると，

$$\overline{\overline{R_{(0,1)}}} \leqq \overline{\overline{R_{(0,1)} + R_{(1,2)}}} \leqq \overline{\overline{R}} \ \text{より，} \ \aleph \leqq \aleph + \aleph \leqq \aleph \ \text{となる。よって，はさみ打}$$

$$\underbrace{}_{\aleph} \qquad \underbrace{\overline{\overline{R_{(0,1)}}} + \overline{\overline{R_{(1,2)}}} = \aleph + \aleph}_{} \qquad \underbrace{}_{\aleph}$$

ちの原理より，$\aleph + \aleph = \aleph$ ……(*3) は成り立つ。どう？ 大丈夫だった？

では次のテーマに入ろう。$\aleph_0$ は無限集合の濃度の中で最小のものだった。

よって，任意の無限集合 A の濃度を $\overline{\overline{A}} = \mathfrak{a}$ とおくと，$\aleph_0 \leqq \mathfrak{a}$ となる。それでは，次の例題にチャレンジしてごらん。

例題 25 任意の無限濃度 $\mathfrak{a}$ と任意の有限濃度 $n(n \geqq 1)$ について，次の等式が成り立つことを示せ。

(1) $\mathfrak{a} + \aleph_0 = \mathfrak{a}$ ……(*4)　　(2) $\mathfrak{a} + n = \mathfrak{a}$ ……(*5)

---

(1) 任意の無限集合 A の濃度を $\overline{\overline{A}} = \mathfrak{a}$ とおき，A の可付番部分集合を B とおくと，$B \subseteq A$，$\overline{\overline{B}} = \aleph_0$ となる。このとき，

$$\mathfrak{a} = \overline{\overline{A}} = \overline{\overline{(A-B)}} + \underbrace{\overline{\overline{B}}}_{\aleph_0} = \overline{\overline{A-B}} + \aleph_0 = \overline{\overline{A-B}} + \underbrace{\overset{\overline{\overline{B}}}{(\aleph_0)} + \aleph_0}_{\aleph_0 + \aleph_0 \, ((*2) \text{より})}$$

$$= \underbrace{\overline{\overline{(A-B)}} + \overline{\overline{B}}}_{\overline{\overline{A}}} + \aleph_0 = \overline{\overline{A}} + \aleph_0 = \mathfrak{a} + \aleph_0$$

∴ $\mathfrak{a} + \aleph_0 = \mathfrak{a}$ ……(*4) が導ける。($\mathfrak{a}$：任意の無限濃度)

(2) n を任意の自然数とすると，$n \leqq \aleph_0$ より，

$$\mathfrak{a} \leqq \mathfrak{a} + n \leqq \underbrace{\mathfrak{a} + \aleph_0 = \mathfrak{a}}_{(*4) \text{より}}$$

よって，はさみ打ちの原理より，$\mathfrak{a} + n = \mathfrak{a}$ ……(*5) が導ける。

(*4) より，$\mathfrak{a} = \aleph$ のとき，$\aleph + \aleph_0 = \aleph$ が導けるし，$\mathfrak{a} = \mathfrak{f}$ のとき，$\mathfrak{f} + \aleph_0 = \mathfrak{f}$ も導ける。
(*5) より，$\mathfrak{a} = \aleph_0$ のとき，$\aleph_0 + n = \aleph_0$ が導けるし，$\mathfrak{a} = \aleph$ のとき，$\aleph + n = \aleph$ が導ける。
さらに，$\mathfrak{a} = \mathfrak{f}$ のとき，$\mathfrak{f} + n = \mathfrak{f}$ が導ける。

こんな式変形は，自分では思いつかないって？…，いいよ，初めは，そのまま覚えればいいんだよ。

ここで，公式：$\mathfrak{a}+\aleph_0=\mathfrak{a}$ ……(*4)（$\mathfrak{a}$：任意の無限濃度）から，無理数 I_r と超越数 T_r の濃度を決定できるんだね。解説しよう。

(i) 実数 $R\begin{cases}\text{有理数}(Q)\\\text{無理数}(I_r)\end{cases}$ について，$\overline{\overline{R}}=\aleph$，$\overline{\overline{Q}}=\aleph_0$ であることは既に教えた。

　ここで，$Q\cap I_r=\phi$ より，$I_r\cup Q=R$ となる。

　よって，この両辺の濃度を求めると，

$$\underset{\boxed{\overline{\overline{I_r\cup Q}}=\overline{\overline{I_r}}+\overline{\overline{Q}}}}{\overline{\overline{I_r\cup Q}}}=\overline{\overline{R}}\qquad \underset{\aleph_0}{\overline{\overline{I_r}}}+\underset{\aleph}{\overline{\overline{Q}}}=\overline{\overline{R}} \text{ より，}\ \overline{\overline{I_r}}+\aleph_0=\underset{\boxed{\aleph\text{になる}\leftarrow(*4)\text{より}}}{\aleph}\ \cdots\cdots① \text{ となる。}$$

　ここで，(*4)において，$\mathfrak{a}=\aleph$ のとき，$\aleph+\aleph_0=\aleph$ ……② より，

　①と②を比較して，$\overline{\overline{I_r}}=\aleph$ が求められるんだね。

(ii) 実数 $R\begin{cases}\text{代数的数}(A_l)\\\text{超越数}(T_r)\end{cases}$ について，$\overline{\overline{R}}=\aleph$，$\overline{\overline{A_l}}=\aleph_0$ であることは既に示した。

　ここで，$A_l\cap T_r=\phi$ より，$T_r\cup A_l=R$ となる。

　よって，この両辺の濃度を求めると，

$$\underset{\boxed{\overline{\overline{T_r+A_l}}=\overline{\overline{T_r}}+\overline{\overline{A_l}}}}{\overline{\overline{T_r\cup A_l}}}=\overline{\overline{R}}\qquad \underset{\aleph_0}{\overline{\overline{T_r}}}+\underset{\aleph}{\overline{\overline{A_l}}}=\overline{\overline{R}} \text{ より，}\ \overline{\overline{T_r}}+\aleph_0=\underset{\boxed{\aleph\text{になる}\leftarrow(*4)\text{より}}}{\aleph}\ \cdots\cdots③ \text{ となる。}$$

　ここで，(*4)より，$\mathfrak{a}=\aleph$ のとき，$\aleph+\aleph_0=\aleph$ ……② となる。よって，

　②と③を比較して，$\overline{\overline{T_r}}=\aleph$ となることも分かったんだね。大丈夫？

● 集合系について解説しよう！

　独立変数 k の関数 $f(k)$ は，f_k と表すこともあるので，たとえば，集合 $\{a_1, a_2, a_3, a_4, a_5\}$ の各要素 $a_k\in R\ (i=1, 2, \cdots, 5)$ についても，逆に $a_k=a(k)\ (k=1, 2, \cdots, 5)$ と考えると，a の次のような関数とみなして，関数 $a:\{1, 2, 3, 4, 5\}\longrightarrow R$ と表すことができる。

　これと同様に，集合の集まり $A_1, A_2, A_3, \cdots$ とした場合，これら集合の集まりは，集合 $K=\{1, 2, 3, \cdots\}$ によって番号付けが行われて，系統的に表されているため，これを，"**集合系**" と呼ぶことにする。

この集合系 A_k の定義と表し方を次に示そう。

集合系 A_k の定義

ϕ でない集合 K からある集合族への関数 A のことを，
"**K の上の集合系**" と呼び，$A_k\,(k \in K)$ で表す。

ここで，K は自然数の集合 $N = \{1,\ 2,\ 3,\ \cdots\}$ が頭の中にあるかも知れないけれど，実は，K は，有理数でも，実数でも，集合族であっても構わない。これについては，これから例を挙げていこう。

$(ex\,1)$ 自然数全体の集合 $N = \{1,\ 2,\ 3,\ \cdots\}$ の要素 $k \in N$ に対して，
$A_k = \{k,\ k+1,\ \cdots,\ 2k\}$ であるとき，N の上の集合系 $A_k\,(k \in N)$ が
定義される。

$(ex\,2)$ 正の有理数全体の集合 Q^+ の各要素 q に対して，
$A_q = \left\{ q - \dfrac{1}{q},\ q + \dfrac{1}{q} \right\}$ であるとき，Q^+ の上の集合系 $A_q\,(q \in Q^+)$ が
定義される。

$(ex\,3)$ 実数全体の集合 R の各要素 x に対して，
$A_x = O = \{1,\ 3,\ 5,\ \cdots\}$ であるとき，R の上の集合系 $A_x\,(x \in R)$ が
定義される。

$(ex\,4)$ 空でない集合族 $\mathfrak{A}$ に対して，$X \in \mathfrak{A}$ の要素 (集合) X により，
$A_X = N \cup \left\{ \dfrac{1}{2},\ -\dfrac{1}{2} \right\}$ (N：自然数の集合) であるとき，$\mathfrak{A}$ の上の集合系
$A_X\,(X \in \mathfrak{A})$ が定義されることになるんだね。

このように，K の上の集合系 $A_k\,(k \in K)$ は広い概念を含んでいることが，ご理解頂けたと思う。

● 濃度系についても解説しよう！

集合 K の上の集合系 A_k について，A_k の濃度を $\overline{\overline{A_k}} = \mathfrak{a}_k$ とおくと，集合系と同じように "**K の上の濃度系**" $\mathfrak{a}_k$ を定義することができるんだね。

この $\mathfrak{a}_k$ は，集合 K の要素 $k\,(\in K)$ の関数 $\mathfrak{a}$ による像と考えることもできる。

濃度系 $\mathfrak{a}_k$ の定義

集合系 $A_k\,(k \in K)$ の濃度を $\mathfrak{a}_k$ とおくと，$\mathfrak{a}_k$ は集合 K の要素 k の $\mathfrak{a}$ による像とみなすことができ，これを "**K の上の濃度系**" といい，$\mathfrak{a}_k\,(k \in K)$ と表す。

この濃度系についても，例を示しておこう。

$(ex\,1)$ $N=\{1,\,2,\,3,\,\cdots\}$ の要素 $k\in N$ に対して，N の上の集合系 A_k が，

$A_k=\{k,\,k+1,\,\cdots,\,2k\}$ で与えられているとき，集合系 A_k の濃度系 $\mathfrak{a}_k$ は，

$\mathfrak{a}_k=\overline{\overline{A_k}}=2k-k+1=k+1$ となる。 ← $\boxed{\underbrace{2k}_{\boxed{最後の数}}-\underbrace{k+1}_{\boxed{最初の数}}=(項数)}$

$(ex\,2)$ 正の有理数全体の集合 Q^+ の各要素 q に対して，Q^+ の上の集合系 A_q が，

$A_q=\left\{q-\dfrac{1}{q},\,q+\dfrac{1}{q}\right\}$ で与えられているとき，集合系 A_q の濃度系 $\mathfrak{a}_q$ は，

$\mathfrak{a}_q=\overline{\overline{A_q}}=2$ となる。

$(ex\,3)$ 実数全体の集合 R の各要素 x に対して，R の上の集合系 A_x が，

$A_x=O=\{1,\,3,\,5,\,\cdots\}$ と与えられているとき，集合系 A_x の濃度系 $\mathfrak{a}_x$ は，

$\mathfrak{a}_x=\overline{\overline{O}}=\aleph_0$ となる。

$(ex\,4)$ 空でない集合族 $\mathfrak{A}$ に対して，$X\in\mathfrak{A}$ の要素 (集合) X に対して，

$\mathfrak{A}$ の上の集合系 A_X が，$A_X=N\cup\left\{\dfrac{1}{2},\,-\dfrac{1}{2}\right\}$ で与えられているとき，

集合系 A_X の濃度系 $\mathfrak{a}_X=\overline{\overline{A_X}}=\aleph_0+2=\aleph_0$ となる。

$\boxed{公式：m+\aleph_0=\aleph_0\ (m：自然数)}$

● $\aleph_0$ と $\aleph$ の可付番個の和を調べてみよう！

例題 24 (2) (P154) で，$\aleph_0+\aleph_0=\aleph_0$ ……(*2) を証明したので，これを用いれば，有限個の $\aleph_0$ の和はすべて $\aleph_0$ になる。

(ex) $\aleph_0+\aleph_0+\aleph_0+\aleph_0+\aleph_0$ を求めると，

$\underbrace{\aleph_0+\aleph_0}_{\boxed{\aleph_0}}+\underbrace{\aleph_0+\aleph_0}_{\boxed{\aleph_0}\leftarrow\boxed{(*2)より}}+\aleph_0=\underbrace{\aleph_0+\aleph_0}_{\rightarrow\boxed{\aleph_0}}+\aleph_0=\aleph_0+\aleph_0=\aleph_0$ になるんだね。

どんなに沢山であれ，有限個 (n 項) の $\aleph_0$ の和は同様に $\aleph_0$ となる。

(I) それでは，$\aleph_0$ の可付番個の和について考えよう。

すなわち，$\aleph_0+\aleph_0+\aleph_0+\cdots+\aleph_0+\cdots$ がどうなるか？ について，

これから解説していこう。

まず，自然数全体の集合 $N=\{1,\,2,\,3,\,\cdots,\,k,\,\cdots\}$ の各要素 k に対して，

N の上の集合系 A_k を，

$A_k=\{\alpha_{k1},\,\alpha_{k2},\,\alpha_{k3},\,\alpha_{k4},\,\cdots\}$ $(k\in N)$ とおき，A_k は可付番集合とする。

よって, A_k の濃度を $\mathfrak{a}_k$ とおくと, $\overline{\overline{A_k}} = \mathfrak{a}_k = \aleph_0$ となる。ここで, 異なる k, j, すなわち $k \neq j$ のとき, $A_k \cap A_j = \phi$ とする。つまり, 集合系 A_1, A_2, A_3, … は, すべて互いに素な集合の集まりだとしよう。

このとき, N の上の濃度系 $\mathfrak{a}_k \, (k \in N)$ の無限和を求めると, 次のような可付番濃度 $\mathfrak{a}_k \, (k = 1, \, 2, \, 3, \, \cdots)$ の可付番個の和となるんだね。

$$\overline{\overline{\bigcup_{k=1}^{\infty} A_k}} = \sum_{k=1}^{\infty} \overline{\overline{A_k}} = \sum_{k=1}^{\infty} \mathfrak{a}_k = \mathfrak{a}_1 + \mathfrak{a}_2 + \mathfrak{a}_3 + \cdots + \mathfrak{a}_n + \cdots$$
$$= \aleph_0 + \aleph_0 + \aleph_0 + \cdots + \aleph_0 + \cdots \quad \cdots\cdots ①$$

次に, 図1に示すように, 集合系 A_1 の要素を第1行に, A_2 の要素を第2行に, A_3 の要素を第3行に, A_4 の要素を第4行に, … 順に並べて, 図1に示した矢線に沿って, 各要素を並べた集合を A_T とおこう。すると,

図1 $\aleph_0 + \aleph_0 + \aleph_0 + \cdots + \aleph_0 + \cdots = \aleph_0$ の証明

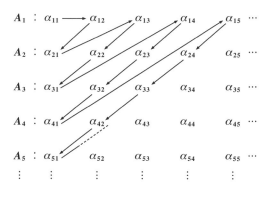

$A_T = \{\alpha_{11}, \, \alpha_{12}, \, \alpha_{21}, \, \alpha_{13}, \, \alpha_{22}, \, \alpha_{31}, \, \alpha_{14}, \, \alpha_{23}, \, \alpha_{32}, \, \alpha_{41}, \, \alpha_{15}, \, \alpha_{24}, \, \alpha_{33}, \, \cdots\}$ となり, A_T の各要素を順に, c_1, c_2, c_3, … とおき換えていくと, $A_T = \{c_1, \, c_2, \, c_3, \, c_4, \, \cdots, \, c_n, \, \cdots\}$ となって, A_T は可付番集合となる。よって, A_T の濃度も $\overline{\overline{A_T}} = \aleph_0$ (可付番濃度) ……② になるんだね。以上より, $\bigcup_{k=1}^{\infty} A_k = A_1 + A_2 + A_3 + \cdots + A_n + \cdots = A_T$ から, これらの濃度を求めると, $\mathfrak{a}_1 + \mathfrak{a}_2 + \mathfrak{a}_3 + \cdots + \mathfrak{a}_n + \cdots = \overline{\overline{A_T}}$ となる。よって, $\aleph_0 + \aleph_0 + \aleph_0 + \cdots + \aleph_0 + \cdots = \aleph_0$ ……(∗1)′ が導けるんだね。(①, ②より)

この証明法は, P134で解説した, 正の有理数の集合 Q^+ の濃度が, $\overline{\overline{Q^+}} = \overline{\overline{N}} = \aleph_0$ であることを示したやり方とほぼ同じであることが, ご理解頂けると思う。

(Ⅱ) では次に，$\aleph$ の可付番個の和についても調べよう。

$\aleph$ についても，例題 **24 (3) (P154)** で，公式：$\aleph + \aleph = \aleph$ ……(∗3) の証明を行ったので，$\aleph$ の有限個の和は，$\aleph + \aleph + \cdots + \aleph = \aleph$ となることは，$\aleph_0$ のときと同様に明らかだね。

では，$\aleph$ の無限和 (可付番個の和) について調べてみよう。まず，自然数全体の集合 N の上の集合系 $R_k (k \in N)$ を次のように定義する。

$$\underline{R_k = R_{(k-1, k)} = \{x \mid x \text{ は，} k-1 < x < k \text{ をみたす実数}\}}$$

これから，$R_1 = R_{(0, 1)}$，$R_2 = R_{(1, 2)}$，$R_3 = R_{(2, 3)}$，$\cdots$，$R_n = R_{(n-1, n)}$，$\cdots$ となる。

ここで，実数全体の集合 R と集合系の各 $R_k (k \in N)$ の濃度はいずれも

$$\overline{\overline{R}} = \overline{\overline{R_k}} = \aleph \ (k = 1, 2, 3, \cdots)$$

ここで，$R_k \cap R_j = \phi \ (k \neq j)$ より，各 $R_k (k = 1, 2, 3, \cdots)$ は互いに素であり，また，次の集合の包含関係が成り立つ。

$$R_1 \subseteqq \bigcup_{k=1}^{\infty} R_k \subseteqq R \ \cdots\cdots \text{①} \quad \longleftarrow \boxed{R = \{x \mid x \text{ は，} -\infty < x < \infty \text{ をみたす実数}\}}$$

$$\boxed{R_1 + R_2 + R_3 + \cdots + R_n + \cdots \subseteqq R_{(0, \infty)} = \{x \mid 0 < x < \infty\}}$$

ここで，①の各辺の濃度を求めると，

$$\underset{\boxed{\aleph}}{\overline{\overline{R_1}}} \leqq \underset{\boxed{\aleph}}{\overline{\overline{R_1}}} + \underset{\boxed{\aleph}}{\overline{\overline{R_2}}} + \underset{\boxed{\aleph}}{\overline{\overline{R_3}}} + \cdots + \underset{\boxed{\aleph}}{\overline{\overline{R_n}}} + \cdots \leqq \underset{\boxed{\aleph}}{\overline{\overline{R}}} \quad \text{より，}$$

$$\aleph \leqq \underbrace{\aleph + \aleph + \aleph + \cdots + \aleph + \cdots}_{\boxed{\aleph \text{ の無限和} (\aleph_0 \text{個の和})}} \leqq \aleph \text{ となる。}$$

よって，"はさみ打ちの原理" より，

$$\aleph + \aleph + \aleph + \cdots + \aleph + \cdots = \aleph \ \cdots\cdots (\ast 2)' \text{ も導けたんだね。}$$

以上より，$\aleph_0$ と $\aleph$ の和について，下にまとめておこう。

$\aleph_0$ と $\aleph$ の可付番個の和

(1) $\aleph_0$ の n 個の和　　$\aleph_0 + \aleph_0 + \aleph_0 + \cdots + \aleph_0 = \aleph_0$ ………… (∗1)

$\aleph_0$ の可付番個の和 $\aleph_0 + \aleph_0 + \aleph_0 + \cdots + \aleph_0 + \cdots = \aleph_0$ …… (∗1)′

(2) $\aleph$ の n 個の和　　$\aleph + \aleph + \aleph + \cdots + \aleph = \aleph$ ……………… (∗2)

$\aleph$ の可付番個の和 $\aleph + \aleph + \aleph + \cdots + \aleph + \cdots = \aleph$ …… (∗2)′

これで準備も整ったので，有限な自然数 $m_k (k \in N)$ の無限和

$\sum_{k=1}^{\infty} m_k = m_1 + m_2 + m_3 + \cdots + m_n + \cdots$ についても，次の例題を解くことにより調べてみよう。

例題 26　$m_k (k \in N,$ N：自然数の集合) が有限な自然数であるとき，
この無限和について，次式が成り立つことを示せ。

$$\sum_{k=1}^{\infty} m_k = m_1 + m_2 + m_3 + \cdots + m_n + \cdots = \aleph_0 \cdots\cdots(*3)$$

ここでは，$\aleph_0$ について，次の公式を利用しよう。

$1 + 1 + 1 + \cdots + 1 + \cdots = \aleph_0 \cdots\cdots$①，および，

$\aleph_0 + \aleph_0 + \aleph_0 + \cdots + \aleph_0 + \cdots = \aleph_0 \cdots\cdots(*1)'$

ここで，$1 \leq m_k \leq \aleph_0$ $(k = 1, 2, 3, \cdots)$ より，① と $(*1)'$ から次の不等式が成り立つ。

$\aleph_0 = 1 + 1 + 1 + \cdots + 1 + \cdots \leq m_1 + m_2 + m_3 + \cdots + m_n + \cdots$

$\leq \aleph_0 + \aleph_0 + \aleph_0 + \cdots + \aleph_0 + \cdots = \aleph_0$

$\therefore \aleph_0 \leq m_1 + m_2 + m_3 + \cdots + m_n + \cdots \leq \aleph_0$ より，"はさみ打ちの原理" を用いると，

公式：$m_1 + m_2 + m_3 + \cdots + m_n + \cdots = \aleph_0 \cdots\cdots(*3)$ が導けたんだね。

$(*3)$ より，様々な自然数の無限和が $\aleph_0$ となる。例をいくつか挙げておこう。

$(ex1)$ $2 + 4 + 6 + \cdots + 2n + \cdots = \aleph_0$

$(ex2)$ $2^1 + 2^2 + 2^3 + \cdots + 2^n + \cdots = \aleph_0$

$(ex3)$ $9 + 99 + 999 + \cdots + (10^n - 1) + \cdots = \aleph_0$

$(ex4)$ $2 + 5 + 8 + \cdots + (3n - 1) + \cdots = \aleph_0$　などなど…，

様々な無限和の計算ができるようになったんだね。

　では，次の演習問題にもチャレンジしてみよう！

自然数の集合 N の上の集合系 $A_k\ (k \in N)$ が次のように与えられている。

$$A_k = \left\{ \frac{1}{2}(k^2-k)+1,\ \frac{1}{2}(k^2-k)+2,\ \frac{1}{2}(k^2-k)+3,\ \cdots,\ \frac{1}{2}(k^2+k) \right\} \cdots\cdots ①$$

このとき，次の問いに答えよ。

(1) $A_1,\ A_2,\ A_3,\ A_4,\ A_5$ を求めよ。

(2) $\bigcup_{k=1}^{\infty} A_k = A_1 + A_2 + A_3 + \cdots + A_n + \cdots$ の濃度 $\overline{\overline{\bigcup_{k=1}^{\infty} A_k}}$ を求めよ。

ヒント! (1) $A_k\ (k \in N)$ の k に，$k=1,\ 2,\ 3,\ 4,\ 5$ を代入して，5つの集合 A_1, $A_2,\ A_3,\ A_4,\ A_5$ を求めればよい。(2)(1)の結果より，$\bigcup_{k=1}^{\infty} A_k = N$ (自然数の集合) の濃度として求めてもいいし，$\overline{\overline{A_k}} = \mathfrak{a}_k$ とおいて，$\sum_{k=1}^{\infty} \mathfrak{a}_k$ として求めても構わない。

解答＆解説

(1) 自然数の集合 N の上の集合系 $A_k\ (k \in N)$ が，①で与えられているので，

(ⅰ) $k=1$ のとき，

$$\frac{1}{2}(k^2-k)+1 = \frac{1}{2}(1^2-1)+1 = 1,\quad \frac{1}{2}(k^2+k) = \frac{1}{2}(1^2+1) = 1 \ \text{より，}$$

$$A_1 = \{1\} \cdots\cdots① \cdots\cdots \text{(答)}$$

(ⅱ) $k=2$ のとき，同様に計算して，

$$A_2 = \left\{ \frac{1}{2}(2^2-2)+1,\ \frac{1}{2}(2^2+2) \right\} = \{2,\ 3\} \cdots② \cdots\cdots \text{(答)}$$

(ⅲ) $k=3$ のとき，同様に，

$$A_3 = \left\{ \frac{1}{2}(3^2-3)+1,\ \frac{1}{2}(3^2-3)+2,\ \frac{1}{2}(3^2+3) \right\}$$
$$= \{4,\ 5,\ 6\} \cdots\cdots③ \cdots\cdots \text{(答)}$$

(ⅳ) $k=4$ のとき，同様に，

$$A_4 = \left\{ \frac{1}{2}(4^2-4)+1,\ \frac{1}{2}(4^2-4)+2,\ \frac{1}{2}(4^2-4)+3,\ \frac{1}{2}(4^2+4) \right\}$$
$$= \{7,\ 8,\ 9,\ 10\} \cdots\cdots④ \cdots\cdots \text{(答)}$$

(ⅴ) $k=5$ のとき，同様に，

$$A_5=\left\{\frac{1}{2}(5^2-5)+1,\ \frac{1}{2}(5^2-5)+2,\ \frac{1}{2}(5^2-5)+3,\ \frac{1}{2}(5^2-5)+4,\ \frac{1}{2}(5^2+5)\right\}$$

$$=\{11,\ 12,\ 13,\ 14,\ 15\}\ \cdots\cdots\cdots\cdots\cdots\cdots ⑤\cdots\cdots\cdots\cdots (答)$$

(2) (1)の結果より，$A_k\cap A_j=\phi\ (k\neq j)$ から，集合系 $A_k\ (k\in N)$ は，それぞれ互いに素な集合の集まりである。よって，

$$\cup_{k=1}^{\infty}A_k=A_1+A_2+A_3+A_4+A_5+\cdots$$
$$=\{1\}+\{2,3\}+\{4,5,6\}+\{7,8,9,10\}+\{11,12,13,14,15\}+\cdots$$
$$=\{1,\ 2,\ 3,\ 4,\ \cdots\}=N\ (自然数全体の集合)\ より，$$

この濃度を求めると，

$$\overline{\overline{\cup_{k=1}^{\infty}A_k}}=\overline{\overline{N}}=\aleph_0\ である。\ \cdots\cdots\cdots\cdots\cdots\cdots\cdots (答)$$

---

(2)の別解

$A_k=\left\{\dfrac{1}{2}(k^2-k)+1,\ \dfrac{1}{2}(k^2-k)+2,\ \cdots,\ \dfrac{1}{2}(k^2+k)\right\}$ $(k\in N)$ の濃度を

（最初の数）（最後の数）

> **1刻みで増えていく数の項数の求め方は，（最後の数）−（最初の数）+1なんだね。**

$\overline{\overline{A_k}}=\mathfrak{a}_k$ とおくと，$\mathfrak{a}_k=\dfrac{1}{2}(k^2+k)-\left\{\dfrac{1}{2}(k^2-k)+1\right\}+1$

（最後の数）（最初の数）

$\therefore \mathfrak{a}_k=k\ (k\in N)$ となる。

よって，求める $\overline{\overline{\cup_{k=1}^{\infty}A_k}}$ は，

$$\overline{\overline{\cup_{k=1}^{\infty}A_k}}=\sum_{k=1}^{\infty}\overline{\overline{A_k}}=\sum_{k=1}^{\infty}\mathfrak{a}_k=\mathfrak{a}_1+\mathfrak{a}_2+\mathfrak{a}_3+\cdots+\mathfrak{a}_k+\cdots$$
$$=1+2+3+\cdots+k+\cdots=\aleph_0\ である。$$

公式：$\sum_{k=1}^{\infty}m_k=m_1+m_2+m_3+\cdots+m_n+\cdots=\aleph_0$ $(m_k：有限な自然数)$

§4. 集合の濃度の演算（積）

前回の講義では，集合の濃度の演算として，"和" について解説した。そして，今回の講義では，これから集合の濃度の "積" について詳しく解説していこう。

2つの集合 A と B の積として，"直積"（*direct product*）$A \times B$ を定義した。集合の濃度の積においても，これを利用して定義することになるんだね。そして，濃度の和でも様々な公式が導かれたけれど，この濃度の積においては，もっと多くの $\aleph_0$ や $\aleph$ や $\mathfrak{f}$ に関して，$n\aleph_0 = \aleph_0$，$n\aleph = \aleph$，$n\mathfrak{f} = \mathfrak{f}$ や，$\aleph_0 \cdot \aleph_0 = \aleph_0$，$\aleph \cdot \aleph = \aleph$，$\mathfrak{f} \cdot \mathfrak{f} = \mathfrak{f}$ だけでなく，$n\aleph = \aleph_0\aleph = \aleph$ などの不思議な公式が次々に導かれるんだね。さらに，集合の濃度と関数の関係についても詳しく解説しよう。

今回も盛り沢山の内容だけれど，無限集合の濃度について，さらに興味深い知見が得られるので，楽しみながら学んでいってほしい。

● 集合の濃度の積を定義しよう！

2つの集合 A, B の積の演算として "直積" $A \times B$ を定義したんだね。集合の濃度の積でも，この直積を利用して，次のように定義する。

濃度の積の定義

一般に，2つの任意の集合 A, B の濃度が，$\overline{\overline{A}} = \mathfrak{a}$，$\overline{\overline{B}} = \mathfrak{b}$ であるとき，直積 $A \times B$ の濃度を $\mathfrak{a}$ と $\mathfrak{b}$ の "積" といい，$\mathfrak{ab}$，または $\mathfrak{a} \cdot \mathfrak{b}$ で表す。すなわち，$\mathfrak{ab} = \mathfrak{a} \cdot \mathfrak{b} = \overline{\overline{A \times B}}$ ……(*) である。

（これは，順序対 (a, b) $(a \in A, b \in B)$ の全体の集合の濃度のことである。）

直積 $A \times B$ とは，A と B の任意の要素 a, b からなる順序対 (a, b) 全体を要素とする集合のことであり，2つの集合の濃度を $\overline{\overline{A}} = \mathfrak{a}$，$\overline{\overline{B}} = \mathfrak{b}$ とおくと，直積 $A \times B$ の濃度は，$\overline{\overline{A \times B}} = \mathfrak{ab}$ と表されることになるんだね。そして，これが集合の濃度の積 $\mathfrak{ab}$ の定義式になるんだね。

それでは，この濃度の積について，いくつか例を挙げておこう。

(*ex*1) 2つの有限集合 $A = \{a_1, a_2\}$, $B = \{b_1, b_2, b_3, b_4\}$ のとき，それぞれ
の濃度は，$\overline{\overline{A}} = \mathfrak{a} = 2$, $\overline{\overline{B}} = \mathfrak{b} = 4$ となる。このとき，(i) $A \times B$ と (ii)
$B \times A$ の全要素を示すと，

(i) $A \times B$ の全要素　　(ii) $B \times A$ の全要素

$(a_1, b_1), (a_2, b_1),$　　　$(b_1, a_1), (b_2, a_1), (b_3, a_1), (b_4, a_1),$

$(a_1, b_2), (a_2, b_2),$　　　$(b_1, a_2), (b_2, a_2), (b_3, a_2), (b_4, a_2)$

$(a_1, b_3), (a_2, b_3),$

$(a_1, b_4), (a_2, b_4)$

となる。よって，$\overline{\overline{A \times B}} = \mathfrak{a}\mathfrak{b} = 2 \times 4 = 8$, $\overline{\overline{B \times A}} = \mathfrak{b}\mathfrak{a} = 4 \times 2 = 8$ と等し
くなるんだね。

(*ex*2) 集合 $X = \{1, 2, 3\}$，自然数全体の集合 $N = \{1, 2, 3, \cdots\}$ のとき，それ
ぞれの濃度は，$\overline{\overline{X}} = \mathfrak{x} = 3$, $\overline{\overline{N}} = \aleph_0$ より，直積 $X \times N$ の濃度は，
$\overline{\overline{X \times N}} = \mathfrak{x} \cdot \aleph_0 = 3\aleph_0$ になる。 ← これは，$3\aleph_0 = \aleph_0$ となる。後で解説しよう。

(*ex*3) 実数全体の集合 R について，その濃度は，$\overline{\overline{R}} = \aleph$ となる。
直積 $R \times R$ の濃度は， これも，$\aleph \cdot \aleph = \aleph$ となる。
$\overline{\overline{R \times R}} = \aleph \cdot \aleph$ となる。← 後で解説しよう。

それでは，濃度の積について，基本公式をまず下に示そう。

濃度の積の公式

集合 ϕ, A, B, C の濃度が，$\overline{\overline{\phi}} = 0$, $\overline{\overline{A}} = \mathfrak{a}$, $\overline{\overline{B}} = \mathfrak{b}$, $\overline{\overline{C}} = \mathfrak{c}$ であるとき，
これらの濃度について，次の公式が成り立つ。
(1) $\mathfrak{a} \cdot 0 = 0 \cdot \mathfrak{a} = 0$ ·················(*1)
(2) $\mathfrak{a} \cdot 1 = 1 \cdot \mathfrak{a} = \mathfrak{a}$ ·················(*2)
(3) $\mathfrak{a}\mathfrak{b} = \mathfrak{b}\mathfrak{a}$ ·················(*3)
(4) $\mathfrak{a}(\mathfrak{b}\mathfrak{c}) = (\mathfrak{a}\mathfrak{b})\mathfrak{c}$ ·················(*4)
(5) $\mathfrak{a}(\mathfrak{b}+\mathfrak{c}) = \mathfrak{a}\mathfrak{b}+\mathfrak{a}\mathfrak{c}$ ·················(*5) (ただし，$B \cap C = \phi$ とする。)
(6) $\mathfrak{a} \leq \mathfrak{b}$ ならば，$\mathfrak{a}\mathfrak{c} \leq \mathfrak{b}\mathfrak{c}$ ·············(*6)

$A \times B$ の要素は，順序対 $(a, b) \in A \times B$ $(a \in A, b \in B)$ であり，$A \times B \times C$ の要
素は，順序対 $(a, b, c) \in A \times B \times C$ $(a \in A, b \in B, c \in C)$ であることを考慮
に入れて，これらの公式を証明していこう。

(1) $\mathfrak{a} \cdot 0 = 0 \cdot \mathfrak{a} = 0$ ……$(*1)$ について，

$\overline{\overline{\phi}} = 0$ であり，$\overline{\overline{A}} = \mathfrak{a}$ とおくと，

$A \times \phi$ の順序対は $(a, \underset{\text{存在しない}}{\boxed{\cdots}})$ $(a \in A)$

となって，存在しない。

同様に，$\phi \times A$ の順序対は，$(\underset{\text{存在しない}}{\boxed{\cdots}}, a)$ $(a \in A)$ となって，存在しない。

よって，$\overline{\overline{A \times \phi}} = \overline{\overline{\phi \times A}} = 0$ より，$\mathfrak{a} \cdot 0 = 0 \cdot \mathfrak{a} = 0$ ……$(*1)$ は成り立つ。

$\boxed{\text{要素が1つのみの集合を代表して，これで示した。}}$

> $\cdot \mathfrak{a} \cdot 0 = 0 \cdot \mathfrak{a} = 0$ ………$(*1)$
> $\cdot \mathfrak{a} \cdot 1 = 1 \cdot \mathfrak{a} = \mathfrak{a}$ ………$(*2)$
> $\cdot \mathfrak{a}\mathfrak{b} = \mathfrak{b}\mathfrak{a}$ …………$(*3)$
> $\cdot \mathfrak{a}(\mathfrak{b}\mathfrak{c}) = (\mathfrak{a}\mathfrak{b})\mathfrak{c}$ ………$(*4)$
> $\cdot \mathfrak{a}(\mathfrak{b}+\mathfrak{c}) = \mathfrak{a}\mathfrak{b}+\mathfrak{a}\mathfrak{c}$ ……$(*5)$
> $\cdot \mathfrak{a} \leq \mathfrak{b} \Longrightarrow \mathfrak{a}\mathfrak{c} \leq \mathfrak{b}\mathfrak{c}$ ……$(*6)$

(2) $A \times \boxed{\{1\}}$ の要素は $(a, 1)$ $(a \in A)$ であり，$\{1\} \times A$ の要素は $(1, a)$ $(a \in A)$

となるので，$A \times \{1\}$ と $\{1\} \times A$ は明らかに A と対等 $(1$ 対 1 対応$)$ である。

よって，$A \times \{1\} \sim \{1\} \times A \sim A$ より，$\overline{\overline{A \times \{1\}}} = \overline{\overline{\{1\} \times A}} = \overline{\overline{A}}$

∴公式：$\mathfrak{a} \cdot 1 = 1 \cdot \mathfrak{a} = \mathfrak{a}$ ……$(*2)$ も成り立つんだね。

(3) $\forall a \in A$，$\forall b \in B$ について，(a, b) と (b, a) は 1 対 1 対応が存在する。

よって，$A \times B \sim B \times A$ より，$\overline{\overline{A \times B}} = \overline{\overline{B \times A}}$ となる。

∴$\mathfrak{a} \cdot \mathfrak{b} = \mathfrak{b} \cdot \mathfrak{a}$ ……$(*3)$ $($交換法則$)$ は成り立つ。

$\boxed{A \times B \text{ と } B \times A \text{ については，} (ex1)(P165) \text{ で示したように，表現形式は多少}$
$\text{異なるが，濃度に変化はないんだね。}}$

(4) $A \times B \times C$ の要素は，(a, b, c) $(\forall a \in A, \forall b \in B, \forall c \in C)$ であり，

明らかに $\begin{cases} (A \times B) \times C \sim A \times B \times C \\ A \times (B \times C) \sim A \times B \times C \end{cases}$ である。 $\longleftarrow$ $\boxed{\begin{array}{l} (A \times B) \times C \text{ と } A \times B \times C, \\ A \times (B \times C) \text{ と } A \times B \times C \\ \text{の間に } 1 \text{ 対 } 1 \text{ 対応が} \\ \text{存在する。} \end{array}}$

よって，$(A \times B) \times C \sim A \times (B \times C)$ より，

$\overline{\overline{(A \times B) \times C}} = \overline{\overline{A \times (B \times C)}}$ となる。

∴$(\mathfrak{a}\mathfrak{b})\mathfrak{c} = \mathfrak{a}(\mathfrak{b}\mathfrak{c})$ ……$(*4)$ も成り立つ。

・これから，$K = \{1, 2, \cdots, n\}$ のとき，K の上の集合系 A_k の濃度が $\overline{\overline{A_k}} = \mathfrak{a}_k$

$(k \in K)$ であるとき，直積 $A_1 \times A_2 \times \cdots \times A_n$ の濃度は，

$\overline{\overline{A_1 \times A_2 \times \cdots \times A_n}} = \mathfrak{a}_1 \cdot \mathfrak{a}_2 \cdot \cdots \cdot \mathfrak{a}_n$ となるし，また，同様に，

・$N = \{1, 2, \cdots, n, \cdots\}$ のとき，N の上の集合系 A_k の濃度が $\overline{\overline{A_k}} = \mathfrak{a}_k (k \in N)$

であるとき，直積 $A_1 \times A_2 \times \cdots \times A_n \times \cdots$ の濃度は，

$\overline{\overline{A_1 \times A_2 \times \cdots \times A_n \times \cdots}} = \mathfrak{a}_1 \cdot \mathfrak{a}_2 \cdot \cdots \cdot \mathfrak{a}_n$ と表されるんだね。

(5) P121 で証明したように，$\overbrace{A \times (B \cup C) = (A \times B) \cup (A \times C)}$ $\cdots (*)$ 　"×"の分配
の法則

が成り立つ。

ここで，$B \cap C = \phi$ (B と C は互いに素) より，

$B \cup C = B \sqcup C = B + C$ ……① となる。　←──── 直和

また，$B \cap C = \phi$ より，$(A \times B) \cap (A \times C) = \phi$ となって，$A \times B$ と $A \times C$ は
互いに素となる。

よって，$(A \times B) \cup (A \times C) = (A \times B) \sqcup (A \times C) = (A \times B) + (A \times C)$ ……② となる。

①と②を $(*)$ に代入すると，

$A \times (B + C) = (A \times B) + (A \times C)$ ……$(*)'$ となるので，

よって，この両辺の濃度を求めると，

$\underline{\overline{\overline{A \times (B + C)}}} = \underline{\overline{\overline{(A \times B) + (A \times C)}}}$ より，濃度の積についての分配の法則：
　$(\mathfrak{a} \cdot (\mathfrak{b} + \mathfrak{c}))$ 　$(\overline{\overline{A \times B}} + \overline{\overline{A \times C}} = \mathfrak{a} \cdot \mathfrak{b} + \mathfrak{a} \cdot \mathfrak{c})$

$\mathfrak{a} \cdot (\mathfrak{b} + \mathfrak{c}) = \mathfrak{a} \cdot \mathfrak{b} + \mathfrak{a} \cdot \mathfrak{c}$ ……$(*5)$ が成り立つんだね。

(6) $\mathfrak{a} \leqq \mathfrak{b}$ より，$A \sim B_0$ かつ $B_0 \subseteqq B$ となる集合 B_0 が存在する。このとき，明
らかに，$\underline{B_0 \times C \subseteqq B \times C}$ より，次の不等式が成り立つ。

　これは，$C = \phi$ のときも成り立つ。

$\overline{\overline{B_0 \times C}} \leqq \overline{\overline{B \times C}}$　この左辺 $\overline{\overline{B_0 \times C}}$ は，$A \sim B_0$ より，$\overline{\overline{A \times C}}$ と等しい。

$\therefore \overline{\overline{A \times C}} \leqq \overline{\overline{B \times C}}$，すなわち

$\mathfrak{a}\mathfrak{c} \leqq \mathfrak{b}\mathfrak{c}$ ……$(*6)$ が導かれるんだね。

以上で，濃度の積の定義と基本公式の解説は終了です。みんな大丈夫だった？

● 濃度の和と積の関係を解説しよう！

これまでの濃度の和と積の解説から，たとえば，

・$\aleph_0 + \aleph_0 + \aleph_0 = 3\aleph_0$ や

・$\aleph + \aleph + \aleph + \aleph + \aleph = 5\aleph$ などと表現してもいいのか？考えている方が多いと
思う。まず，一般論として，n 項の $\aleph_0$ の和について，次の公式 $(*1)$ が成り
立つか否かについて調べてみよう。

(I) $\underline{\aleph_0 + \aleph_0 + \aleph_0 + \cdots + \aleph_0} = n\aleph_0$ ……$(*1)$
　　$(n$ 項の $\aleph_0$ の和$)$

まず，$A = \{1, 2, 3, \cdots, n\}$ と自然数全体の集合 $N = \{1, 2, 3, \cdots, n, \cdots\}$
が与えられているものとしよう。すると，それぞれの濃度は，

$\overline{\overline{A}} = n$，$\overline{\overline{N}} = \aleph_0$ より，直積 $A \times N$ の濃度は，

$\overline{\overline{A \times N}} = n\aleph_0$ ……① となる。

$$\underbrace{\aleph_0 + \aleph_0 + \aleph_0 + \cdots + \aleph_0}_{n\,項の\,\aleph_0\,の和} = n\aleph_0 \text{……(*1)}$$

（(*1)の右辺）

ここで，A の部分集合 $\{1\}$, $\{2\}$, $\{3\}$, $\cdots$, $\{n\}$ は，互いに素であるため，この直和は，A と一致する。よって，

$A = \{1\} + \{2\} + \{3\} + \cdots + \{n\}$ となる。したがって，直積 $A \times N$ は，

$A \times N = (\{1\} + \{2\} + \{3\} + \cdots + \{n\}) \times N$ ← 直積の分配の法則

$\therefore A \times N = \{1\} \times N + \{2\} \times N + \{3\} \times N + \cdots + \{n\} \times N$ ……② となる。

ここで，②の両辺の濃度を求めると，

$\overline{\overline{A \times N}} = \underbrace{\overline{\overline{\{1\} \times N}}}_{1 \cdot \aleph_0} + \underbrace{\overline{\overline{\{2\} \times N}}}_{1 \cdot \aleph_0} + \underbrace{\overline{\overline{\{3\} \times N}}}_{1 \cdot \aleph_0} + \cdots + \underbrace{\overline{\overline{\{n\} \times N}}}_{1 \cdot \aleph_0}$

$\overline{\overline{A \times N}} = \underbrace{\aleph_0 + \aleph_0 + \aleph_0 + \cdots + \aleph_0}_{n\,項の\,\aleph_0\,の和}$ ……③ が導ける。

以上①，③より，公式：

$\underbrace{\aleph_0 + \aleph_0 + \aleph_0 + \cdots + \aleph_0}_{n\,項の\,\aleph_0\,の和} = n\aleph_0$ ……(*1) が導けるんだね。納得いった？

同様にして，

・$A = \{1, 2, 3, \cdots, n\}$ と実数全体の集合 R の直積 $A \times R$ の濃度 $\overline{\overline{A \times R}} = n\aleph$ を変形することにより，$\overline{\overline{A \times R}} = \aleph + \aleph + \aleph + \cdots + \aleph$ となるので，

公式：$\underbrace{\aleph + \aleph + \aleph + \cdots + \aleph}_{n\,項の\,\aleph\,の和} = n\aleph$ ……(*2) も導ける。

・$A = \{1, 2, 3, \cdots, n\}$ と，関数 $f : R \longrightarrow R$ 全体を要素とする集合 F の直積 $A \times F$ の濃度 $\overline{\overline{A \times F}} = nf$ を変形することにより，

$\overline{\overline{A \times F}} = f + f + f + \cdots + f$ となるので，

公式：$\underbrace{f + f + f + \cdots + f}_{n\,項の\,f\,の和} = nf$ ……(*3) を導くこともできる。

さらに，濃度の和の公式：$\aleph_0 + \aleph_0 = \aleph_0$ と $\aleph + \aleph = \aleph$ から，

公式：$\underbrace{\aleph_0 + \aleph_0 + \aleph_0 + \cdots + \aleph_0}_{(n\,項の\,\aleph_0\,の和) = n\aleph_0\,((*1)より)} = \aleph_0$　よって，$n\aleph_0 = \aleph_0$ …(*1)′ となるし，

公式：$\underbrace{\aleph + \aleph + \aleph + \cdots + \aleph}_{(n\,項の\,\aleph\,の和) = n\aleph\,((*2)より)} = \aleph$　よって，$n\aleph = \aleph$ …(*2)′ も導ける。

以上の公式をまとめて次に示しておこう。

n 個 (有限個) の無限濃度 ($\aleph_0$, $\aleph$, $\daleth$) の和の公式は次のようになる。
(1) $\aleph_0 + \aleph_0 + \aleph_0 + \cdots + \aleph_0 = n\aleph_0$ ……(*1) より, $n\aleph_0 = \aleph_0$ ……(*1)′
(2) $\aleph + \aleph + \aleph + \cdots + \aleph = n\aleph$ ………(*2) より, $n\aleph = \aleph$ ……(*2)′
(3) $\daleth + \daleth + \daleth + \cdots + \daleth = n\daleth$ …………(*3) $\qquad n\daleth = \daleth$ ………(*3)′

ン? $n\daleth = \daleth \cdots$(*3)′ の証明はまだしてないって? これについては **P172** でしよう。

● 無限濃度同士の積について解説しよう！

それでは次に，無限濃度同士の積 (I) $\aleph_0 \cdot \aleph_0$, (II) $\aleph \cdot \aleph$, (III) $\daleth \cdot \daleth$ がどうなるかについて，これから解説しよう。

(I) $\aleph_0 \cdot \aleph_0$ について解説しよう。

まず，$\overline{\overline{A}} = \aleph_0$, $\overline{\overline{B}} = \aleph_0$ をみたす 2 つの可付番集合を $A = \{a_1, a_2, a_3, \cdots, a_n, \cdots\}$, $B = \{b_1, b_2, b_3, \cdots, b_n, \cdots\}$ とおく。

ここで，$A \times B$ の要素 (順序対) (a_i, b_j) ($i \in N$, $j \in N$) を 図 1 に示すように並べて，図中の矢線に沿って各要素 (順序対) を並べよう。すると，**P134** で正の有理数 Q^+ の濃度が，$\overline{\overline{Q^+}} = \aleph_0$ であることを示し

図 1 $\aleph_0 \cdot \aleph_0 = \aleph_0$ の証明

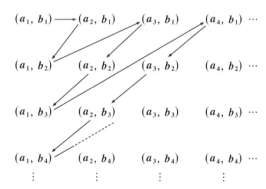

たときと同様に，これは可付番集合になることが分かるはずだ。この可付番集合を C とおくと，

$C = \{(a_1, b_1), (a_2, b_1), (a_1, b_2), (a_3, b_1), (a_2, b_2), (a_1, b_3), (a_4, b_1), \cdots\}$
となるので，これを新たに $C = \{c_1, c_2, c_3, \cdots, c_n, \cdots\}$ とおくと，C は

可付番集合なので，その濃度は $\overline{\overline{C}} = \aleph_0$ となり，

よって，$A \times B = C$ より，$\overline{\overline{A \times B}} = \overline{\overline{C}}$ となるんだね。これから，公式：

$\underbrace{\aleph_0 \cdot \aleph_0} = \underbrace{\aleph_0}$

$\aleph_0 \cdot \aleph_0 = \aleph_0$ ……$(*1)$ が導ける。

> この手法は，**P159** で解説した，$\aleph_0$ の $\aleph_0$ 個の和の公式：$\underbrace{\aleph_0 + \aleph_0 + \cdots + \aleph_0 + \cdots}_{\aleph_0 \text{項の和}} = \aleph_0$
> の証明のやり方とも本質的に同じで，結果も，$\aleph_0 \cdot \aleph_0 = \aleph_0$ と同じことを示しているんだね。

(Ⅱ) 次に，$\aleph \cdot \aleph$ について解説しよう。

まず，$A = R_{(0,1)} = \{x \mid x$ は，$0 < x < 1$ をみたす実数$\}$，$B = R_{(0,1)} = \{y \mid y$ は，$0 < y < 1$ をみたす実数$\}$ とおいて，xy 座標平面上で考えることにしよう。ここで，$R_{(0,1)} \sim R$（実数全体の集合）より，$\overline{\overline{R_{(0,1)}}} = \overline{\overline{R}} = \aleph$ であることは，大丈夫だね。

図 **2** に示すように，直積 $A \times B$ は，$R_{(0,1)} \times R_{(0,1)} = \{(x, y) \mid (0 < x < 1,$ $0 < y < 1)\}$ となって，これは，xy 平面上の $0 < x < 1$，かつ $0 < y < 1$ の領域内の点の集合を表す。ここで，

図 **2** $\aleph \cdot \aleph = \aleph$ の証明

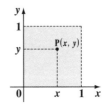

$A \times B$ の任意の要素（順序対）(x, y) が，

$(x, y) = (0.a_1 a_2 a_3 \cdots, 0.b_1 b_2 b_3 \cdots)$ で表されるとき，これを関数 f によ

> $0 < x < 1$，$0 < y < 1$ より，x, y いずれも無限小数で表されるんだね。

> x または y が，たとえば，有限小数 $x = 0.25$ の場合，$x = 0.25000\cdots 0 \cdots$ と考えればよい。

り，$z = 0.a_1 b_1 a_2 b_2 a_3 b_3 \cdots$ に対応させることにする。そして，z を要素とする集合を $C = R_{(0,1)} = \{z \mid z$ は，$0 < z < 1$ をみたす実数$\}$ とおく。すると，関数 f は，$f : A \times B \longrightarrow C$ であり，f を具体的に表すと，

$f : (x, y) = (0.a_1 a_2 a_3 \cdots, 0.b_1 b_2 b_3 \cdots) \longrightarrow z = 0.a_1 b_1 a_2 b_2 a_3 b_3 \cdots$

となる。このとき，関数 f が **1** 対 **1** 対応であることを示す。

（ⅰ）任意の z は $0 < z < 1$ の範囲の数として，$z = 0.c_1 c_2 c_3 c_4 c_5 c_6 \cdots$ と与えられたとすると，この原像として $(x, y) = (0.c_1 c_3 c_5 \cdots, 0.c_2 c_4 c_6 \cdots)$ が必ず存在する。$\longrightarrow$ f は "上への関数"

（ⅱ）次に，異なる **2** 点 (x, y)，(x', y') $((x, y) \neq (x', y'))$ を

$(x, y) = (0.a_1 a_2 a_3 \cdots, 0.b_1 b_2 b_3 \cdots)$，$(x', y') = (0.a_1' a_2' a_3' \cdots,$

$0. b_1{'} b_2{'} b_3{'} \cdots$）とおき，$(x, y)$ と $(x{'}, y{'})$ の像をそれぞれ z, $z{'}$ とおくと，$z = 0. a_1 b_1 a_2 b_2 a_3 b_3 \cdots$ となり，$z{'} = 0. a_1{'} b_1{'} a_2{'} b_2{'} a_3{'} b_3{'} \cdots$ となって，$z \neq z{'}$ になる。 ⟶ 〔f は "1 対 1 の関数"〕

以上（ⅰ）（ⅱ）より，f は "上への 1 対 1 の関数" すなわち "1 対 1 対応" である。

よって，$A \times B \sim C$ （対等）より，$R_{(0, 1)} \times R_{(0, 1)} \sim R_{(0, 1)}$（対等）となる。

これから，$\overline{\overline{R_{(0, 1)} \times R_{(0, 1)}}} = \overline{\overline{R_{(0, 1)}}}$ となる。これより，公式：

（$\aleph \cdot \aleph$） （$\aleph$）

$\aleph \cdot \aleph = \aleph$ ……(*2) が導かれたんだね。大丈夫？

(Ⅲ) では，$\mathfrak{f} \cdot \mathfrak{f}$ について解説しよう。

これも，$\mathfrak{f} \cdot \mathfrak{f} = \mathfrak{f}$ になるんじゃないかって!?…，いい勘しているね。その通りです！これから，解説しよう。まず，

$R_{(0, 1]} = \{x \mid x$ は，$0 < x \le 1$ をみたす実数$\}$, $R_{(1, 2]} = \{x \mid x$ は，$1 < x \le 2$ をみたす実数$\}$, $R_{(0, 2]} = \{x \mid x$ は，$0 < x \le 2$ をみたす実数$\}$ とおこう。すると，$R_{(0, 1]} \sim R_{(1, 2]} \sim R_{(0, 2]} \sim R$（実数全体の集合）となるのはいいね。

ここで，2 つの関数 f と g が次のように与えられているものとする。

$$f : R_{(0, 1]} \longrightarrow R, \qquad g : R_{(1, 2]} \longrightarrow R$$

ここで，関数 f 全体の集合を F，関数 g 全体の集合を G とおくと，F と G の濃度は，$\overline{\overline{F}} = \mathfrak{f}$, $\overline{\overline{G}} = \mathfrak{f}$ となるので，直積 $F \times G$ の濃度は $\overline{\overline{F \times G}} = \mathfrak{f} \cdot \mathfrak{f}$ となる。ここで，さらに，$0 < x \le 2$ の定義域において，次のような関数 $h(x)$ を定義する。

$$h(x) = \begin{cases} f(x) & (0 < x \le 1 \text{ のとき}) \\ g(x) & (1 < x \le 2 \text{ のとき}) \end{cases}$$

そして，関数 h 全体の集合を H とおくと，この濃度は $\overline{\overline{H}} = \mathfrak{f}$ となる。

ここで，関数 $\varphi : F \times G \longrightarrow H$ が 1 対 1 対応であること，具体的には，(f, g) と h の間に 1 対 1 対応が存在することをこれから示そう。

図 3 $\mathfrak{f} \cdot \mathfrak{f} = \mathfrak{f}$ の証明

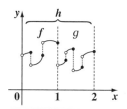

関数 f と g は区分的に連続な関数のイメージのグラフを描いたけれど，実際の f と g には連続や微分可能の条件など何もないので，不連続な点の集合であると考えて頂いてよい。(P140 の図2を参照)

(i) $\forall h \in H$ について，$0 < x \leq 2$ における $h(x)$ を $0 < x \leq 1$ と $1 < x \leq 2$ に分割して，

$f(x) = h(x) \ (0 < x \leq 1)$，$g(x) = h(x) \ (1 < x \leq 2)$ とおけば，任意の h に対して，原像 (f, g) が必ず存在する。$\longrightarrow$ $\boxed{\varphi\ \text{は "上への関数"}}$

(ii) 次に，$0 < x \leq 1$ において，$f_1(x) \neq f_2(x)$ であるか，または $1 < x \leq 2$ において，$g_1(x) \neq g_2(x)$ であるとき，(f_1, g_1) の像 h_1 と (f_2, g_2) の像 h_2 は，

$$h_1(x) = \begin{cases} f_1(x) \ (0 < x \leq 1) \\ g_1(x) \ (1 < x \leq 2) \end{cases} \text{となり，} \ h_2(x) = \begin{cases} f_2(x) \ (0 < x \leq 1) \\ g_2(x) \ (1 < x \leq 2) \end{cases} \text{となって，}$$

明らかに，$h_1 \neq h_2$ となる。$\longrightarrow$ $\boxed{\varphi\ \text{は "1 対 1 の関数"}}$

以上 (i)(ii) より，(f, g) と h には 1 対 1 対応が存在する。よって，$F \times G$ $\sim H$ より，$\overline{\overline{F \times G}} = \overline{\overline{H}}$ となるんだね。これから公式：
$\underbrace{}_{\boxed{\mathfrak{f} \cdot \mathfrak{f}}} \quad \underbrace{}_{\boxed{\mathfrak{f}}}$

$\mathfrak{f} \cdot \mathfrak{f} = \mathfrak{f}$ ……(∗3) が導けるんだね。

> この (∗3) から，P169 の公式：$n\mathfrak{f} = \mathfrak{f}$ ……(∗3)′ (n：有限な自然数) も次のように導ける。
> $1 \leq n \leq \mathfrak{f}$ より，各辺に $\mathfrak{f}$ をかけて，$\mathfrak{f} \leq n\mathfrak{f} \leq \mathfrak{f} \cdot \mathfrak{f} = \mathfrak{f} \ ((∗3) \text{より})$
> よって，はさみ打ちの原理より，$n\mathfrak{f} = \mathfrak{f}$ ……(∗3)′ (P169) が成り立つことが示せた。

以上 (I)(II)(III) の結果を公式としてまとめておこう。

無限濃度の公式

$$(\text{I})\ \aleph_0 \cdot \aleph_0 = \aleph_0 \ \cdots\cdots(∗1) \quad (\text{II})\ \aleph \cdot \aleph = \aleph \ \cdots\cdots(∗2) \quad (\text{III})\ \mathfrak{f} \cdot \mathfrak{f} = \mathfrak{f} \ \cdots\cdots(∗3)$$

(ex1) $\aleph_0 \cdot \aleph_0 \cdot \aleph_0 \cdot \aleph_0 \cdot \aleph_0$ を求めると，

$$\underbrace{\aleph_0 \cdot \aleph_0}_{\boxed{\aleph_0}} \cdot \underbrace{\aleph_0 \cdot \aleph_0}_{\boxed{\aleph_0}} \cdot \aleph_0 = \underbrace{\aleph_0 \cdot \aleph_0}_{\boxed{\aleph_0}} \cdot \aleph_0 = \underbrace{\aleph_0 \cdot \aleph_0}_{\boxed{\aleph_0}} = \aleph_0 \ \text{となる。} \ \leftarrow \boxed{(∗1) \text{より}}$$

このように，(∗1) の公式より，$\aleph_0$ 同士の n 個 (有限個) の積は $\aleph_0$ になる。同様に，(∗2) の公式より，$\aleph$ 同士の n 個の積は $\aleph$ になるし，また，(∗3) の公式より，$\mathfrak{f}$ 同士の n 個の積も $\mathfrak{f}$ になるんだね。

これらも，公式として，まとめて次に示しておこう。

n 個の無限濃度の積

$n = 2, 3, 4, \cdots$ のとき, $\aleph_0$, $\aleph$, $\mathfrak{f}$ の n 項の積の公式を下に示す。

(1) $\aleph_0 \cdot \aleph_0 \cdot \aleph_0 \cdot \cdots \cdot \aleph_0 = \aleph_0$ ……$(*1)'$

(2) $\aleph \cdot \aleph \cdot \aleph \cdot \cdots \cdot \aleph = \aleph$ ……$(*2)'$

(3) $\mathfrak{f} \cdot \mathfrak{f} \cdot \mathfrak{f} \cdot \cdots \cdot \mathfrak{f} = \mathfrak{f}$ ……$(*3)'$

> いずれも, 左辺は $\aleph_0$, $\aleph$, $\mathfrak{f}$ の n 個の積を表す。

● さらに様々な濃度を導いてみよう！

$n\mathfrak{f} = \mathfrak{f}$ (n：正の整数) を導くのに, $1 \leq n \leq \mathfrak{f}$ の各辺に $\mathfrak{f}$ をかけて,

$1 \cdot \mathfrak{f} \leq n\mathfrak{f} \leq \mathfrak{f} \cdot \mathfrak{f}$, $\mathfrak{f} \leq n\mathfrak{f} \leq \mathfrak{f}$ より, はさみ打ちの原理から, $n\mathfrak{f} = \mathfrak{f}$ を導けたん
（$\mathfrak{f}$）　　　（$\mathfrak{f}$）

だね。これと同じ要領で, 次の例題を解いて, 新たな公式を導いてみよう。

例題 27 次の各問いに答えよ。(ただし, n は任意の自然数とする。)

(1) $1 \leq n < \aleph_0 < \aleph$ ………① を利用して,

$n\aleph$ と $\aleph_0\aleph$ を求めよ。

(2) $1 \leq n < \aleph_0 < \aleph < \mathfrak{f}$ ……② を利用して,

$n\mathfrak{f}$ と $\aleph_0\mathfrak{f}$ と $\aleph\mathfrak{f}$ を求めよ。

---

(1) $1 \leq n < \aleph_0 < \aleph$ ……① より,

$1 \leq n \leq \aleph_0 \leq \aleph$ ……①′ となる。

> 真理集合の考え方により, すべての不等号に等号 "=" を付けて, 範囲を広げた。

①′ の各辺に $\aleph$ をかけて,

$1 \cdot \aleph \leq n\aleph \leq \aleph_0 \cdot \aleph \leq \aleph\aleph$ より,
（$\aleph$）　　　　　（$\aleph$ （$(*2)$ より)）

$\aleph \leq n\aleph \leq \aleph_0\aleph \leq \aleph$ （$(*2)$ より) となる。

よって, はさみ打ちの原理より, 公式：

$n\aleph = \aleph_0\aleph = \aleph$ ……$(*4)$ が導かれる。

∴ $n\aleph = \aleph$, $\aleph_0\aleph = \aleph$ となるんだね。大丈夫？

(2) $1 \leq n < \aleph_0 < \aleph < \beth$ ……② より,

$1 \leq n \leq \aleph_0 \leq \aleph \leq \beth$ ……②′ となる。 ← 真理集合の考え方

(1) $\aleph_0 \cdot \aleph_0 = \aleph_0$ ……(*1)
(2) $\aleph \cdot \aleph = \aleph$ ……(*2)
(3) $\beth \cdot \beth = \beth$ ……(*3)

②′の各辺に$\beth$をかけて,

$1 \cdot \beth \leq n\beth \leq \aleph_0\beth \leq \aleph\beth \leq \beth \cdot \beth$ より,

$\underbrace{\quad}_{\beth} \qquad \underbrace{\qquad}_{\beth\ ((*3)より)}$

$\beth \leq n\beth \leq \aleph_0\beth \leq \aleph\beth \leq \beth$ ((*3)より) となる。

よって,はさみ打ちの原理より,公式:

$n\beth = \aleph_0\beth = \aleph\beth = \beth$ ……(*5) が導かれる。

∴ $n\beth = \beth$, $\aleph_0\beth = \beth$, $\aleph\beth = \beth$ である。

それでは,例題 27 の結果も重要な公式なので,下にまとめて示そう。

濃度の積の公式

n(有限な自然数)と,$\aleph_0$, $\aleph$, $\beth$ の間に,次の等式が成り立つ。

(1) $n\aleph = \aleph_0\aleph = \aleph$ ………(*4)

(2) $n\beth = \aleph_0\beth = \aleph\beth = \beth$ ……(*5)

以上の濃度の積の公式の内,(ⅰ)$\aleph_0 \cdot \aleph_0 = \aleph_0$ ……(*1)と(ⅱ)$\aleph_0 \cdot \aleph = \aleph$ ……(*4)と(ⅲ)$\aleph_0 \cdot \beth = \beth$ ……(*5)を抜粋すると,これらはそれぞれ重要な次の濃度の和の公式を示していることになるんだね。これも下に示そう。

濃度の積から和への公式

$\aleph_0 \cdot \aleph_0 = \aleph_0$ ……(*1)より, $\underbrace{\aleph_0 + \aleph_0 + \aleph_0 + \cdots + \aleph_0 + \cdots}_{\aleph_0 の \aleph_0 項の和} = \aleph_0$ ……(*1)″

$\aleph_0 \cdot \aleph = \aleph$ ……(*4)より, $\underbrace{\aleph + \aleph + \aleph + \cdots + \aleph + \cdots}_{\aleph の \aleph_0 項の和} = \aleph$ ………(*2)″

$\aleph_0 \cdot \beth = \beth$ ………(*5)より, $\underbrace{\beth + \beth + \beth + \cdots + \beth + \cdots}_{\beth の \aleph_0 項の和} = \beth$ …………(*3)″

もちろん,(*4)の $n\aleph = \aleph$ から,$\aleph$ の n 項の和は $\aleph$ に等しいこと,また,(*5)の $n\beth = \beth$ から,$\beth$ の n 項の和は $\beth$ に等しいことも示しているんだね。ン? では,(*5)の $\aleph\beth = \beth$ は,$\beth$ の $\aleph$ 項の和は $\beth$ に等しいってことになるのかって? …,そうだね。もちろん "$\aleph$ 項の和" とは,どんなものかよく分からないけどね…。

● 集合の濃度の積を関数の観点で見てみよう！

2つの集合 A_1, A_2 があり，$\overline{\overline{A_1}} = \mathfrak{a}_1$，$\overline{\overline{A_2}} = \mathfrak{a}_2$ であるとき，直積 $A_1 \times A_2$ の濃度は $\overline{\overline{A_1 \times A_2}} = \mathfrak{a}_1 \mathfrak{a}_2$ となることを基にして，これまで，様々な公式を導いてきたんだね。

ここでは，発想を変えて，関数の集合の濃度で考えてみることにしよう。まず，濃度 $\mathfrak{a}_1$, $\mathfrak{a}_2$ は，集合 $K = \{1, 2\}$ の上の濃度系 $\mathfrak{a}_1$, $\mathfrak{a}_2$ とし，これに対応する集合系を A_1, A_2 と考えることにしよう。ここで，K の部分集合 $\{1\}$ と $\{2\}$，および集合 A_1 と A_2 について，次のような2つの関数 f_1 と f_2 を定義する。

$$\begin{cases} f_1 : \{1\} \longrightarrow A_1 \text{ かつ} \\ f_2 : \{2\} \longrightarrow A_2 \end{cases}$$

図 4 には，

$A_1 = \{a_{11}, a_{12}, \cdots, a_{1n}, \cdots\}$
$A_2 = \{a_{21}, a_{22}, \cdots, a_{2n}, \cdots\}$

の場合の関数 f_1 と f_2 の模式図を描いた。ここで，$\overline{\overline{A_1}} = \mathfrak{a}_1$，$\overline{\overline{A_2}} = \mathfrak{a}_2$ より，f_1 のすべてを要素とする集合を F_1，f_2 のすべてを要素とする集合を F_2 とおくと，当然，
$\overline{\overline{F_1}} = \mathfrak{a}_1$，$\overline{\overline{F_2}} = \mathfrak{a}_2$ となり，

図 4 結合集合について

(i)

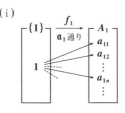

(ii)

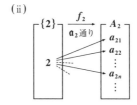

つまり，f_1 は $\mathfrak{a}_1$ 通り存在し，f_2 は $\mathfrak{a}_2$ 通り存在すると，考えればいいんだね。

f_1 と f_2 の組全体の集合を C とおくとき，C の濃度 $\overline{\overline{C}}$ は，(i) f_1 が $\mathfrak{a}_1$ 通り存在し，かつ (ii) f_2 は $\mathfrak{a}_2$ 通り存在すると考えて，$\overline{\overline{C}} = \mathfrak{a}_1 \mathfrak{a}_2$ となるんだね。

同様に，$\overline{\overline{A_1}} = \mathfrak{a}_1$，$\overline{\overline{A_2}} = \mathfrak{a}_2$，$\cdots$，$\overline{\overline{A_n}} = \mathfrak{a}_n$ となる $K = \{1, 2, \cdots, n\}$ の上の集合系 A_1, A_2, $\cdots$, A_n を取り，n 個の関数 f_1, f_2, $\cdots$, f_n を

$f_1 : \{1\} \longrightarrow A_1$, $f_2 : \{2\} \longrightarrow A_2$, $\cdots$, $f_n : \{n\} \longrightarrow A_n$ で定義するとき，関数 f_1, f_2, $\cdots$, f_n の組全体からなる集合を C とおくと，C の濃度 $\overline{\overline{C}} = \mathfrak{a}_1 \cdot \mathfrak{a}_2 \cdot \cdots \cdot \mathfrak{a}_n$ となるんだね。

一般に，K の上の集合系 $A_k (k \in K)$ が与えられたとき，$k \in K$ について，関数 f_k が $f_k : \{k\} \longrightarrow A_k$ で定義されるものとする。このとき，すべての $f_k (k \in K)$ の組全体からなる集合 C を，集合系 $A_k (k \in K)$ の "結合集合" という。

この結合集合 C を一般化して，$\Pi_{k \in K} A_k$ で表すことにすると，この $\Pi_{k \in K} A_k$ の濃度

（これは，$\Pi_{k=1}^{n} A_k$ や $\Pi_{k=1}^{\infty} A_k \cdots$ などと，表すこともできる。）

は，$\Pi_{k \in K} \mathfrak{a}_k = \mathfrak{a}_1 \cdot \mathfrak{a}_2 \cdot \cdots \cdot \mathfrak{a}_n$ となるんだね。

（これは，$\Pi_{k=1}^{n} \mathfrak{a}_k$ のときのものだね。$\Pi_{k=1}^{\infty} \mathfrak{a}_k$ の場合，$\Pi_{k=1}^{\infty} \mathfrak{a}_k = \mathfrak{a}_1 \cdot \mathfrak{a}_2 \cdot \cdots \cdot \mathfrak{a}_n \cdot \cdots$ となる。）

　具体例をいくつか示しておこう。

($ex\,1$) $K = \{1,\,2,\,3,\,4\}$ のとき，K の上の集合系 $A_k\,(k \in K)$ の濃度を $\overline{\overline{A_k}} = \mathfrak{a}_k$ $(k \in K)$ とおくと，この結合集合は，$\Pi_{k \in K} A_k$（または，$\Pi_{k=1}^{4} A_k$）と表され，その濃度は，$\Pi_{k=1}^{4} \mathfrak{a}_k = \mathfrak{a}_1 \cdot \mathfrak{a}_2 \cdot \mathfrak{a}_3 \cdot \mathfrak{a}_4$ となる。

($ex\,2$) $N = \{1,\,2,\,3,\,\cdots\}$ のとき，N の上の集合系 $B_k\,(k \in N)$ の濃度を $\overline{\overline{B_k}} = \mathfrak{b}_k$ $(k \in N)$ とおくと，この結合集合は，$\Pi_{k \in N} B_k$（または，$\Pi_{k=1}^{\infty} B_k$）と表され，その濃度は，$\Pi_{k=1}^{\infty} \mathfrak{b}_k = \mathfrak{b}_1 \cdot \mathfrak{b}_2 \cdot \mathfrak{b}_3 \cdot \cdots \cdot \mathfrak{b}_n \cdots$ となる。

　それでは，結合集合による濃度の積の定義を下にまとめて示そう。

■ 結合集合による濃度の積の定義

集合 K の上の濃度系 $\mathfrak{a}_k\,(k \in K)$ が与えられたとき，
$\forall k\,(k \in K)$ に対して，$\overline{\overline{A_k}} = \mathfrak{a}_k$ となる集合系 $A_k\,(k \in K)$ を考え，
その結合集合 $\Pi_{k \in K} A_k$ の濃度を，濃度系 $\mathfrak{a}_k\,(k \in K)$ の積といい，
$\Pi_{k \in K} \mathfrak{a}_k$ と表す。すなわち，
$\overline{\overline{\Pi_{k \in K} A_k}} = \Pi_{k \in K} \mathfrak{a}_k$ $\cdots\cdots(*)$ である。

　この結合集合の定義から明らかに，結合集合とそれに対応する直積は対等になる。具体的に示しておこう。

($ex\,1$) $\Pi_{k=1}^{6} A_k \sim A_1 \times A_2 \times A_3 \times A_4 \times A_5 \times A_6$

($ex\,2$) $\Pi_{k=1}^{\infty} X_k \sim X_1 \times X_2 \times X_3 \times \cdots \times X_n \times \cdots$

　ここで，濃度の積の不等式の公式を下に示す。

■ 濃度の積の不等式

集合 K の上の 2 つの濃度系 $\mathfrak{a}_k$，$\mathfrak{b}_k\,(k \in K)$ について，
$\mathfrak{a}_k \leqq \mathfrak{b}_k\,(k \in K)$ であるならば，$\Pi_{k \in K} \mathfrak{a}_k \leqq \Pi_{k \in K} \mathfrak{b}_k$ となる。

　このように，濃度の積には，直積による定義と，結合集合（関数）による定義の 2 種類があることを頭に入れておこう。

176

ン？でも，なんで，濃度の積に"関数による定義"つまり"結合集合による定義"を考える必要があるのかって!?…，当然の疑問だね。実は，集合論とは，集合の要素同士の対応関係を扱う**"関数論"**でもあるからなんだね。そして，この結合集合の考え方は，この後で解説する**"濃度のベキ乗計算"**のための一種の布石でもあるんだね。

また，有限の自然数 n について，$\aleph_0$ や $\aleph$ や $\mathfrak{f}$ の n 個の積の公式 (**P173**) は，結合集合の濃度の式で表すと，次のようにシンプルに表すこともできて，便利なんだね。

(1) $\aleph_0 \cdot \aleph_0 \cdot \aleph_0 \cdot \cdots \cdot \aleph_0 = \aleph_0$ ……(*1)′ は，$\Pi_{k=1}^{n} \aleph_0 = \aleph_0$ と表されるし，

$\boxed{n \text{個の} \aleph_0 \text{の積} ((2),(3) \text{も同様})}$

(2) $\aleph \cdot \aleph \cdot \aleph \cdot \cdots \cdot \aleph = \aleph$ ………(*2)′ は，$\Pi_{k=1}^{n} \aleph = \aleph$ と表されるし，

(3) $\mathfrak{f} \cdot \mathfrak{f} \cdot \mathfrak{f} \cdot \cdots \cdot \mathfrak{f} = \mathfrak{f}$ …………(*3)′ は，$\Pi_{k=1}^{n} \mathfrak{f} = \mathfrak{f}$ と表されるんだね。

以上で，集合の濃度の和と積についての講義は終了です。次々と信じられないような公式が出て来て，驚いたって!?…，そうだね。ここでは言及できなかったけれど，等式：$\aleph \cdot \aleph \cdot \aleph = \aleph$（(*2)′ の $n=3$ のときの式）は，「現在の我々の宇宙は，極小の宇宙から始まった」という**"インフレーション宇宙論"**（*inflationary cosmology*）の数学的な裏付けという意味も持っているんだね。（これについて，興味のある方は，「**集合論キャンパス・ゼミ**」で学習することを勧めます。）

カントールが，この集合論を創始したとき，その斬新な発想力だけでなく，不可思議な公式が次々と現れてきたため，当時の数学者から多くの非難を浴びたのは事実だ。しかし，自然科学とは，論理的に正しければ，数学と物理といった，まったく異なる分野で発展してきたものであっても，最終的には統合の方向に向かうものなのかも知れないね。

次の濃度の演算を行って，各式を簡単にせよ。

(1) $1+4+9+\cdots+n^2+\cdots$

(2) $3\aleph_0\aleph_0+2\aleph_0\aleph_0\aleph_0$

(3) $2\aleph_0\aleph+\aleph_0\aleph\aleph\aleph$

(4) $3\mathfrak{f}\cdot\mathfrak{f}+\aleph_0\aleph_0\mathfrak{f}+2\aleph_0\aleph_0$

ヒント! (1)は，自然数の無限和 $m_1+m_2+m_3+\cdots+m_n+\cdots$ と考えよう。(2)(3) (4)については，公式：$\aleph_0\aleph_0=\aleph_0$, $\aleph_0\aleph=\aleph$, $\aleph\aleph=\aleph$, $\aleph_0\mathfrak{f}=\mathfrak{f}$, $\cdots$ など，公式 を利用して解いていこう。

解答 & 解説

(1) 与式 $=1^2+2^2+3^2+\cdots+n^2+\cdots=m_1+m_2+m_3+\cdots+m_n+\cdots$ とおく。

(ここで，$m_k=($自然数$)$, $k=1, 2, 3, \cdots)$

よって，与式 $=m_1+m_2+m_3+\cdots+m_n+\cdots=\aleph_0$ である。 $\cdots\cdots\cdots\cdots\cdots$(答)

(2) 公式：$n\aleph_0=\aleph_0$ (n：自然数), $\aleph_0\aleph_0=\aleph_0$, $\aleph_0+\aleph_0=\aleph_0$ を用いると，

与式 $=\underbrace{3\aleph_0\aleph_0}_{\aleph_0}+\underbrace{2}_{\aleph_0}\underbrace{\aleph_0\aleph_0\aleph_0}_{\aleph_0}=\underbrace{\aleph_0\aleph_0}_{\aleph_0}+\underbrace{\aleph_0\aleph_0}_{\aleph_0}$

$=\underbrace{\aleph_0+\aleph_0}_{\aleph_0}=\aleph_0$ である。 $\cdots\cdots\cdots\cdots\cdots\cdots\cdots\cdots$(答)

(3) 公式：$n\aleph_0=\aleph_0$ (n：自然数), $\aleph_0\aleph=\aleph$, $\aleph\cdot\aleph=\aleph$, $\aleph+\aleph=\aleph$ を用いると，

与式 $=\underbrace{2\aleph_0}_{\aleph_0}\aleph+\underbrace{\aleph_0}_{\aleph}\underbrace{\aleph}_{\aleph}\aleph\aleph=\underbrace{\aleph_0\cdot\aleph}_{\aleph}+\underbrace{\aleph\cdot\aleph}_{\aleph}$

$=\underbrace{\aleph+\aleph}_{\aleph}=\aleph$ である。 $\cdots\cdots\cdots\cdots\cdots\cdots\cdots\cdots$(答)

(4) 公式：$n\mathfrak{f}=\mathfrak{f}$ (n：自然数), $n\aleph_0=\aleph_0$, $\mathfrak{f}\cdot\mathfrak{f}=\mathfrak{f}$, $\aleph_0\mathfrak{f}=\mathfrak{f}$, $\mathfrak{f}+\mathfrak{f}=\mathfrak{f}$ を用いると，

与式 $=\underbrace{3\mathfrak{f}\cdot\mathfrak{f}}_{\mathfrak{f}}+\underbrace{\aleph_0}_{\aleph_0}\underbrace{\aleph_0}_{\aleph_0}\mathfrak{f}+\underbrace{2\aleph_0\aleph_0}_{\aleph_0}=\underbrace{\mathfrak{f}\cdot\mathfrak{f}}_{\mathfrak{f}}+\underbrace{\aleph_0\mathfrak{f}}_{\mathfrak{f}}+\underbrace{\aleph_0\aleph_0}_{\aleph_0}$

$=\underbrace{\mathfrak{f}+\mathfrak{f}}_{\mathfrak{f}}+\aleph_0=\underbrace{\aleph_0+\mathfrak{f}}_{\mathfrak{f}}=\mathfrak{f}$ である。 $\cdots\cdots\cdots\cdots\cdots\cdots$(答)

任意の無限濃度 $\mathfrak{a}$ に対して，$\aleph_0+\mathfrak{a}=\mathfrak{a}$ (例題 25 (1)(P155)) となる。 今回は，この $\mathfrak{a}=\mathfrak{f}$ の場合なんだね。

演習問題 15　　　● 濃度の演算 (和と積) ●

次の濃度の演算を行って，各式を簡単にせよ。

(1) $2+5+8+\cdots+(3n-1)+\cdots$

(2) $\aleph_0\aleph_0\aleph_0+4\aleph_0\aleph_0+3\aleph_0$

(3) $2\aleph_0\aleph_0+3\aleph_0\aleph\aleph$

(4) $2\mathfrak{f}\cdot\mathfrak{f}+\aleph_0\aleph\mathfrak{f}+\aleph_0\aleph_0$

ヒント! (1)は，自然数の無限和 $m_1+m_2+m_3+\cdots+m_n+\cdots=\aleph_0$ を用いる。(2)(3)(4) では，公式：$\aleph_0\aleph_0=\aleph_0$, $\aleph_0\aleph=\aleph$, $\aleph\mathfrak{f}=\mathfrak{f}$, $\aleph_0+\aleph=\aleph$ などを利用して解いていこう。

解答&解説

(1) 与式 $=2+5+8+\cdots+(3n-1)+\cdots=m_1+m_2+m_3+\cdots+m_n+\cdots$ とおく。

（ここで，$m_k=$(自然数)，$k=1, 2, 3, \cdots$）

よって，与式 $=m_1+m_2+m_3+\cdots+m_n+\cdots=\aleph_0$ である。……………(答)

(2) 公式：$n\aleph_0=\aleph_0$ (n：自然数)，$\aleph_0\aleph_0=\aleph_0$, $\aleph_0+\aleph_0=\aleph_0$ を用いると，

与式 $=\underbrace{\aleph_0\aleph_0\aleph_0}_{\aleph_0}+\underbrace{4\aleph_0\aleph_0}_{\aleph_0}+\underbrace{3\aleph_0}_{\aleph_0}=\underbrace{\aleph_0}_{}+\underbrace{\aleph_0\aleph_0}_{\aleph_0}+\underbrace{\aleph_0}_{\aleph_0}$

$=\underbrace{\aleph_0+\aleph_0}_{\aleph_0}+\aleph_0=\underbrace{\aleph_0+\aleph_0}_{\aleph_0}=\aleph_0$ である。……………(答)

(3) 公式：$n\aleph_0=\aleph_0$ (n：自然数)，$\aleph_0\aleph_0=\aleph_0$, $\aleph_0\aleph=\aleph$, $\aleph\aleph=\aleph$ を用いると，

与式 $=\underbrace{2\aleph_0\aleph_0}_{\aleph_0}+\underbrace{3\aleph_0}_{\aleph_0}\underbrace{\aleph\aleph}_{\aleph}=\underbrace{\aleph_0\aleph_0}_{\aleph_0}+\underbrace{\aleph_0\cdot\aleph}_{\aleph}$

$=\underbrace{\aleph_0+\aleph}_{}=\aleph$ である。……………(答)

(4) 公式：$n\mathfrak{f}=\mathfrak{f}$ (n：自然数)，$\mathfrak{f}\cdot\mathfrak{f}=\mathfrak{f}$, $\aleph\cdot\mathfrak{f}=\mathfrak{f}$, $\mathfrak{f}+\mathfrak{f}=\mathfrak{f}$, $\aleph_0\aleph_0=\aleph_0$, $\aleph_0\aleph=\aleph$ を用いると，

与式 $=\underbrace{2\mathfrak{f}}_{\mathfrak{f}}\cdot\mathfrak{f}+\underbrace{\aleph_0\aleph}_{\aleph}\mathfrak{f}+\underbrace{\aleph_0\aleph_0}_{\aleph_0}=\underbrace{\mathfrak{f}\cdot\mathfrak{f}}_{\mathfrak{f}}+\underbrace{\aleph\cdot\mathfrak{f}}_{\mathfrak{f}}+\aleph_0$

$=\underbrace{\mathfrak{f}+\mathfrak{f}}_{\mathfrak{f}}+\aleph_0=\underbrace{\aleph_0+\mathfrak{f}}_{}=\mathfrak{f}$ である。……………(答)

> 任意の無限集合の濃度 $\mathfrak{a}$ について，$\aleph_0+\mathfrak{a}=\mathfrak{a}$ が成り立つ。(3)は $\mathfrak{a}=\aleph$ のとき，(4)は $\mathfrak{a}=\mathfrak{f}$ のときである。

§5. 集合の濃度の演算(ベキ乗)

前回までの講義で,集合の濃度の演算として,"**和**"と"**積**"について解説してきた。そして,今回は,集合の濃度の演算として,"**ベキ乗**"($power$)計算について,詳しく解説しよう。

2つの集合 A, B の濃度が,$\overline{\overline{A}} = \mathfrak{a}$,$\overline{\overline{B}} = \mathfrak{b}$ であるとき,濃度のベキ乗 $\mathfrak{b}^{\mathfrak{a}}$ を定義するために,"<ruby>配置集合<rt>はいち</rt></ruby>"($Belegungsmenge$)B^A を利用する。これは,$A \to B$ の関数全体の集合 B^A のことなんだね。ン? 何のことか,さっぱり分からないって!?…,大丈夫! これからすべて分かるように解説するからね。

この配置集合 B^A の濃度が,$\overline{\overline{B^A}} = \overline{\overline{B}}^{\,\overline{\overline{A}}} = \mathfrak{b}^{\mathfrak{a}}$ となって,集合の濃度の"**ベキ乗**"計算の元になるということだけ,今は頭に入れておこう。また,この $\mathfrak{a}$ や $\mathfrak{b}$ は有限濃度だけでなく,$\aleph_0$ や $\aleph$ や $\mathfrak{f}$ のような無限濃度であっても構わないんだね。

さらに,これまでの課題であった $\aleph_0$ と $\aleph$ と $\mathfrak{f}$ の関係式:$\aleph = 2^{\aleph_0}$ と $\mathfrak{f} = 2^{\aleph}$ についても,その証明を示そう。また,この"**ベキ乗**"計算の結果として,公式:$2^{\aleph} = n^{\aleph} = \aleph_0^{\,\aleph} = \aleph^{\aleph} = \mathfrak{f}^{\aleph} = \mathfrak{f}$ のような,これまでよりもさらに不可思議な公式を導くこともできる。これらについても詳しく解説しよう。

今回もまた,内容満載の講義になるけれど,分かりやすく親切に教えていくつもりなので,楽しみながら学んでいってほしい。

● まず,有限濃度のベキ乗の解説から始めよう!

まず,2つの有限集合 $A = \{1, 2, 3\}$,$B = \{a, b\}$ について考えよう。この2つの集合の有限濃度は,当然 $\overline{\overline{A}} = \mathfrak{a} = 3$,$\overline{\overline{B}} = \mathfrak{b} = 2$ となる。

ここで,関数 $\Phi : A \to B$ を考えよう。

具体的には,A の要素 $k(\in A)$ が B の要素に対応する関数を $\varphi(k)$ ($k = 1, 2, 3$) とおくと,図1より,

図1 $\overline{\overline{B^A}} = \mathfrak{b}^{\mathfrak{a}}$

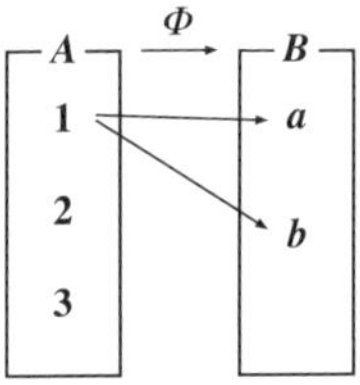

$\varphi(1) = a$ または b,$\varphi(2) = a$ または b,$\varphi(3) = a$ または b となり,具体的には,関数 $\Phi : A \to B$ は,$\Phi = \{\varphi(1), \varphi(2), \varphi(3)\}$ と表される。

ここで,この関数 Φ 全体の集合を"**配置集合**"($Belegungsmenge$)と呼び,これを B^A と表すことにすると,この濃度は $\overline{\overline{B^A}} = \overline{\overline{B}}^{\,\overline{\overline{A}}} = \mathfrak{b}^{\mathfrak{a}}$ となって,濃度のベ

キ乗計算の定義式になっているんだね。また，これだけでは何のことなのか分からないだろうから，さらに具体的に解説しよう。

関数 $\Phi = \{\varphi(1), \varphi(2), \varphi(3)\}$ を具体的に表すと，

$$\underbrace{\varphi(1)}_{\boxed{a \text{または} b}}, \underbrace{\varphi(2)}_{\boxed{a \text{または} b}}, \underbrace{\varphi(3)}_{\boxed{a \text{または} b}}$$

$\Phi = \{a, a, a\}, \{a, a, b\}, \{a, b, a\}, \{a, b, b\}$

$\{b, a, a\}, \{b, a, b\}, \{b, b, a\}, \{b, b, b\}$ であり，

これら 8 つの関数を $\Phi_1, \Phi_2, \Phi_3, \cdots, \Phi_8$ とおくと，これらを要素とする集合族が配置集合 B^A であり，$B^A = \{\Phi_1, \Phi_2, \Phi_3, \cdots, \Phi_8\}$ となり，この濃度は，当然，$\overline{\overline{B^A}} = 8$ となる。では，ここで，この 8 は，$8 = 2^3$ から導かれていることは大丈夫だろうか？ つまり，今回の例では，$\Phi = \{\varphi(1), \varphi(2), \varphi(3)\}$ の $\varphi(k)$ $(k = 1, 2, 3)$ がいずれも，a か b の 2 通りのいずれかを選択するので，$2 \times 2 \times 2 = 2^3 = 8$ となっており，この底の 2 は，$\overline{\overline{B}} = \mathfrak{b} = 2$ であり，指数の 3 は，$\overline{\overline{A}} = \mathfrak{a} = 3$ のことなんだね。

したがって，配置集合 B^A の濃度は，$\overline{\overline{B^A}} = \overline{\overline{B}}^{\overline{\overline{A}}} = \mathfrak{b}^{\mathfrak{a}} = 2^3 = 8$ となるんだね。

また，もう 1 つの観点から説明すると，Φ の要素 $\varphi(1), \varphi(2), \varphi(3)$ はそれぞれ集合 B を表しているので，これらの直積で考えると，

$\varphi(1) \times \varphi(2) \times \varphi(3) = B \times B \times B$ であり，この濃度を求めると，

$$\overline{\overline{\varphi(1) \times \varphi(2) \times \varphi(3)}} = \overline{\overline{B \times B \times B}} = \overline{\overline{B}} \cdot \overline{\overline{B}} \cdot \overline{\overline{B}} = \underbrace{\mathfrak{b} \cdot \mathfrak{b} \cdot \mathfrak{b}}_{\substack{\mathfrak{b}\text{の積の個数} \\ \text{は} \overline{\overline{A}} = \mathfrak{a} \text{に等しい}}} = \mathfrak{b}^3 = \mathfrak{b}^{\mathfrak{a}}$$

となって，配置集合 B^A の濃度になるんだね。

● 2 つの集合の濃度のベキ乗 $\mathfrak{b}^{\mathfrak{a}}$ を定義しよう！

一般に，$\overline{\overline{A}} = \mathfrak{a}$，$\overline{\overline{B}} = \mathfrak{b}$ である 2 つの集合 A，B の配置集合 B^A とその濃度について下に基本事項を示そう。ここで，$\mathfrak{a}$，$\mathfrak{b}$ は有限濃度，無限濃度のいずれでも構わない。

配置集合 B^A とその濃度

一般に，集合 $A \to$ 集合 B の関数 Φ 全体の集合を A の上の B の**配置集合**と呼び，B^A と表す。

ここで，A，B の濃度が，$\overline{\overline{A}} = \mathfrak{a}$，$\overline{\overline{B}} = \mathfrak{b}$ であるとき，配置集合 B^A の濃度は $\overline{\overline{B^A}} = \overline{\overline{B}}^{\overline{\overline{A}}} = \mathfrak{b}^{\mathfrak{a}}$ ……(*) で表すことができる。

このように，有限集合，無限集合を問わず，$\Phi : A \to B$ の関数 Φ 全体の集合を配置集合として，B^A の形で表し，かつ，この濃度は，$\mathfrak{b}^{\mathfrak{a}}$ でシンプルに計算することができるんだね。ここで，配置集合 B^A は，**P175**，**P176** で解説した "結合集合" で次のように表すこともできる。

$B^A = \underline{\Pi_{k \in A} B}$ ……(*1)　　よって，この濃度を求めると，

$\boxed{\text{これは，} A \text{ の上の集合系 } B_i \, (i \in A) \text{ が } i \text{ によらず一定なので，} B_i = B \text{ で表している。}}$

$\overline{\overline{B^A}} = \overline{\overline{B}}^{\,\overline{\overline{A}}} = \Pi_{k \in A} \overline{\overline{B}} = \Pi_{k \in A} \mathfrak{b}$ ……(*2)　となる。

ン? 何故，ここで結合集合を持ち出すのかって? それは，この結合集合の考え方を用いると，集合の濃度のベキ乗計算の様々な公式が比較的簡単に証明できるからなんだね。今の内に，よく練習しておこう。

では，この (*1), (*2) の表記法を次の例でいくつか練習しておこう。

(*ex* 1) $A = \{1, 2, 3, 4, 5\}$ の場合，

$\quad B^A = \Pi_{k \in A} B = \Pi_{k=1}^{5} B = B \times B \times B \times B \times B$ であり，

$\quad \overline{\overline{B^A}} = \Pi_{k \in A} \mathfrak{b} = \mathfrak{b} \cdot \mathfrak{b} \cdot \mathfrak{b} \cdot \mathfrak{b} \cdot \mathfrak{b} = \mathfrak{b}^5$ となる。$\left(\overline{\overline{A}} = \mathfrak{a} = 5 \right)$

(*ex* 2) $N = \{1, 2, 3, \cdots\}$ の場合，

$\quad B^N = \Pi_{k \in N} B = B \times B \times B \times \cdots \times B \times \cdots$

$\quad \overline{\overline{B^N}} = \Pi_{k \in N} \mathfrak{b} = \mathfrak{b} \cdot \mathfrak{b} \cdot \mathfrak{b} \cdot \cdots \cdot \mathfrak{b} \cdot \cdots = \mathfrak{b}^{\aleph_0}$ となる。$\left(\overline{\overline{N}} = \aleph_0 \right)$

(*ex* 3) $R = \{x \mid x \text{ は実数}\}$ の場合，

$\quad B^R = \Pi_{k \in R} B$

$\quad \overline{\overline{B^R}} = \Pi_{k \in R} \mathfrak{b} = \mathfrak{b}^{\aleph}$ となる。$\left(\overline{\overline{R}} = \aleph \right)$

それでは，次の例題で，配置集合 B^A の濃度 $\mathfrak{b}^{\mathfrak{a}}$ を具体的に求めてみよう。

例題 28　次の各集合 A, B について，配置集合 B^A の濃度を求めよ。

(1) $A = \{1, 2, 3, 4, 5, 6\}$, $B = \{a, b\}$

(2) $A = \{2, 4, 6, 8\}$, $B = \{b_1, b_2, b_3\}$

(3) $A = N = \{1, 2, 3, \cdots\}$, $B = \{0, 1, 2, \cdots, 9\}$

(4) $A = Q^+ = \{q \mid q \text{ は正の有理数}\}$, $B = \{0, 1\}$

(5) $A = R = \{x \mid x \text{ は実数}\}$, $B = N = \{1, 2, 3, \cdots\}$

(6) $A = \{1, 2, 3\}$, $B = N = \{1, 2, 3, \cdots\}$

(7) $A = R = \{x \mid x \text{ は実数}\}$, $B = R = \{x \mid x \text{ は実数}\}$

$\Phi: A \rightarrow B$ の関数 Φ 全体の集合が，配置集合 B^A であり，その濃度は $\mathfrak{b}^{\mathfrak{a}}$ ($\overline{\overline{A}}$ $= \mathfrak{a}$, $\overline{\overline{B}} = \mathfrak{b}$) となる。これから各 A, B の場合について，$\mathfrak{b}^{\mathfrak{a}}$ を求めればいいんだね。ここで示した結果は，無限濃度の場合，さらにこの後に解説する公式により変形することができるので，それについても引き込み線で示しておこう。(今は理解できなくても大丈夫です。)

(1) $\overline{\overline{A}} = \mathfrak{a} = 6$, $\overline{\overline{B}} = \mathfrak{b} = 2$ より，配置集合 B^A の濃度は，
$\overline{\overline{B^A}} = \mathfrak{b}^{\mathfrak{a}} = 2^6 = 64$ である。

> $\begin{cases} 2^5 = 32 \\ 2^{10} = 1024 \end{cases}$
> は覚えておこう。

(2) $\overline{\overline{A}} = \mathfrak{a} = 4$, $\overline{\overline{B}} = \mathfrak{b} = 3$ より，配置集合 B^A の濃度は，
$\overline{\overline{B^A}} = \mathfrak{b}^{\mathfrak{a}} = 3^4 = 81$ である。

(3) $\overline{\overline{A}} = \overline{\overline{N}} = \aleph_0$, $\overline{\overline{B}} = \mathfrak{b} = 10$ より，配置集合 B^A の濃度は，
$\overline{\overline{B^A}} = \mathfrak{b}^{\mathfrak{a}} = 10^{\aleph_0}$ である。 ← $10^{\aleph} = 2^{\aleph} = \aleph$ と変形できる

(4) $\overline{\overline{A}} = \overline{\overline{Q^+}} = \aleph_0$, $\overline{\overline{B}} = \mathfrak{b} = 2$ より，配置集合 B^A の濃度は，
$\overline{\overline{B^A}} = \mathfrak{b}^{\mathfrak{a}} = 2^{\aleph_0}$ である。 ← $2^{\aleph} = \aleph$ と変形できる

(5) $\overline{\overline{A}} = \overline{\overline{R}} = \aleph$, $\overline{\overline{B}} = \overline{\overline{N}} = \aleph_0$ より，配置集合 B^A の濃度は，
$\overline{\overline{B^A}} = \mathfrak{b}^{\mathfrak{a}} = \aleph_0^{\aleph}$ ← $\aleph_0^{\aleph} = \mathfrak{f} = 2^{\aleph}$ と変形できる

(6) $\overline{\overline{A}} = \mathfrak{a} = 3$, $\overline{\overline{B}} = \overline{\overline{N}} = \aleph_0$ より，配置集合 B^A の濃度は，
$\overline{\overline{B^A}} = \mathfrak{b}^{\mathfrak{a}} = \aleph_0^3$ である。 ← $\aleph_0^3 = \aleph_0$ と変形できる

(7) $\overline{\overline{A}} = \overline{\overline{R}} = \aleph$, $\overline{\overline{B}} = \overline{\overline{R}} = \aleph$ より，配置集合 B^A の濃度は，
$\overline{\overline{B^A}} = \mathfrak{b}^{\mathfrak{a}} = \aleph^{\aleph}$ である。 ← $\aleph^{\aleph} = \mathfrak{f} = 2^{\aleph}$ と変形できる

これで，配置集合の濃度の計算にも，ずい分慣れたと思う。

● ベキ集合 2^A の濃度について解説しよう！

それでは次に，ベキ集合 2^A の濃度 $\overline{\overline{2^A}}$ について考えてみよう。ベキ集合 2^A は，配置集合と似た形式で表されているが，ベキ集合 2^A は，A のすべての部分集合を要素としてもつ集合族のことで，配置集合とは異なることに気を付けよう。

> たとえば，$A = \{a, b, c\}$ のとき，ベキ集合 2^A は，
> $2^A = \{\phi, \{a\}, \{b\}, \{c\}, \{a, b\}, \{a, c\}, \{b, c\}, \{a, b, c\}\}$ のことで，
> 配置集合とは，まったく異なる集合族なんだね。

しかし，ここで，$B=\{0, 1\}$ とおくと，**P151** で解説したように，このベキ集合 2^A と，$\Phi: A \longrightarrow B=\{0, 1\}$ の関数 Φ 全体からなる配置集合 $B^A=\{0, 1\}^A$ とは，$\underline{2^A \sim \{0, 1\}^A}$ (対等) になるんだったね。

$\boxed{2^A \text{と} \{0, 1\}^A \text{の間に "1対1対応" が存在する。}}$

よって，これから，ベキ集合 2^A の濃度は，

$\overline{\overline{2^A}} = \overline{\overline{\{0, 1\}^A}} = \overline{\overline{B^A}} = \overline{\overline{B}}^{\overline{A}} = 2^{\overline{A}}$ ……① と表すことができるんだね。

さらに，**P149〜151** で，$\overline{\overline{A}}$ と $\overline{\overline{2^A}}$ の不等式：

$\overline{\overline{A}} < \overline{\overline{2^A}}$ ……………………………② が成り立つことも示した。

よって，①を②に代入して，不等式：

$\overline{\overline{A}} < 2^{\overline{\overline{A}}}$ ……(*) が導ける。

ここで，$\overline{\overline{A}} = \mathfrak{a}$ とおくことにより，(*) の不等式は，

$\mathfrak{a} < 2^{\mathfrak{a}}$ ……(*)′ と表すこともできるんだね。そして，

$\begin{cases} (\text{i}) \, \mathfrak{a} = \aleph_0 \text{のとき，} (*)′ \text{より，} \aleph_0 < 2^{\aleph_0} \text{……③ となり，} \\ (\text{ii}) \, \mathfrak{a} = \aleph \text{のとき，} (*)′ \text{より，} \aleph < 2^{\aleph} \text{……④ となるんだね。} \end{cases}$

そして，これについては後で証明するけれど，公式：

$2^{\aleph_0} = \aleph$ ……(**) と $2^{\aleph} = \mathfrak{f}$ ……(**)′ が成り立つので，

③，④と (**)，(**)′ より，無限濃度の不等式：

$\aleph_0 < \aleph < \mathfrak{f}$ ……(*3) を導くこともできるんだね。(**)と(**)′ の証明につい

$\underbrace{\aleph}_{2^{\aleph_0}} \quad \underbrace{\mathfrak{f}}_{2^{\aleph}}$

ては，もうしばらく楽しみにお待ち頂きたい。

● 濃度のベキ乗計算の公式をマスターしよう！

それでは，ベキ乗計算に役に立つ公式を以下に示そう。

▍濃度のベキ乗の公式

4つの集合 A, B, C, D の濃度をそれぞれ $\overline{\overline{A}} = \mathfrak{a}$, $\overline{\overline{B}} = \mathfrak{b}$, $\overline{\overline{C}} = \mathfrak{c}$, $\overline{\overline{D}} = \mathfrak{d}$ とおくとき，次の濃度のベキ乗の公式が成り立つ。(ただし，$B \cap C = \phi$ とする)

(1) $\mathfrak{a}^1 = \mathfrak{a}$ ……………(*1)　　　(2) $1^{\mathfrak{a}} = 1$ ………(*2)

(3) $\mathfrak{a}^{\mathfrak{b}+\mathfrak{c}} = \mathfrak{a}^{\mathfrak{b}} \cdot \mathfrak{a}^{\mathfrak{c}}$ ……(*3)　　(4) $(\mathfrak{a}^{\mathfrak{b}})^{\mathfrak{c}} = \mathfrak{a}^{\mathfrak{b}\mathfrak{c}}$ ……(*4)

(5) $(\mathfrak{a}\mathfrak{b})^{\mathfrak{c}} = \mathfrak{a}^{\mathfrak{c}} \cdot \mathfrak{b}^{\mathfrak{c}}$ ……(*5)

(6) $\mathfrak{a} \leq \mathfrak{c}$ かつ $\mathfrak{b} \leq \mathfrak{d}$ ならば，$\mathfrak{a}^{\mathfrak{b}} \leq \mathfrak{c}^{\mathfrak{d}}$ である。………(*6)

濃度の計算において，前回までに解説した"和"や"積"の公式と併せて，この"ベキ乗"計算の基本公式を使いこなせるようになると，様々な濃度の式の計算も自由にできるようになるんだね。

それでは，これらの公式の証明を順にやっていこう。

(1) $\mathfrak{a}^1 = \mathfrak{a}$ ……(*1) について，

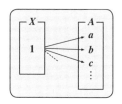

$X = \{1\}$ とおくと，$\Phi : \{1\} \longrightarrow A$
の関数 Φ 全体の集合は，A の各
要素と 1 対 1 に対応する。

よって，$\mathfrak{a}^{\overline{\overline{X}}} = \mathfrak{a}^1 = \overline{\overline{A}} = \mathfrak{a}$ より，

$\mathfrak{a}^1 = \mathfrak{a}$ ……(*1) は成り立つ。

これから，$n^1 = n$，$\aleph_0{}^1 = \aleph_0$，$\aleph^1 = \aleph$，$\mathfrak{f}^1 = \mathfrak{f}$ などとなる。

(2) $\cdot 1^{\mathfrak{a}} = 1$ ……(*2) について，

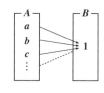

$B = \{1\}$ とおくと，$\Phi : A \longrightarrow \{1\}$
の関数 Φ は，1 通りに決まる。

$\overline{\overline{B^A}} = 1^{\mathfrak{a}} = 1$ より，

$1^{\mathfrak{a}} = 1$ ……(*2) は成り立つ。

$\cdot$ 結合集合の濃度を使って証明すると，

$1^{\mathfrak{a}} = \sum_{k \in A} 1 = \underbrace{1 \cdot 1 \cdot 1 \cdots}_{\overline{\overline{A}} = \mathfrak{a}\,\text{項の積}} = 1$ となって，(*2) は成り立つ。

(3) $\mathfrak{a}^{b+c} = \mathfrak{a}^b \cdot \mathfrak{a}^c$ ……(*3) について，

$\cdot$ $\overline{\overline{A^{B+C}}} = \mathfrak{a}^{b+c}$，$\overline{\overline{A^B \times A^C}} = \mathfrak{a}^b \cdot \mathfrak{a}^c$ より，$\underbrace{A^B \times A^C}_{A^B \text{と} A^C \text{の直積}} \sim A^{B+C}$ となることを示せばいいんだね。

関数 f と g を，$f : B \longrightarrow A$，$g : C \longrightarrow A$ のように定める。次に，関数 h を
$h(x) = \begin{cases} f(x) & (x \in B) \\ g(x) & (x \in C) \end{cases}$ のように定める。そして，$A^B \times A^C$ の要素 (f, g) と
A^{B+C} の要素 h との間に 1 対 1 対応が存在することを示す。

（i）任意の $h(x)\,(x \in \underline{B + C})$ に対応する (f, g) はただ 1 通り存在する。

$\boxed{B \cap C = \phi \text{ より，} B \cup C = B \sqcup C = B + C \text{ (直和) となる。}}$

(ii) $f \neq f'$ または $g \neq g'$ である f' と g' を用いて，$(f, g) \neq (f', g)$ または $(f, g) \neq (f, g')$ とすると，(f', g) または (f, g') に対応する $h'(x)$ は (f, g) に対応する $h(x)$ とは異なる。

以上 (i)(ii) より，(f, g) と h の間には 1 対 1 対応が存在するので，$A^B \times A^C \sim A^{B+C}$ が示された。

$\therefore \mathfrak{a}^{\mathfrak{b}+\mathfrak{c}} = \mathfrak{a}^{\mathfrak{b}} \cdot \mathfrak{a}^{\mathfrak{c}}$ ……(∗3) は成り立つ。

- 上記のような証明よりも，結合集合の濃度により，直接的に証明した方が分かりやすいかもしれない。配置集合の濃度は，本質的に関数の"場合の数"のことなので，一般の指数法則と類似しているからなんだね。以降，このやり方で証明することにしよう。

$\mathfrak{a}^{\mathfrak{b}+\mathfrak{c}} = \Pi_{k \in B+C}\,\mathfrak{a} = (\Pi_{k \in B}\,\mathfrak{a}) \cdot (\Pi_{k \in C}\,\mathfrak{a}) = \mathfrak{a}^{\mathfrak{b}} \cdot \mathfrak{a}^{\mathfrak{c}}$ となって，(∗3) は成り立つ。

この (∗3) の証明により，同一濃度の複数項のかけ算とベキ乗との関係が明らかになる。例で示そう。

(ex 1) $\mathfrak{a}^2 = \mathfrak{a}^{1+1} = \mathfrak{a}^1 \cdot \mathfrak{a}^1 = \mathfrak{a} \cdot \mathfrak{a}$ ……① となる。((∗1)，(∗3) より)

同様に，

$\mathfrak{a}^3 = \mathfrak{a}^{2+1} = \mathfrak{a}^2 \cdot \mathfrak{a}^1 = \mathfrak{a} \cdot \mathfrak{a} \cdot \mathfrak{a}$

以下同様にして，濃度の積とベキ乗の関係式：

$\mathfrak{a}^n = \underbrace{\mathfrak{a} \cdot \mathfrak{a} \cdot \mathfrak{a} \cdot \cdots \cdot \mathfrak{a}}_{\mathfrak{a}\text{の}n\text{項の積}}$ ……(∗3)′ が導かれるんだね。

(ex 2) (∗3)′ より，P173 で示した各公式が，ベキ乗で表現できる。

(i) $\underbrace{\aleph_0 \cdot \aleph_0 \cdot \aleph_0 \cdot \cdots \cdot \aleph_0}_{\aleph_0\text{の}n\text{項の積}} = \aleph_0$ は，$\aleph_0{}^n = \aleph_0$ $(n = 1, 2, 3, \cdots)$

と表され，同様に，

(ii) $\underbrace{\aleph\cdot\aleph\cdot\aleph\cdot\cdots\cdot\aleph}_{\boxed{\aleph \text{の} n \text{項の積}}}=\aleph$ は,$\aleph^{n}=\aleph$ $(n=1, 2, 3, \cdots)$

と表され,

(iii) $\underbrace{\mathfrak{f}\cdot\mathfrak{f}\cdot\mathfrak{f}\cdot\cdots\cdot\mathfrak{f}}_{\boxed{\mathfrak{f} \text{の} n \text{項の積}}}=\mathfrak{f}$ は,$\mathfrak{f}^{n}=\mathfrak{f}$ $(n=1, 2, 3, \cdots)$

と表すことができるんだね。

(4) $(\mathfrak{a}^{\mathfrak{b}})^{\mathfrak{c}}=\mathfrak{a}^{\mathfrak{bc}}$ ……(*4) について,

$(\mathfrak{a}^{\mathfrak{b}})^{\mathfrak{c}}=(\varPi_{k\in B}\mathfrak{a})^{\mathfrak{c}}=\varPi_{j\in C}(\varPi_{k\in B}\mathfrak{a})=\varPi_{(k,j)\in B\times C}\mathfrak{a}=\mathfrak{a}^{\mathfrak{bc}}$ となる。

$\boxed{\underbrace{(\mathfrak{a}\cdot\mathfrak{a}\cdots)\cdot(\mathfrak{a}\cdot\mathfrak{a}\cdots)\cdots(\mathfrak{a}\cdot\mathfrak{a}\cdots)}_{\boxed{(\mathfrak{a}\cdot\mathfrak{a}\cdots)\text{の} \mathfrak{c} \text{項の積}}}}$ $\boxed{\underbrace{(\mathfrak{a}\cdot\mathfrak{a}\cdots)}_{\boxed{\mathfrak{a}\text{の} \mathfrak{b} \text{項の積}}}}$

∴ $(\mathfrak{a}^{\mathfrak{b}})^{\mathfrak{c}}=\mathfrak{a}^{\mathfrak{bc}}$ ……(*4) は成り立つ。

(ex 3) (*4) の公式を用いて,$(\aleph^{\aleph_0})^{\aleph_0}$ を求めると,

$(\aleph^{\aleph_0})^{\aleph_0}=\aleph^{\aleph_0\cdot\aleph_0}=\aleph^{\aleph_0}$ $(\because \aleph_0\cdot\aleph_0=\aleph_0)$ となる。

$\boxed{\text{これは,さらに変形できて,}\aleph\text{になる。}}$

(5) $(\mathfrak{a}\mathfrak{b})^{\mathfrak{c}}=\mathfrak{a}^{\mathfrak{c}}\cdot\mathfrak{b}^{\mathfrak{c}}$ ……(*5) について,

$(\mathfrak{a}\mathfrak{b})^{\mathfrak{c}}=\varPi_{k\in C}\mathfrak{a}\cdot\mathfrak{b}=\varPi_{k\in C}\mathfrak{a}\cdot\varPi_{k\in C}\mathfrak{b}=\mathfrak{a}^{\mathfrak{c}}\cdot\mathfrak{b}^{\mathfrak{c}}$ となる。

$\boxed{\underbrace{\mathfrak{a}\mathfrak{b}\cdot\mathfrak{a}\mathfrak{b}\cdot\mathfrak{a}\mathfrak{b}\cdots}_{\boxed{\mathfrak{a}\mathfrak{b}\text{の} \mathfrak{c} \text{項の積}}}}$ $\boxed{\underbrace{\mathfrak{a}\cdot\mathfrak{a}\cdot\mathfrak{a}\cdots}_{\boxed{\mathfrak{a}\text{の} \mathfrak{c} \text{項の積}}}}$ $\boxed{\underbrace{\mathfrak{b}\cdot\mathfrak{b}\cdot\mathfrak{b}\cdots}_{\boxed{\mathfrak{b}\text{の} \mathfrak{c} \text{項の積}}}}$

∴ $(\mathfrak{a}\mathfrak{b})^{\mathfrak{c}}=\mathfrak{a}^{\mathfrak{c}}\cdot\mathfrak{b}^{\mathfrak{c}}$ ……(*5) は成り立つ。

(6) $\mathfrak{a}\leqq\mathfrak{c}$ かつ $\mathfrak{b}\leqq\mathfrak{d}\Rightarrow\mathfrak{a}^{\mathfrak{b}}\leqq\mathfrak{c}^{\mathfrak{d}}$ ……(*6) について,

$\mathfrak{a}\leqq\mathfrak{c}$ かつ $\mathfrak{b}\leqq\mathfrak{d}$ より,

$\mathfrak{a}^{\mathfrak{b}}=\varPi_{k\in B}\mathfrak{a}\leqq\varPi_{k\in B}\mathfrak{c}$ $(\because \mathfrak{a}\leqq\mathfrak{c})$

$\leqq\varPi_{k\in D}\mathfrak{c}=\mathfrak{c}^{\mathfrak{d}}$ $(\because \mathfrak{b}\leqq\mathfrak{d})$ となる。

∴ $\mathfrak{a}\leqq\mathfrak{c}$ かつ $\mathfrak{b}\leqq\mathfrak{d}\Rightarrow\mathfrak{a}^{\mathfrak{b}}\leqq\mathfrak{c}^{\mathfrak{d}}$ ……(*6) は成り立つ。

(ex 4) $n\leqq\aleph_0$ (n:有限な自然数) のとき,この両辺を $\aleph_0$ 乗しても,

$\boxed{\text{これは,}\mathfrak{b}\leqq\mathfrak{d}\text{の内,}\mathfrak{b}=\mathfrak{d}=\aleph_0\text{としたものだね。}}$

(*6) の公式により,この大小関係は変化しない。よって,

$n^{\aleph_0}\leqq\aleph_0^{\aleph_0}$ となる。

$\left(\begin{array}{l}\text{このように,一般に不等式の式変形では,}\mathfrak{a}\leqq\mathfrak{c}\text{の両辺を,}\mathfrak{b}\leqq\mathfrak{d}\text{では}\\\text{なくて,同じ濃度,たとえば,}\mathfrak{b}\text{乗して,}\mathfrak{a}^{\mathfrak{b}}\leqq\mathfrak{c}^{\mathfrak{b}}\text{とする場合が多い。}\end{array}\right)$

それでは，これまでの公式を利用して，次の例題を解いてみよう。

例題 29 次の濃度の式を簡単にせよ。

(1) $\aleph_0{}^1 \cdot \aleph_0{}^2 \cdot \aleph_0{}^3 \cdot \cdots \cdot \aleph_0{}^n \cdot \cdots$ (2) $\left(2^{\aleph_0}\right)^{\aleph^2}$

(3) $\left(4\aleph_0\right)^{\aleph_0 + \aleph_0{}^2}$ (4) $\left(\aleph + \aleph^2\right)^{\aleph + \aleph_0}$

---

(1) 与式 $= \aleph_0{}^1 \cdot \aleph_0{}^2 \cdot \aleph_0{}^3 \cdot \cdots \cdot \aleph_0{}^n \cdot \cdots$

     $= \aleph_0{}^{1+2+3+\cdots+n+\cdots}$ ……① となる。

> 公式：$a^{b+c} = a^b \cdot a^c$ を使った。

ここで，①の指数部は $\underline{1+2+3+\cdots+n+\cdots = \aleph_0}$ ……② より，

> 公式：$m_1 + m_2 + m_3 + \cdots + m_n + \cdots = \aleph_0$ （m_k：正の整数，$k = 1, 2, 3, \cdots$）

②を①に代入すると，

与式 $= \aleph_0{}^{\aleph_0}$ である。 ← これは，さらに変形できて，$\aleph$ になる。

(2) 与式 $= \left(2^{\aleph_0}\right)^{\aleph^2} = 2^{\aleph_0 \cdot \aleph^2}$ ……③ となる。

> 公式：$\left(a^b\right)^c = a^{bc}$ を使った。

ここで，③の指数部は，

$\aleph_0 \cdot \underbrace{\aleph^2}_{\aleph \cdot \aleph = \aleph} = \underbrace{\aleph_0 \aleph}_{\aleph} = \aleph$ ……④ となる。

> 公式：
> ・$\aleph^n = \aleph$
> ・$\aleph_0 \cdot \aleph = \aleph$ を使った。

よって，④を③に代入すると，

与式 $= 2^{\aleph}$ である。 ← これは，さらに変形できて，$\daleth$ になる。

(3) 与式 $= \left(4\underbrace{\aleph_0}_{\aleph_0}\right)^{\aleph_0 + \aleph_0{}^2} = \aleph_0{}^{\aleph_0 + \aleph_0{}^2}$ ……⑤ となる。

> 公式：$n\aleph_0 = \aleph_0$ （n：自然数）

ここで，⑤の指数部は，

$\underbrace{\aleph_0 + \aleph_0{}^2}_{\aleph_0 \cdot \aleph_0 = \aleph_0} = \underbrace{\aleph_0 + \aleph_0}_{\aleph_0} = \aleph_0$ ……⑥ となる。

> 公式：
> ・$\aleph_0{}^n = \aleph_0$
> ・$\aleph_0 + \aleph_0 = \aleph_0$ を使った。

よって，⑥を⑤に代入すると，

与式 $= \aleph_0{}^{\aleph_0}$ である。 ← これは，さらに変形できて，$\aleph$ になる。

(4) 与式 $= \left(\aleph + \underbrace{\aleph^2}_{\aleph \cdot \aleph = \aleph}\right)^{\aleph + \aleph_0} = \left(\underbrace{\aleph + \aleph}_{\aleph}\right)^{\aleph + \aleph_0} = \aleph^{\aleph + \aleph_0}$ ……⑦ となる。

> 公式：$\aleph^n = \aleph$
> $\aleph + \aleph = \aleph$ を使った。

ここで，⑦の指数部は，

$\aleph + \aleph_0 = \aleph$ ……⑧ となる。

よって，⑧を⑦に代入すると，

与式 $= \aleph^{\aleph}$ である。 ← これは，さらに変形できて，$\daleth$ になる。

公式：
$\mathfrak{a} + \aleph_0 = \mathfrak{a}$
（$\mathfrak{a}$：任意の無限濃度）

どう？公式はうまく使いこなせたかな？でも，この後の解説により，現時点で解答としているものが，引き込み線で示したように，さらに変形できるようになるんだね。

● $\aleph = 2^{\aleph_0}$，$\daleth = 2^{\aleph}$ の証明にチャレンジしよう！

では，準備も整ったので，まず，公式：$\aleph = 2^{\aleph_0}$ を証明しよう。実数全体の集合 R の濃度 $\overline{\overline{R}}$ は $\overline{\overline{R}} = \aleph$ だけれど，ここでは，$R \sim R_{[0,1]} = \{x \,|\, 0 \leq x \leq 1\}$ であるので，閉区間 $0 \leq x \leq 1$ における実数の集合 $R_{[0,1]}$ の濃度 $\overline{\overline{R_{[0,1]}}}$ を $\overline{\overline{R_{[0,1]}}} = \aleph$ として用いることにしよう。このとき，集合 $R_{[0,1]}$ の要素 x は，

$x = 0. a_1 a_2 a_3 a_4 \cdots a_n \cdots$ ……① と表すことができる。

a_n は小数第 n 位の数を表し，これにより，実数 x は，

$0 = 0.0000\cdots 0 \cdots$ から $1 = 0.9999\cdots 9 \cdots$ までの $0 \leq x \leq 1$ の範囲のすべての実数を表すことができるんだね。

ここで，小数第 n 位の数 a_n（$n = 1, 2, 3, \cdots$）は，$0 \sim 9$ の 10 通りの数を取り得るので，$R_{[0,1]}$ の濃度 $\aleph$ はほぼ次のように表すことができる。

$\aleph = \overline{\overline{R_{[0,1]}}} \fallingdotseq \Pi_{k \in N} 10 = \underbrace{10 \cdot 10 \cdot 10 \cdot 10 \cdot \cdots \cdot 10 \cdots}_{N = \{1, 2, 3, \cdots\} \text{より，10 の} \aleph_0 \text{個の積}} = 10^{\aleph_0}$

ン？何故，ボクが"ほぼ"なんて言葉を使ったのかって？これから解説しよう。それは，この中で有限小数について，"2重集計"（*double counting*）の問題が潜んでいるからなんだね。いくつか例を示そう。

(*ex*1) 有限小数 0.3 は，①では，

$0.3000\cdots 0 \cdots$ と表されるものと，$\underline{0.2999\cdots 9 \cdots}$ と表されるものとの

2つがダブルカウントされているし，これも，0.3 のこと

(*ex*2) 有限小数 0.57 は，①では，

$0.5700\cdots 0 \cdots$ と，$0.5699\cdots 9 \cdots$ との2つがダブルカウントされている。

189

つまり，$\aleph = 10^{\aleph_0}$ とした右辺から，①で有限小数が **2** 重にカウントされている分を引く必要があるんだね。よって，有限小数を d とおき，すべての d を要素にもつ集合を D とおくと，この D の濃度 $\overline{\overline{D}}$ を引いて，$\aleph = 10^{\aleph_0} - \overline{\overline{D}}$ とする必要があるんだね。

　それでは，次の例題で濃度 $\overline{\overline{D}}$ を求めてみよう。

例題 30　**$0 < x < 1$ における有限小数 d 全体を要素とする集合 D の濃度 $\overline{\overline{D}}$ を求めよ。**

有限小数 d の個数は，(i) 第 **1** 位の小数，(ii) 第 **2** 位の小数，(iii) 第 **3** 位の小数，…，(iv) 第 n 位の小数，… のように場合分けして求め，その無限和がどうなるか，調べてみよう。

(i) d が小数第 **1** 位の有限小数の場合，$d = 0.1,\ 0.2,\ 0.3,\ \cdots,\ 0.9$ より，その個数を m_1 とおくと，$m_1 = 9$ ……② である。　⟵ $\boxed{m_1 = 10 - 1}$

(ii) d が小数第 **2** 位の有限小数の場合，$d = 0.01,\ 0.02,\ 0.03,\ \cdots,\ 0.99$ より，その個数を m_2 とおくと，$m_2 = 99$ ……③ である。　⟵ $\boxed{m_2 = 10^2 - 1}$

(iii) d が小数第 **3** 位の有限小数の場合，$d = 0.001,\ 0.002,\ 0.003,\ \cdots,\ 0.999$ より，その個数を m_3 とおくと，$m_3 = 999$ ……④ である。　⟵ $\boxed{m_3 = 10^3 - 1}$

....

(iv) d が小数第 n 位の有限小数の場合，同様にして，その個数を m_n とおくと，$m_n = 10^n - 1$ ……⑤ である。

....

以上の②，③，④，…，⑤，… の和が，有限小数全体の集合 D の濃度となるんだね。よって，

$$\overline{\overline{D}} = 9 + 99 + 999 + \cdots + (10^n - 1) + \cdots$$
$$= m_1 + m_2 + m_3 + \cdots + m_n + \cdots$$

> $m_i\ (i = 1,\ 2,\ 3,\ \cdots)$ は有限な自然数なので，この公式 (P161) を用いた。

$\therefore \overline{\overline{D}} = \aleph_0$ ……⑥ である。

よって，$\aleph \doteqdot 10^{\aleph_0}$ の右辺から，$\overline{\overline{D}} = \aleph_0$ ……⑥ を引くことにより，$\aleph$ は正確に，$\aleph = 10^{\aleph_0} - \overline{\overline{D}}$，すなわち，$\aleph = 10^{\aleph_0} - \aleph_0$ ……⑦ となるんだね。

　$\aleph_0$ に比べて，$10^{\aleph_0}$ の方が圧倒的に大きいので，おそらく $\aleph = 10^{\aleph_0}$ となるこ

とが予想できるんだけれど，これをキチンと証明する必要がある。これまでの濃度の計算の解説から分かるように，"和"と"積"と"ベキ乗"について詳しく解説してきたけれど，⑦のような無限濃度の"差"の計算というのはめったにないことなんだね。

$\aleph = 10^{\aleph_0} - \aleph_0$ から $\aleph = 10^{\aleph_0}$ を導くには，公式：$\mathfrak{a} = \mathfrak{a} + \aleph_0$（$\mathfrak{a}$は任意の無限濃度）（P155）が利用できるだろうね。さらに，$\aleph = 10^{\aleph_0}$ から $\aleph = 2^{\aleph_0}$ を導くこともできる。これは，公式：$\mathfrak{a} \leq \mathfrak{c}$, $\mathfrak{b} \leq \mathfrak{d} \Rightarrow \mathfrak{a}^{\mathfrak{b}} \leq \mathfrak{c}^{\mathfrak{d}}$（P184）を利用すればいいんだね。

それでは，以上のことを，次の例題で，実際に解いてみることにしよう。

例題 31 次の各問いに答えよ。

(1) 任意の無限濃度 $\mathfrak{a}$ に対して，$\mathfrak{a} = \mathfrak{a} + \aleph_0$ ……(*1) が
成り立つ。(*1)を利用して，
$\aleph = 10^{\aleph_0} - \aleph_0$ ……⑦ から，$\aleph = 10^{\aleph_0}$ ……⑧ を導け。

(2) 任意の集合の濃度 $\mathfrak{a}$, $\mathfrak{b}$, $\mathfrak{c}$, $\mathfrak{d}$ に対して，公式：
$\mathfrak{a} \leq \mathfrak{c}$, かつ $\mathfrak{b} \leq \mathfrak{d} \Rightarrow \mathfrak{a}^{\mathfrak{b}} \leq \mathfrak{c}^{\mathfrak{d}}$ ……(*2) が成り立つ。
(*2)を利用して，
$\aleph = 10^{\aleph_0}$ ……⑧ から，$\aleph = 2^{\aleph_0}$ を導け。

---

(1) ⑦より，$\mathfrak{a} = \aleph = 10^{\aleph_0} - \aleph_0$ ……⑦′ とおくと，$\mathfrak{a} = \aleph$ より，$\mathfrak{a}$は無限濃度なので，公式：$\mathfrak{a} = \mathfrak{a} + \aleph_0$ ……(*1) を利用できる。よって，

$\mathfrak{a} = \aleph = \underbrace{10^{\aleph_0} - \aleph_0}_{\mathfrak{a}} + \aleph_0 = 10^{\aleph_0}$ となる。

$\therefore \aleph = 10^{\aleph_0}$ ……⑧ が導けた。

(2) $\aleph = 10^{\aleph_0} \Rightarrow \aleph = 2^{\aleph_0}$ の証明には"はさみ打ちの原理"が有効なんだね。

$\underbrace{8}_{2^3} \leq 10 \leq \underbrace{16}_{2^4}$ より，(*2)の公式を用いると，

　　　$\boxed{\begin{array}{l}(\text{*2})\text{の応用}\\ \mathfrak{a} \leq \mathfrak{c} \Rightarrow \mathfrak{a}^{\mathfrak{b}} \leq \mathfrak{c}^{\mathfrak{b}}\end{array}}$

この各辺を $\aleph_0$ 乗しても，大小関係は変化しない。よって，

$\underbrace{(2^3)^{\aleph_0}}_{2^{3\aleph_0} = 2^{\aleph_0}} \leq \underbrace{10^{\aleph_0}}_{\aleph} \leq \underbrace{(2^4)^{\aleph_0}}_{2^{4\aleph_0} = 2^{\aleph_0}}$ となる。よって，⑧より，$2^{\aleph_0} \leq \aleph \leq 2^{\aleph_0}$ となるので，

$\longleftarrow \boxed{\text{公式：} n\aleph_0 = \aleph_0 \, (n : \text{自然数})}$

"はさみ打ちの原理"を用いて，$\aleph = 2^{\aleph_0}$ ……(*1) が導けた。

公式：$\aleph = 2^{\aleph_0}$ ……(*1) が導けたので，次に $\mathfrak{f} = 2^{\aleph}$ ……(*2) が成り立つことも示そう。これは簡単だよ！

$\mathfrak{f}$ は，関数 $f : \boldsymbol{R} \longrightarrow \boldsymbol{R}$ の濃度 $\overline{\overline{f}} = \aleph^{\aleph}$ のことなので，

$\mathfrak{f} = \aleph^{\aleph}$ ……⑨ と表すことができる。

⑨の底の $\aleph$ に (*1) を代入すると，

$\mathfrak{f} = (2^{\aleph_0})^{\aleph} = 2^{\aleph_0 \aleph} = 2^{\aleph}$ ……(*2) が導けるんだね。大丈夫？

$(\because$ 指数部 $\aleph_0 \aleph = \aleph$ (**P174**))

それでは，(*1)，(*2)の公式も含めて，公式をまとめて下に示そう。

$\aleph = 2^{\aleph_0}$ と $\mathfrak{f} = 2^{\aleph}$

$\aleph_0$ と $\aleph$ と $\mathfrak{f}$ との間には，次の公式が成り立つ。

(1) $\aleph = 2^{\aleph_0}$ ……(*1)　　　　(2) $\mathfrak{f} = 2^{\aleph}$ ……(*2)

また，濃度の大小関係として，次の不等式が成り立つ。

$1 < 2 < 3 < \cdots < n < \cdots < \aleph_0 < \aleph\,(= 2^{\aleph_0}) < \mathfrak{f}\,(= 2^{\aleph})$ ……(*3)

これまでの解説を理解された諸君ならば，この無限の階層構造は，無限に続いていくのではないか？と思われたかもしれない，…そう，その通りなんだね。**P149** の解説で $\overline{\overline{A}} < \overline{\overline{2^A}}$ が成り立つことを示した。そして，

P184 の解説で $\overline{\overline{2^A}} = 2^{\overline{\overline{A}}}$ を示したので，$\overline{\overline{A}} = \mathfrak{a}$ とおくと，

$\mathfrak{a} < 2^{\mathfrak{a}}$ が成り立つことも示したんだね。

そして，ここで，

(i) $\mathfrak{a} = \aleph_0$ のとき，$\aleph_0 < 2^{\aleph_0} = \aleph$ であり，

(ii) $\mathfrak{a} = \aleph$ のとき，$\aleph < 2^{\aleph} = \mathfrak{f}$ を示したわけだから，…そう，

　$2^{\mathfrak{f}} = \mathfrak{g}$, $2^{\mathfrak{g}} = \mathfrak{h}$, $2^{\mathfrak{h}} = \mathfrak{i}$, …などとおくと，

　$\aleph_0 < \aleph < \mathfrak{f} < \mathfrak{g} < \mathfrak{h} < \mathfrak{i} < \cdots$ と，延延と無限の階層構造が続いていくことになるんだね。…，何ということだろうね！

もちろん，ここでは，$\aleph_0$, $\aleph$, $\mathfrak{f}$ までに絞って解説しているけれど，同様の議論が，この後も延延と続けられることも，頭に入れておくといいよ。

それでは，ここで気を取り直して，$\aleph_0$, $\aleph$, $\mathfrak{f}$ についての重要公式を，次の例題を解くことにより，導いてみよう。$\aleph_0$ と $\aleph$ と $\mathfrak{f}$ の関係だけでもまた十分に驚くべき公式が次々と導かれることになるんだね。

(I) $2 \leqq n \leqq \aleph_0 \leqq \aleph$ ……① (n は 2 以上の自然数) の各辺を $\aleph_0$ 乗しても, 大小

> 真理集合の考え方より, 等号は付けていい。

関係は変わらないので,

$$\underset{\boxed{\aleph}}{2^{\aleph_0}} \leqq n^{\aleph_0} \leqq \aleph_0^{\aleph_0} \leqq \aleph^{\aleph_0} = (2^{\aleph_0})^{\aleph_0} = 2^{\aleph_0 \aleph_0} = \underset{\boxed{\aleph}}{2^{\aleph_0}}$$ より,

$\aleph \leqq n^{\aleph_0} \leqq \aleph_0^{\aleph_0} \leqq \aleph^{\aleph_0} = \aleph$　よって, はさみ打ちの原理より, 公式:

$n^{\aleph_0} = \aleph_0^{\aleph_0} = \aleph^{\aleph_0} = \aleph$ ……(*4) が導ける。

(II) $2 \leqq n \leqq \aleph_0 \leqq \aleph \leqq \mathfrak{f}$ ……② (n は 2 以上の自然数) の各辺を $\aleph$ 乗しても, 大小関係は変化しないので,

$$\underset{\boxed{\mathfrak{f}}}{2^{\aleph}} \leqq n^{\aleph} \leqq \aleph_0^{\aleph} \leqq \aleph^{\aleph} \leqq \mathfrak{f}^{\aleph} = (2^{\aleph})^{\aleph} = 2^{\aleph \aleph} = \underset{\boxed{\mathfrak{f}}}{2^{\aleph}}$$ より,

$\mathfrak{f} \leqq n^{\aleph} \leqq \aleph_0^{\aleph} \leqq \aleph^{\aleph} \leqq \mathfrak{f}^{\aleph} = \mathfrak{f}$　よって, はさみ打ちの原理より, 公式:

$n^{\aleph} = \aleph_0^{\aleph} = \aleph^{\aleph} = \mathfrak{f}^{\aleph} = \mathfrak{f}$ ……(*5) が導ける。

(III) (*5)の最後の 2 項 $\mathfrak{f}^{\aleph} = \mathfrak{f}$ に着目して, $\mathfrak{f}$ の指数部を 1, 2, n, $\aleph_0$, $\aleph$ と変化させることにすると,

$2 \leqq n \leqq \aleph_0 \leqq \aleph$ より,

$$\underset{\boxed{\mathfrak{f}}}{\mathfrak{f}^1} \leqq \mathfrak{f}^2 \leqq \mathfrak{f}^n \leqq \mathfrak{f}^{\aleph_0} \leqq \mathfrak{f}^{\aleph} = \mathfrak{f}$$ より,

$\mathfrak{f} \leqq \mathfrak{f}^2 \leqq \mathfrak{f}^n \leqq \mathfrak{f}^{\aleph_0} \leqq \mathfrak{f}^{\aleph} = \mathfrak{f}$　よって, はさみ打ちの原理より, 公式:

$\mathfrak{f}^2 = \mathfrak{f}^n = \mathfrak{f}^{\aleph_0} = \mathfrak{f}^{\aleph} = \mathfrak{f}$ ……(*6) も導けるんだね。

以上の公式も, 下にまとめて示しておこう。

■ 濃度のベキ乗の公式

n(2 以上の自然数)と $\aleph_0$ と $\aleph$ と $\mathfrak{f}$ には, 次のような公式が存在する。
(3) $n^{\aleph_0} = \aleph_0^{\aleph_0} = \aleph^{\aleph_0} = \aleph$ ………(*4)
(4) $n^{\aleph} = \aleph_0^{\aleph} = \aleph^{\aleph} = \mathfrak{f}^{\aleph} = \mathfrak{f}$ ……(*5)
(5) $\mathfrak{f}^2 = \mathfrak{f}^n = \mathfrak{f}^{\aleph_0} = \mathfrak{f}^{\aleph} = \mathfrak{f}$ ………(*6)

これらもまた, 不可思議な公式だけれど, 集合の濃度の計算では, 有用な公式なので, シッカリ頭に入れておこう。

以上で,「初めから学べる 集合論 キャンパス・ゼミ」の講義はすべて終了です。フ〜,疲れたって!? 確かに,無限集合の世界に入っていくと,様々な信じられないような公式が次々と出てくるので,学んでいて驚きの連続だっただろうと思う。だから,疲れているのならば,一休みしてもいいと思う。そして,また元気を取り戻したならば,何度も本書を繰り返し反復練習して,集合論の基本をマスターしていかれたらいいと思う。

高校時代の数学では,ただ単に"無限"(∞)で済ませていた世界が,実は,その濃度を調べると,$\aleph_0 < \aleph < \daleth < \cdots$と,階層構造になっていることは,大きな発見だったと思う。これらの業績はカントールとデデキントの**2**人によって,成されたという。カントールが,様々な集合論の定理や公式を導き,その結果をデデキントが検証していくという形で,この集合論が構築されていったようだ。

本書では,この不思議で興味深い集合論の基本を,できるだけ分かりやすく親切に解説したつもりだ。したがって,これで集合論の基本をマスターすることはできるんだね。しかし,集合論の応用として,さらに,"**順序集合**"(*ordered set*)があり,これについては本書では扱っていないんだね。従って,さらに集合論を奥深くまで探求したいと思っておられる読者の皆さんには,「**集合論 キャンパス・ゼミ**」で学習されることを勧める。

もちろん,本書をよく反復練習して,集合論の基本を身に付けた後,先に進むか,どうかを判断されたら良いと思う。

本書が,集合論の基本を学びたいと思っておられる読者の皆様にとって良きパートナーになることを祈りつつ,ここで,ペンを置きます…。

マセマ代表　馬場敬之

演習問題 16 　　　　 ● 濃度の演算 ●

次の濃度の式を簡単にせよ。

(1) $2 \times 4 \times 8 \times \cdots \times 2^n \times \cdots$

(2) $\aleph_0^2 \cdot \aleph^{\aleph_0} + 2\aleph_0^3$

(3) $(\aleph_0 + \aleph^2) \cdot \mathfrak{f} + \mathfrak{f}^{\aleph_0 + \aleph^2}$

(4) $2^\aleph + \aleph_0^{\aleph + \aleph_0} + \aleph^{\aleph_0^2}$

ヒント！ (1) は，$2^{1+2+3+\cdots+n+\cdots} = 2^{\aleph_0}$ となる。(2)(3)(4) は，濃度の公式：
$\aleph_0{}^n = \aleph_0$ や $\aleph^{\aleph_0} = \aleph$ や $\aleph \cdot \mathfrak{f} = \mathfrak{f}$ や $\mathfrak{f}^\aleph = \mathfrak{f}$，…などを用いて，解いていこう。

解答 & 解説

(1) 与式 $= 2^1 \times 2^2 \times 2^3 \times \cdots \times 2^n \times \cdots = 2^{1+2+3+\cdots+n+\cdots}$

よって，指数部 $1 + 2 + 3 + \cdots + n + \cdots = m_1 + m_2 + m_3 + \cdots + m_n + \cdots = \aleph_0$ より，

(m_k：自然数，$k = 1, 2, 3, \cdots$)

与式 $= 2^{\aleph_0} = \aleph$ である。 ……………………………(答)

(2) 与式 $= \underset{(\aleph_0)}{\aleph_0{}^2} \cdot \underset{(\aleph)}{\aleph^{\aleph_0}} + \underset{(2\aleph_0 \cdot \aleph_0{}^2 = \aleph_0 \cdot \aleph_0 = \aleph_0)}{2\aleph_0{}^3} \qquad = \aleph_0 \cdot \underset{(\aleph)}{\aleph} + \aleph_0$

$= \underline{\aleph + \aleph_0} = \aleph$ である。……………………………(答)

公式：$\mathfrak{a} + \aleph_0 = \mathfrak{a}$（$\mathfrak{a}$：任意の無限濃度）

(3) 与式 $= (\underset{}{\aleph_0 + \aleph^2}) \cdot \mathfrak{f} + \mathfrak{f}^{\overbrace{\aleph_0 + \aleph^2}}$ ……① について，

$\underset{(\aleph)}{\underline{\aleph_0 + \aleph^2}} = \aleph_0 + \aleph = \aleph$ より，これを①に代入して，

与式 $= \underset{(\mathfrak{f})}{\aleph \cdot \mathfrak{f}} + \underset{(\mathfrak{f})}{\mathfrak{f}^\aleph} = \mathfrak{f} + \mathfrak{f} = \mathfrak{f}$ である。……………………………(答)

(4) 与式 $= 2^\aleph + \aleph_0^{\overbrace{\aleph + \aleph_0}} + \aleph^{\overbrace{\aleph_0{}^2}}$ ……② について，

2 つの指数部（ⅰ）$\underline{\aleph + \aleph_0} = \aleph$，（ⅱ）$\underline{\aleph_0{}^2} = \aleph_0$ より，

これらを②に代入して，

与式 $= \underset{(\mathfrak{f})}{2^\aleph} + \underset{(\mathfrak{f})}{\aleph_0^\aleph} + \underset{(\aleph)}{\aleph^{\aleph_0}} = \mathfrak{f} + \underset{(\mathfrak{f})}{\mathfrak{f} + \aleph}$

$\aleph_0 \leq \aleph \leq \mathfrak{f}$ の各辺に $\mathfrak{f}$ をたして，

$\underset{(\mathfrak{f})}{\mathfrak{f} + \aleph_0} \leq \aleph + \mathfrak{f} \leq \underset{(\mathfrak{f})}{2\mathfrak{f}}$

$\therefore \mathfrak{f} + \aleph = \mathfrak{f}$

$= \mathfrak{f} + \mathfrak{f} = \mathfrak{f}$ である。……………………………(答)

次の濃度の式を簡単にせよ。

(1) $2 \times 8 \times 32 \times \cdots \times 2^{2n-1} \times \cdots$

(2) $4\aleph_0^2 + (\aleph_0^2 + \aleph_0)\aleph$

(3) $(\aleph_0^3 + \aleph) \cdot \mathfrak{f} + \mathfrak{f}^{\aleph_0^3 + \aleph}$

(4) $10^{\aleph + \aleph_0} + \aleph_0^{\aleph^2 + \aleph_0} + \aleph^{\aleph_0}$

ヒント！ (1) は，$2^{1+3+5+\cdots+(2n-1)+\cdots} = 2^{\aleph_0}$ として計算する。(2)(3)(4) は，濃度の公式：$2^{\aleph_0} = \aleph$ や $\aleph_0^n = \aleph_0$ や $\aleph \cdot \mathfrak{f} = \mathfrak{f}$ や $\aleph^{\aleph_0} = \aleph$，$\cdots$ などを利用して解いていこう。

解答＆解説

(1) 与式 $= 2^1 \times 2^3 \times 2^5 \times \cdots \times 2^{2n-1} \times \cdots = 2^{1+3+5+\cdots+(2n-1)+\cdots}$

よって，指数部 $1+3+5+\cdots+(2n-1)+\cdots = m_1 + m_2 + m_3 + \cdots + m_n + \cdots = \aleph_0$ より，

(m_k：自然数，$k = 1, 2, 3, \cdots$)

与式 $= 2^{\aleph_0} = \aleph$ である。 ……………………………………(答)

(2) 与式 $= 4\aleph_0^2 + (\aleph_0^2 + \aleph_0)\aleph = \aleph_0 + \aleph_0 \cdot \aleph$

$\boxed{4\aleph_0 = \aleph_0}$　$\boxed{\aleph_0 + \aleph_0 = \aleph_0}$　$\boxed{\aleph}$

$= \aleph_0 + \aleph = \aleph$ である。……………………………(答)

$\boxed{\text{公式：} \aleph_0 + \mathfrak{a} = \mathfrak{a} \quad (\mathfrak{a}\text{：任意の無限濃度})}$

(3) 与式 $= (\aleph_0^3 + \aleph) \cdot \mathfrak{f} + \mathfrak{f}^{\aleph_0^3 + \aleph}$ ……① について，

$\underset{\boxed{\aleph_0}}{\aleph_0^3} + \aleph = \aleph_0 + \aleph = \aleph$ より，これを①に代入して，

与式 $= \aleph \cdot \mathfrak{f} + \mathfrak{f}^{\aleph} = \mathfrak{f} + \mathfrak{f} = \mathfrak{f}$ である。……………(答)

$\boxed{\mathfrak{f}}$　$\boxed{\mathfrak{f}}$

(4) 与式 $= 10^{\aleph + \aleph_0} + \aleph_0^{\aleph^2 + \aleph_0} + \aleph^{\aleph_0}$ ……② について，

2つの指数部 (ⅰ) $\aleph + \aleph_0 = \aleph$, (ⅱ) $\aleph^2 + \aleph_0 = \aleph + \aleph_0 = \aleph$ より，

これらを②に代入して，

与式 $= 10^{\aleph} + \aleph_0^{\aleph} + \aleph^{\aleph_0} = \mathfrak{f} + \mathfrak{f} + \aleph$

$\boxed{\mathfrak{f}}$　$\boxed{\mathfrak{f}}$　$\boxed{\aleph}$　$\boxed{\mathfrak{f}}$

$= \mathfrak{f} + \mathfrak{f} = \mathfrak{f}$ である。……………………………………(答)

講義 4 ●集合の濃度　公式エッセンス

1. 1 対 1 対応と濃度

1 対 1 対応 f：集合 $A \longrightarrow$ 集合 B が存在するとき，

$A \sim B$（対等）であり，$\overline{\overline{A}} = \overline{\overline{B}}$ となる。

2. 可付番集合の濃度 $\aleph_0$

$\overline{\overline{N}} = \overline{\overline{Q^+}} = \overline{\overline{Q}} = \overline{\overline{A_l}} = \aleph_0$，$1 + 1 + 1 + \cdots + 1 + \cdots = \aleph_0$，

$m_1 + m_2 + m_3 + \cdots + m_n + \cdots = \aleph_0$

（N, Q^+, Q, A_l は，順に自然数, 正の有理数, 有理数, 代数的数の集合を表す。）

3. 実数全体の集合の濃度 $\aleph$

$\overline{\overline{R}} = \overline{\overline{I_r}} = \overline{\overline{T_r}} = \aleph$，$\overline{\overline{R_{(0,1)}}} = \overline{\overline{R_{(0,1]}}} = \overline{\overline{R_{[0,1)}}} = \overline{\overline{R_{[0,1]}}} = \aleph$

（R, I_r, T_r は，順に実数, 無理数, 超越数の集合を表す。）

4. 関数全体の集合の濃度 $\mathfrak{f}$

$f : R \longrightarrow R$ の関数全体の集合の濃度を $\mathfrak{f}$ とおく。$\mathfrak{f} = \aleph^\aleph = 2^\aleph$

5. 濃度の大小関係（$\overline{\overline{A}} = \mathfrak{a}$, $\overline{\overline{B}} = \mathfrak{b}$）

(1) 2 つの集合 A, B について，$A \sim B_0$ かつ $B_0 \subseteqq B \Longrightarrow \mathfrak{a} \leqq \mathfrak{b}$ である。

(2) ベルンシュタインの定理：$\mathfrak{a} \leqq \mathfrak{b}$ かつ $\mathfrak{b} \leqq \mathfrak{a} \Longrightarrow \mathfrak{a} = \mathfrak{b}$

　　これから，"はさみ打ちの原理" が使える。

(3) A とそのベキ集合 2^A について，$\mathfrak{a} < 2^{\mathfrak{a}}$ が成り立つ。（$\overline{\overline{A}} = \mathfrak{a}$）

6. 濃度の和と積（$\overline{\overline{A}} = \mathfrak{a}$, $\overline{\overline{B}} = \mathfrak{b}$, $\overline{\overline{C}} = \mathfrak{c}$）

(1) 和の公式：$\mathfrak{a} + 0 = 0 + \mathfrak{a} = \mathfrak{a}$, $\mathfrak{a} + \mathfrak{b} = \mathfrak{b} + \mathfrak{a}$, $(\mathfrak{a} + \mathfrak{b}) + \mathfrak{c} = \mathfrak{a} + (\mathfrak{b} + \mathfrak{c})$ など

(2) 濃度の積の定義：$\mathfrak{a}\mathfrak{b} = \mathfrak{a} \cdot \mathfrak{b} = \overline{\overline{A \times B}}$　（$A \times B : A$ と B の直積）

　　積の公式：$\mathfrak{a} \cdot 0 = 0 \cdot \mathfrak{a} = 0$, $\mathfrak{a} \cdot \mathfrak{b} = \mathfrak{b} \cdot \mathfrak{a}$, $\mathfrak{a}(\mathfrak{b} + \mathfrak{c}) = \mathfrak{a}\mathfrak{b} + \mathfrak{a}\mathfrak{c}$ など

7. $\aleph_0$, $\aleph$, $\mathfrak{f}$ についての公式

(1) $\aleph_0$ について，

　　$\aleph_0 + n = \aleph_0$, $n\aleph_0 = \aleph_0$, $\aleph_0{}^2 = \aleph_0$, $\aleph_0{}^n = \aleph_0$　（n：正の整数）など

(2) $\aleph$ について，

　　$\aleph = 2^{\aleph_0}$, $\aleph + \aleph_0 = \aleph$, $n\aleph = \aleph$, $\aleph_0 \aleph = \aleph$, $\aleph^n = \aleph$, $\aleph^{\aleph_0} = \aleph$, $\aleph_0{}^{\aleph_0} = \aleph$ など

(3) $\mathfrak{f}$ について，

　　$\mathfrak{f} = 2^\aleph$, $\mathfrak{f} + \aleph = \mathfrak{f}$, $\aleph_0 \mathfrak{f} = \mathfrak{f}$, $\aleph \cdot \mathfrak{f} = \mathfrak{f}$, $\aleph_0{}^\aleph = \mathfrak{f}$, $\mathfrak{f}^{\aleph_0} = \mathfrak{f}$, $\mathfrak{f}^\aleph = \mathfrak{f}$ など

◆◆◆ Appendix（付録）◆◆◆

補充問題　1	● 背理法による証明 ●

次の各命題の真・偽を調べよ。（ただし，$\sqrt{2}$ は無理数とする。）

実数 x に対して，

（i）「x が有理数であるならば，$\sqrt{x}+\sqrt{2}$ は無理数である。」……（＊1）

（ii）「x が無理数であるならば，$\sqrt{x}+\sqrt{2}$ は無理数である。」……（＊2）

ヒント！ （i）では，$\sqrt{x}+\sqrt{2}=m$（有理数）として矛盾を導けばいいんだね。（ii）では，反例として，$\sqrt{x}+\sqrt{2}$ が有理数となるような無理数 x を 1 つ示せばいい。

解答&解説

（i）x が有理数であるとき，$\sqrt{x}+\sqrt{2}$ が有理数 m であると〔整数または分数〕

背理法
結果を否定して
矛盾を導く。

仮定すると，$\sqrt{x}+\sqrt{2}=m$（有理数）……① より，

$\sqrt{x}=m-\sqrt{2}$　この両辺を 2 乗して，$x=m^2-2\sqrt{2}\,m+2$　よって，

$2m\cdot\sqrt{2}=m^2+2-x$, $\sqrt{2}=\dfrac{m^2+2-x}{2m}$（有理数）となって，$\sqrt{2}$ が無理

〔有理数同士の四則演算を行っても，結果は有理数である。〕

数であることに矛盾する。∴（＊1）の命題は真である。……………（答）

（ii）$x=6-4\sqrt{2}$ とおくと，これは無理数である。

$\left(\begin{array}{l}\because 6-4\sqrt{2}=n（有理数）と仮定すると，〔背理法〕\\ 4\sqrt{2}=6-n,\ \sqrt{2}=\dfrac{6-n}{4}（有理数）となって\\ 矛盾する。\end{array}\right.$

たとえば，
$\sqrt{x}+\sqrt{2}=2$（有理数）となるような無理数 x は，
$\sqrt{x}=2-\sqrt{2}$
$x=(2-\sqrt{2})^2=\underline{6-4\sqrt{2}}$ と
〔これは，無理数〕
して求められる。

しかしこれを $\sqrt{x}+\sqrt{2}$ に代入すると，

$\underline{\sqrt{6-4\sqrt{2}}}+\sqrt{2}=2-\sqrt{2}+\sqrt{2}=2$（有理数）

$\underline{\sqrt{6-2\sqrt{8}}}=\sqrt{4}-\sqrt{2}=2-\sqrt{2}$
〔たして $4+2$〕〔かけて 4×2〕

2 重根号のはずし方　$a>b>0$ のとき，
$\sqrt{a+b-2\sqrt{ab}}=\sqrt{a}-\sqrt{b}$
〔たして〕〔かけて〕

となる。よって，反例として，$x=6-4\sqrt{2}$ が存在する。

∴（＊2）の命題は偽である。……………………………………………（答）

198

Term · Index

201

大学数学入門編
初めから学べる 集合論
キャンパス・ゼミ

マセマ

著 者 馬場 敬之
発行者 馬場 敬之
発行所 マセマ出版社
〒 332-0023 埼玉県川口市飯塚 3-7-21-502
TEL 048-253-1734 FAX 048-253-1729
Email：info@mathema.jp
https://www.mathema.jp

編 集	七里 啓之	令和 6 年 7 月 17日 初版発行
校閲・校正	高杉 豊 馬場 貴史 秋野 麻里子	
組版制作	間宮 栄二 町田 朱美	
カバーデザイン	馬場 冬之	
ロゴデザイン	馬場 利貞	
印刷所	中央精版印刷株式会社